中国饮食文化

主　编　　郑　松　　黄晓婷　　杨雅婷

副主编　　赵　晶　　黄　隽　　张井良

　　　　　梁　薇　　陈坤凤

参　编　　关　星　　胡文静　　卜嘉树

　　　　　钟桂英　　袁德华　　文歧福

　　　　　唐成林　　孔垂臻

北京理工大学出版社

BEIJING INSTITUTE OF TECHNOLOGY PRESS

内 容 提 要

本书按照中国饮食文化的完整框架体系编写，由十二章组成，分别介绍中国饮食文化认知、中国饮食文化的发展历程、中国饮食烹调文化、中国饮食筵宴文化、中国的茶文化、中国的酒文化、中国少数民族饮食文化、中国饮食文化礼仪与习俗、中国饮食文化与医学、中国饮食文化与旅游、当代饮食消费文化、中西方饮食文化差异与发展等内容。通过本书的学习，使学生增长知识、开阔视野、提升能力，了解中国悠久的饮食历史、民俗及包括饮食美学、养生学在内的饮食思想，掌握中国饮食文化的特点及其内涵，接受中国优秀饮食文化的熏陶，培养推介中国饮食文化的表达能力和营销能力。

本书作为一门专业基础课教材，适用于旅游类、烹饪类和食品类等相关专业的教学，又可作为其他专业的公共选修课教材，也可作为饮食文化爱好者的读物。

图书在版编目（CIP）数据

中国饮食文化 / 郑松，黄晓婷，杨雅婷主编. -- 北京：北京理工大学出版社，2023.7

ISBN 978-7-5763-2637-6

Ⅰ. ①中… Ⅱ. ①郑… ②黄… ③杨… Ⅲ. ①饮食 - 文化 - 中国 - 高等学校 - 教材 Ⅳ. ①TS971.2

中国国家版本馆 CIP 数据核字（2023）第 136764 号

出版发行 / 北京理工大学出版社有限责任公司		
社　　址 / 北京市丰台区四合庄路 6 号院		
邮　　编 / 100070		
电　　话 / （010）68914775（总编室）		
（010）82562903（教材售后服务热线）		
（010）68944723（其他图书服务热线）		
网　　址 / http://www.bitpress.com.cn		
经　　销 / 全国各地新华书店		
印　　刷 / 河北鑫彩博图印刷有限公司		
开　　本 / 787 毫米 × 1092 毫米　1/16		
印　　张 / 15.5		责任编辑 / 王梦春
字　　数 / 370 千字		文案编辑 / 孙　玥
版　　次 / 2023 年 7 月第 1 版　2023 年 7 月第 1 次印刷		责任校对 / 刘亚男
定　　价 / 72.00 元		责任印制 / 王美丽

　　饮食是人类生存最基本的需要，饮食文化就是以食品为物质基础所反映出来的人类精神文明，是人类文化发展的一种标志，往往居于文化的核心地位。作为人类文明、生命活动的重要组成部分，饮食文化与各民族、各地区人们生活的社会历史和自然条件密不可分。它不仅表现在烹调方法、用餐方式、餐桌餐具上，更无形地支配着人们的饮食结构，深刻地影响着饮食的消费倾向、农业生产结构和市场。

　　中国饮食文化丰富多彩、博大精深，拥有数千年的文化积存，是中国传统优秀文化的重要组成部分。各地不同的饮食风俗，风格迥异的各地特色菜点，以及历史悠久的我国岁时食俗和饮食礼仪等，交织成多姿多彩的中国饮食文化。历代积存下来的有关饮食文化的文献资料极其丰富，这是中华民族的宝贵财产，也是人类文明史上光辉灿烂的文化瑰宝之一。全面总结我国的饮食文化遗产，是弘扬民族优秀文化的一个重要方面。

　　本书在总结前人研究的基础上，突出理论与实践相结合，以强化应用教学为重点，力求使本书结构合理、理论系统、内容翔实、实用性强。为了引导学生顺利学习，本书设有学习导读、学习目标、学习案例、知识链接、思考练习等学习栏目，每章开始设有学习导读和学习目标，便于学生对将要学习的内容和要达到的目标有一个总体的了解。为提升本书的趣味性和可读性，每章开始时采用学习案例，起到引子的作用，引发学生积极思考，带着问题去学习。知识链接有助于学生拓宽视野，活跃思维，扩大文化内涵，补充新知识。每章后均配有思考练习，以激发学生自主学习的积极性。从宏观概念到微观概念的层层深入递进，从点到面的全面覆盖是本书最大的亮点，弥补了现有相关书籍趋于片面性的缺点，从更全面的角度综合介绍了中国饮食文化，以期给读者更深入思考的空间，并在更大范围内扩展相应的知识储备。

　　"岗课赛证"综合育人是我国新时代职业教育人才培养模式改革的重要探索，本书融入就业岗位标准、职业竞赛和证书考核标准（如"1＋X"餐饮服务管理职业技能等级证书），依据饮食文化在工作岗位的典型运用设计本书内容，实现"岗课赛证"融合。同时结合课程思政教育理念，有效促进岗位所需知识与本书内容相融合，全面提升学生综合素质。

　　本书由盘锦职业技术学院郑松、北海职业学院黄晓婷、南宁市第三职业技术学校杨雅婷担任主编；盘锦职业技术学院赵晶，广西理工职业技术学校黄隽，南宁市第一职业技术学校张井良，广西玉林农业学校梁薇、陈坤凤担任副主编；盘锦职业技术学院关星、胡文静，广西工业技师学院卜嘉树，南宁市第三职业技术学校钟桂英，广西轻工技师学院袁德华，南宁职业技术学院文歧福，广西经贸职业技术学院唐成林，广西工业技师学院孔垂臻参与编写。本书具体编写分工如下：郑松负责编写第一章和第二章，黄晓婷负责编写第三章，杨雅婷负责编写第五章，赵晶、黄隽、张井良负责编写第四章和第六章，梁薇、陈坤凤负责编写第七章和第八章，关星、卜嘉树、钟桂英、袁德华负责编写第九章和第十章，胡文静、文歧福、唐成林、孔垂臻负责编写第十一章和第十二章。本书的最后出版得益于许多同志的大力支持，在此一并表示感谢。

由于编者能力有限，不能对上下数千年、纵横上万里的中国饮食文化掌握得面面俱到，本书编写难以尽善尽美，希望广大教师和学习者提出宝贵的指导意见。书中难免有遗漏和不足之处，真诚地希望使用本书的所有教师、同学和广大读者提出批评和改进意见，以便进一步修订完善。

编　者

目　录

第一章　中国饮食文化认知 ……………………………………………… 1

　　第一节　中国饮食文化的含义 …………………………………………… 3

　　第二节　中国饮食文化的四大基础理论 ……………………………… 5

　　第三节　中国饮食文化的五大特征 …………………………………… 11

　　第四节　中国饮食文化的五大特色 …………………………………… 16

第二章　中国饮食文化的发展历程 …………………………………… 19

　　第一节　中国饮食文化的演变 ………………………………………… 21

　　第二节　中国饮食文化的区域性 ……………………………………… 26

　　第三节　中国饮食文化区域性的成因 ………………………………… 43

第三章　中国饮食烹调文化 …………………………………………… 49

　　第一节　中国烹调的起源与发展 ……………………………………… 51

　　第二节　中国烹调文化的形成与发展 ………………………………… 63

　　第三节　中国烹调文化的特色 ………………………………………… 68

第四章　中国饮食筵宴文化 …………………………………………… 72

　　第一节　中国筵宴的含义与历史发展 ………………………………… 74

　　第二节　中国筵宴的特征与艺术之美 ………………………………… 76

　　第三节　中国历史上的著名筵宴 ……………………………………… 79

第五章　中国茶文化 …………………………………………………… 86

　　第一节　茶史溯源 ……………………………………………………… 88

　　第二节　茶文化的发展 ………………………………………………… 92

　　第三节　中国茶叶的种类 ……………………………………………… 98

第六章　中国酒文化 ··· 112
　　第一节　饮酒溯源 ··· 114
　　第二节　中国酒的定义与分类 ······································· 118
　　第三节　中华名酒 ··· 127

第七章　中国少数民族饮食文化 ··· 136
　　第一节　东北及华北地区少数民族饮食文化 ······················· 138
　　第二节　西北地区少数民族饮食文化 ······························· 142
　　第三节　中南及西南地区少数民族饮食文化 ······················· 148
　　第四节　华东及华南地区少数民族饮食文化 ······················· 158

第八章　中国饮食文化礼仪与习俗 ··· 161
　　第一节　中国饮食文化礼仪 ··· 163
　　第二节　中国饮食文化习俗 ··· 169

第九章　中国饮食文化与医学 ··· 182
　　第一节　饮食养生文化 ··· 184
　　第二节　中医食疗 ··· 190
　　第三节　现代饮食健康 ··· 194

第十章　中国饮食文化与旅游 ··· 200
　　第一节　中国饮食文化旅游资源 ······································· 202
　　第二节　中国饮食文化旅游资源的开发 ······························· 205

第十一章　当代饮食消费文化 ··· 212
　　第一节　饮食消费文化概述 ··· 214
　　第二节　饮食消费行为 ··· 218
　　第三节　全球化语境中的中国饮食消费文化 ························· 222

第十二章　中西方饮食文化差异与发展 ····································· 228
　　第一节　中西方饮食文化差异 ··· 230
　　第二节　西方饮食文化发展 ··· 233
　　第三节　中国饮食文化发展趋势 ······································· 235

参考文献 ··· 242

第一章

中国饮食文化认知

学习导读 \\\\\

本章介绍了中国饮食文化的含义、中国饮食文化的四大基础理论和中国饮食文化的五大特征。本项目的学习重点是掌握饮食文化的基本含义，了解中国饮食文化的基础理论；本项目的学习难点是掌握中国饮食文化的特色和意义。

学习目标 \\\\\

（1）掌握中国饮食文化的含义。
（2）了解中国饮食文化的基础理论。
（3）熟悉中国饮食文化的五大特征。
（4）理解中国饮食文化的特色。
（5）认识中国饮食文化的意义。

学习案例 \\\\

人类自诞生之始，就有了饮食之需。从原始人类采摘野果、茹毛饮血开始，到人们逐渐学会烧烤烹煮、种植粮食，在漫长的历史演进过程中，人类的食谱不断发生新的变化。在古代社会中，饮食不仅是人们生活所必需，而且融入了许多社会元素、人文元素、情感元素、美学元素、礼仪元素等，承载了丰富的历史意义和文化内涵，也演绎了精彩、生动的故事，了解这些会使人受到深刻的启示。我国很多菜名来历非凡，表现出深厚的文化意蕴。

中国人讲饮食，不仅是一日三餐、解渴充饥，它往往蕴含着中国人认识事物、理解事物的哲理。家里有小孩诞生，亲友要吃红蛋表示喜庆。"蛋"表示着生命的延续，"吃蛋"寄寓着中国人传宗接代的厚望。孩子周岁时要吃，十八岁时要吃，结婚时要吃，到了六十大寿，更要觥筹交错地庆贺一番。这种吃，表面上看是一种生理满足，但实际上"醉翁之意不在酒"，它是借吃这种形式表达了很多丰富的心理内涵。中国饮食文化已经超越了"吃"本身，获得了更为深刻的社会意义。当饮食被提升到了文化高度，它反映了社会的发展、历史的进程、道德伦理观念的变化、人们的艺术审美观念。

案例思考：

为什么中国饮食文化能够体现出中国传统文化的特点？

案例解析：

中国饮食文化就其深层内涵，可以概括成四个字：精、美、情、礼。这四个字反映了饮食活动过程中饮食品质、审美体验、情感活动、社会功能等所包含的独特文化意蕴，也反映了饮食文化与中华优秀传统文化的密切联系。对中国饮食的追求不能仅局限于菜肴的色、香、味等方面，更应该深入地去了解中国饮食文化的内涵，并将饮食升华为一种愉悦心灵的精神盛宴。

中国饮食文化的含义

民以食为天，饮食文化是关于人类（或一个民族）在什么条件下吃、吃什么、怎么吃、吃了以后怎样等的学问，是非常复杂的人类社会生活现象，几乎同人类文化的任何领域都有不同程度的关系。因此，任何一个民族的文化在一定意义上都从属于饮食文化。

一、饮食文化的基本定义

饮食文化是指食物原料开发利用、食品制作和饮食消费过程中的技术、科学、艺术，以及以饮食为基础的习俗、传统、思想和哲学，即由人们饮食生产和饮食生活的方式、过程、功能等结构组合而成的全部食事的总和。在表述上，"饮食文化"的定义往往又简略为"食文化"，"食"用作食物与食事的泛指——也包括"饮"在其中了。

人类的食事活动包括食生产、食生活、食事象、食思想四个方面的内容。

（1）食生产。食物原料开发（发掘、研制、培育）、生产（采摘、渔猎、种植、养殖）；食品加工制作（家庭饮食、社会餐饮、工厂生产）；食料与食品保鲜、安全储藏；饮食器具制作；社会食生产管理与组织；以及一切有关食料和食物提供的社会性活动。

（2）食生活。食料食品获取（如购买食料、食品）；食料、食品流通；食品制作（如家庭饮食烹调）；食物消费（进食）；饮食社会活动与食事礼仪、社会食生活管理与组织；以及一切有关食料和食物消费的社会性活动。

（3）食事象。人类食事或与之相关的各种行为、现象。

（4）食思想。人们的饮食认识、知识、观念、理论。

上述人类社会的全部食事活动，人们习惯称之为"饮食文化"或"食文化"。而对饮食文化或食文化研究的持续展开和不断深入，自然就形成了一门重要的学科，称为"食学"。食学是研究不同时期、各种文化背景人群食事象、行为、思想及其规律的一门综合性学问。食学思维与研究，三千多年以来人类从来就没有间断过。我国的《尚书》等先秦典籍的食事理论探讨为较早的文字记录。法国"美食学鼻祖"让·安泰尔姆·布里亚-萨瓦兰（Jean Anthelme Brillat - Savarin，1755—1826）、中国"古代食圣"袁枚（1716—1798）就是两位著名的食学家。他们的不朽著作《厨房里的哲学家》（1825）、《随园食单》（1792）代表了西方与东方18世纪末、19世纪初的食学历史水准与时代特征。

二、中国饮食文化的基本内涵

中国饮食文化的历史源远流长，博大精深。它经历了几千年的历史发展，已成为中国传统文化的一个重要组成部分，在长期的发展、演变和积

《随园食单》

累过程中，中国人逐渐形成了自己特有的饮食民俗，最终创造了独特风格的"精、美、情、礼"中国饮食文化，成为世界饮食文化宝库中的一颗璀璨明珠。

（一）"精"是对中国饮食文化内在品质的提炼

"食不厌精，脍不厌细"。这反映了我国先民对于饮食的精品意识。当然，这可能仅仅局限于某些贵族阶层。但是，这种精品意识作为一种文化精神，却越来越广泛、越来越深入地渗透、贯彻到整个饮食活动过程中。选料、烹调、配伍乃至饮食环境，都体现着一个"精"字。

（二）"美"体现了中国饮食文化的审美特征

中华饮食之所以能够风靡世界，重要原因之一就在于它美。这种美是指中国饮食活动形式与内容的完美统一，是指它给人们所带来的审美愉悦和精神享受。首先是味道美。孙中山先生说"辨味不精，则烹调之术不妙"，将对"味"的审美视作烹调的第一要义。《晏氏春秋》中说："和如羹焉，水火醯醢盐梅，以烹鱼肉，燀之以薪，宰夫和之，齐之以味；济其不及，以泄其过。君子食之，以平其心。"说的也是这个意思。和谐就像做肉羹，用水、火、醋、酱、盐、梅来烹调鱼和肉，用柴火烧煮。厨工调配味道，使各种味道恰到好处；味道不够就增加调料，味道太重就减少调料。君子吃了这种肉羹，用来平和心性。美作为饮食文化的一个基本内涵，它是中国饮食的魅力之所在，美贯穿在饮食活动过程的每个环节中。

（三）"情"是对中国饮食文化社会心理功能的概括

吃吃喝喝，不能简单视之，它实际上是人与人之间情感交流的媒介，是一种别开生面的社交活动。一边吃饭，一边聊天，可以做生意、交流信息、采访。朋友离合，送往迎来，人们都习惯在饭桌上表达惜别或欢迎的心情；感情上的风波，人们也往往借酒菜平息。这是饮食活动对于社会心理的调节功能。过去的茶馆，大家坐下来喝茶、听书，是一种极好的心理按摩。中国饮食之所以具有"抒情"功能，是因为"饮德食和、万邦同乐"的哲学思想和由此而出现的具有民族特点的饮食方式，提倡健康优美、奋发向上的文化情调，追求一种高尚的情操。

（四）"礼"是指饮食活动的礼仪性

中国饮食讲究礼，这与传统文化有很大关系。中国自古以来就是一个文明礼仪之邦，这种"文明礼仪"体现在饮食文化的方方面面，便出现了诸多的宴席礼节。《礼记·礼运》有言："夫礼之初，始诸饮食"。人类最早的礼仪，是从饮食礼仪开始的。在周代时，饮食礼仪就已成为一套相当完善的制度。在先秦时期，人们就"以飨燕之礼，亲四方之宾客"。迎宾的宴饮称为"接风""洗尘"，送客的宴席称为"饯行"。宴饮之礼无论迎送都离不开酒，有句话说得好："无酒不成礼仪"。在宴席上饮酒也有诸多礼节，客人须待主人举杯劝饮之后，方可饮用。正所谓："与人同饮，莫先起筯"。主客只有相互敬重，才能营造和谐进食、文明进食的良好氛围。这种"礼"的精神，贯穿在饮食活动过程中，从而构成中国饮食文化的逻辑起点。

精、美、情、礼分别从不同的角度概括了中国饮食文化的基本内涵，这四个方面有机地构成了中国饮食文化的整体概念。精与美侧重于饮食的形象和品质，而情与礼则侧重于饮食的心态、习俗和社会功能。它们不是孤立地存在，而是相互依存、互为因果。唯其"精"，才能有完整的"美"；唯其"美"才能激发"情"；唯有"情"，才能有体现时代风尚的"礼"。四者环环相生、完美统一，形成中国饮食文化的最高境界。

第二节
中国饮食文化的四大基础理论

中国人很早形成并一贯坚持的看法是将饮食列于食、色两者的首位。"民以食为天""人生万事，吃饭第一""开门七件事，柴米油盐酱醋茶"，众多俗语都与饮食有关。

饮食生活是基本的社会生活内容，饮食文化是主要的文化门类，无疑成为哲学的肥沃土壤。而哲学的决定作用施加于民族文化的同时，也对该民族饮食生活的风格、饮食文化的特质及思想产生了不可低估的深远影响。中国饮食文化的辉煌发展主要得益于中国饮食思想的深厚基础和丰富内蕴。这种深厚坚实的思想渊源，表现为以下四大基础理论。

一、食医合一

（一）食医合一的历史渊源

早在原始农业出现以前的漫长的采集、渔猎生活时代，先民们就已经注意到了许多植物、动物或矿物，即人们日常的食物中有一些品种具有某些超越一般食物意义的特殊功能。可以说，医药学的最初萌芽就是孕育于原始人类的饮食生活之中的，这应该说是人类医药学发生和发展的一般规律。中国的传统医药学在两千余年中被称为"本草学"。"本草"之称最迟不晚于汉代，它最初源于上古时代的采集实践。《淮南子》一书关于神农"尝百草之滋味，水泉之甘苦，令民知所辟就。当此之时，一日而遇七十毒"的追述，正反映了这种关系。神农是中国古代传说中具有某种伟大智慧和特异功能的神圣人物，传说中的农业和医药的发明者，其集于一身的各种本领，有许多是人们长久生产和生活实践经验的结晶，有的则是人们意愿理想的赋予，这些都不同程度地反映了他们的生产和生活实际。神农，古代又记为"神农氏"，表明是一个擅长种植业的部落群体，应当出现在原始农业有了一定发展以后的时期，即距今 4 000 ~ 7 000 年。但这里的"尝百草之滋味"，却又显然是原始采集时代即原始农业发生之前的事情，因为书中描述的仅以采集为业并集采集之道的神农，只能是原始农业出现之前食生产的人格化代表，所以其时间大约要追溯到距今 1 万年时。

由于饮食的营养和医药双重功能的相互借助与影响，从"医食同源"的实践和初步认识中派生出了中国饮食思想的重要原则，形成了中国特色的"食医合一"的宝贵传统。正因为如此，中国历史上的饮食著述便与农学、医药学著作结下了不解之缘，无论是贾思勰的《齐民要术》，还是李时珍的《本草纲目》，或是其间与其后汗牛充栋的相关著作，莫不如此。这事实上已经与将农业和医药学结构作为生物科学的现代科学认识相当接近了。因此，自古以来中国人就持万物交感的人与自然和谐的观念，而且始终不懈地探求作为自然和谐结构存在与活动的人类生命的科学真谛。于是，一方面是"食"；另一方面是"医"，两者一而二，二而一，相互参校、启发、补益，相得益彰，历久弥深。历史上"本草"书中的药物多是人们正在吃着（或曾经吃过）的食物；而凡是被人作为（或曾作为）食物的原料，又几乎无一不被本草家视为药物（或具有某种药性）。

（二）食医制度的出现

"食医合一"是实践与认识不断深化发展的结果，标志着食医制度的出现。食医制度的文字记录见于中国饮食史上的"三代期"（夏商周）。最迟在周代，王宫里就已设有专门的管理和研究机构，配备专司其职的"食医"。"食医"作为宫廷营养师地位颇高，职在"天官"之序。食医所掌和周王所食膳品的具体名目大多不得其详，至于其确切主、配、调等各种原料的质与量则更是无法知晓。一些膳品的制作方法虽未有明确文字记载，但大体上可以根据烹调工具、工艺、饮食习惯、饮食心理与历史文化的考据研究做出推测。重要的是，食医职司的原则具有超越等级界限和历史时代的重大意义，表现在开始着眼于人与自然的和谐和人体机理的协调；主张合理杂食，根据节令变化进食；重视味型与季节变化和进食者的食欲及健康的关系。虽然在距今2 000多年甚至更早的历史时代，医学和营养学还很幼稚浅薄，不可能很科学地解释当时的食生活，然而这种基于长久时间的朦胧认识和总体把握的原则无疑是很有道理的。可以说，人类现如今饮食医疗保健学的认识和成就，就是周宫廷食医职司原则不断深化和科学发展的结果。

到了7世纪中叶的唐代，药王孙思邈写出了《备急千金要方》（652），该书第二十六卷列有《千金食治》，是我国历史上现存最早的饮食疗疾的专篇。孙思邈主张："为医者，当晓病源，如其所犯，以食治之，食疗不愈，然后命药。"富有启发意义的是，孙思邈不仅是一位著名的食医理论家，而且是一个成功的实践家，享年逾百岁，这在1 300多年前，称得上是罕见的"人瑞"了。孙思邈之后，他的学生——青出于蓝而胜于蓝的著名医学家孟诜，用自己的《食疗本草》一书，把食医的理论和实践推向了新的历史高度。有趣的是，孟诜享寿虽未及其师，却也活到了93岁的高龄。他认为，良药莫过于合理地进食，尤其是老年人，不耐刚烈之药，食疗最为适宜。他的《食疗本草》是食医的长久实践和理论的完备，使它已发展成为一门独立的科学了。"食饮必稽于本草"已成为历史上尊荣富贵之门和饮食养生家们的饮食原则了。更进一步，又有"药膳"的出现，这更超出了一般意义的饮食保健和疗疾。因为前者在"食"和"医"两者之间更侧重于"食"；而后者则侧重于"医"，所谓"药借食威，食助药力"。

二、饮食养生

"饮食养生"，源于医食同源和食医合一的思想与实践。饮食养生不同饮食疗疾，饮食疗疾是一种针对已发疾病的医治行为，而饮食养生则是指在通过特定意义的饮食调理达到健康长寿目的的理论和实践。因此，饮食养生也不同于一般意义上的饮食保健。

生命、青春、健康和长寿是人的自然本质所最珍贵的东西；而长寿则是人类的最大希望。先秦时代把养生主张表达得最丰富突出的莫过于老子和庄子，他们还主张用"吐故纳新"的"导引"气功来健身长寿。先秦诸子大都有追慕长寿的思想，战国末期《吕氏春秋》中的大量相关文字记录可视为先秦饮食养生思想的荟萃，反映了当时的认识水平。但总体来说，我国饮食养生思想的明确、独立发展乃至成为一种社会性的实践活动，都是进入汉代以后的事情。

饮食养生旨在通过特定意义的饮食调理以达到健康长寿的目的。两汉时期为饮食养生的独立发展创造了必要的社会条件。经济的发展，贵族的优渥悠闲生活，最高权力层的政治斗争和"休养生息"治国政策的推行，以及对老庄思想的推崇，谶纬之学和仙道之风的盛行，道学思想向宗教化的演进等，这一切就在上流社会逐渐形成了一种饮食养生的风气，一种基本属于权贵阶层的特殊社会实践。这种实践历经以后历朝历代的日趋深化和细密，从而成为中国饮食文化的宝贵传统，饮食养生的理论也因此成为一条重要的思想原则。汉代人首先想到探究古人的那些享受"天年"或"永年"的奥秘。他们的结论之一就是"食饮有节，起居有常"，于是导引和服食便成为汉代以后养生家们企图享天年、求永年的两个基本方法。导引又多为道家采用，服食则为贵族仕宦们看重。两者虽不可分，却又由于社会地位、条件的不同而各有侧重。

唐宋时期的六七百年是养生家辈出的年代，而后直到1320年，元代饮膳太医忽思慧的《饮膳正要》一书对饮食养生及食疗、保健思想和成就进行了集大成的总结。明清两代，饮食养生的思想进一步深化扩展，实践的范围超越了以往，突破了达官显贵圈子的局限，开始为更多的文人士子所宗奉和力行。忽思慧认为，饮食的原则应是利于养生，"食饮必稽于本草""饮膳为养生之首务"。通过合理的饮食实现健康长寿的目的，逐渐成为中国古代的科学饮食观。跨越元明两代的著名养生家贾铭不仅写出了我国第一部详论饮食禁忌的专著《饮食须知》，而且身体力行，享年106岁。他生于宋末，明初已百岁高龄，在回答明太祖朱元璋养生术之问时说："无他，惟注意饮食而已。"明万历年间李时珍《本草纲目》一书（1596），将饮食养生思想牢固地建立在科学唯物的基础之上；清代文人顾仲对烹调颇有研究，他将菜肴与养生结合起来，选择对人的健康长寿有明显益处的菜肴，强调"饮食以卫生"的原则。

三、本味主张

（一）味的发展

注重原料的天然味性，讲求食物的隽美之味，是中华民族饮食文化很早就明确并不断丰富发展的一个原则。按中国古人的理解，"味性"具有"味"和"性"两重含义。"味"是人的鼻、舌等器官可以感觉和判断的食物原料的自然属性；而"性"则是人们无法直接感觉的物料功能。中国古人认为，性源于味，故对食物原料的天然味性极其重视，先秦典籍对此已有许多记录。《吕氏春秋》一书的《本味》篇就集中地论述了"味"的道理。该篇从治术的角度和哲学的高度对味的根本、食物原料自然之味、调味品的相互作用及变化、水火对味的影响等均作了精细的论辩阐发，体现了人们对隽美味性的追求与认识水平。唐《酉阳杂俎》一书中提到："唯在火候，善均五味。"它既表明中国烹调技术的历史发展已经超越了汉魏及其以前的粗加工阶段，进入"烹""调"并重阶段，也表明了人们对味和整个饮食生活有了更高的认识与追求。

明清时期美食家辈出，他们对味的追求也达到了历史的更高水平，主张兼有"可口"与"益人"两种性能的食物方为上品。中国古代食圣、18世纪的美食学大家袁枚（1716—

1798）更进一步认为，"求香不可用香料""一物有一物之味，不可混而同之""一碗各成一味""各有本味，自成一家"。数千年中国饮食文明历史的发展，中国人对食物隽美之味永不满足的追求，中国上流社会宴席上味的无穷变化，美食家及事厨者精益求精的探索，终于创造了中国历史上饮食文化"味"的独到成就，形成了中国饮食历史文化的又一突出特色。

（二）味的含义

在中国历史上，"味"的含义是在不断发展变化的。"味"的早期含义为滋味、美味，这里的"滋"具有"美"之意；触感与味感（指某种物质刺激味蕾所引起的感觉）共同构成"味"的内涵。也就是说，"味"的早期含义中包含味感和触感两个方面，即指食物含在口中的感觉。《吕氏春秋》中记载："若人之于滋味，无不说甘脆。"甘是人们通过味蕾感受到的美味；脆则是食物刺激、压迫口腔引起的触觉。

"味"在文字表述之初，就涵盖了味感和触感两重意义，但嗅感则是独立的。但是，那时表示嗅感的汉字是"臭"，臭是一种独立的由鼻产生的感觉。从"臭"字外形看，嗅觉起源于动物的生存活动，包括谋食和逃避猛兽，所以"臭"字从犬。故《说文解字》对臭的解释是："禽走臭而知其迹者犬也。犬能行路踪迹前犬之所至，于其气知之也，故其字从犬自。自者，鼻也。引申假借为凡气息芳臭之称。"自是古代的"鼻"字，犬走以鼻知臭，所以"臭"字由"犬""自"两字构成。"臭"本义指气味，故最初是中性词，一般兼表美恶气味之义。但禽兽的气味多很难闻，故春秋以后的文献中已有侧重表恶腐之味的倾向。

在经历了一个相当长的时期后，原本由"味"来笼统表述的味感、触感和嗅感三重意义最终得以独立。当然，对三者明确严格的分类，还是20世纪中叶后生物化学与食品科技取得长足发展以后的事情。于是，传统意义上的"味"被一分为三（图1-1）。

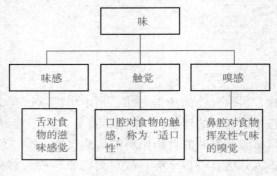

图1-1　味的分类

四、孔孟食道

所谓孔孟食道，严格来说，即春秋战国（前770—前221）时期孔子（前551—前479）和孟子（约前372—前289）两人的饮食观点、思想、理论及其食生活实践所体现的基本风格与原则性倾向。孔、孟两人的食生活实践具有相当程度的相似性，他们的思想则具有明显的师承关系和高度的一致性。事实上，毕生"乃所愿，则学孔子也"的孟子，其一生的经历、活动和遭遇都与孔子相似。他们的食生活消费水平基本属于中下层，这不仅是由于他们的消费能力，同时，也由他们的食生活观念所决定，而后者对他们彼此极为相似的食生活风格和原则性倾向来说更具有决定意义。他们追求并安于食生活的养生为宗旨的淡泊简素，以此提高人生品位，倾注激情和信念于自己宏道济世的伟大事业。

（一）孔子的饮食思想和原则

孔子的饮食思想和原则集中地体现在人们熟知的一段话中："食不厌精，脍不厌细。食饐而洁，鱼馁而肉败不食；色恶不食；臭恶不食；失饪不食；不时不食；割不正不食；不得其酱不食；肉虽多，不使胜食气；唯酒无量，不及乱；沽酒市脯不食，不撤姜食，不多食；祭于公，不宿肉；祭肉，不出三日，出三日，不食之矣。"这既是孔子饮食主张的完整表述，也是这位先哲对民族饮食思想的历史性总结。

孔子的饮食思想

略去斋祭礼俗等因素，人们可以过滤出孔子饮食主张的科学体系——孔孟食道，即饮食追求美好，加工烹制力求恰到好处，遵时守节，不求过饱，注重卫生，讲究营养，恪守饮食文明。若就原文来说，则可概括为"二不厌、三适度、十不食"。其中，广为人知并最具代表性的就是"食不厌精，脍不厌细"八个字，人们把它作为孔子食道的高度概括来理解。

孔子的"八字主张"是他就当时祭祀的一般原则而阐述的，因而只能放到他关于祭祀食物要求和祭祀饮食规矩的意见中去理解。孔子主张祭祀之食一要"洁"，二要"美"（美没有固定标准，应视献祭者条件而论），祭祀之心要"诚"，有了洁和诚，才能符合祭祀的"敬"字。八字主张并非孔子对常居饮食的一般观点，在其生活的时代，无论是食物、食品结构、烹调工具和方法，还是饮食习惯和风俗，都是比较简陋和粗糙的。"民之质矣，日用饮食"反映的正是当时社会基本民众的一般饮食生活水准和饮食思想特征。孔子在物质生活上安于简约淡素，不仅是因为他的经济条件和生活态度，更重要的还在于一种思想操守。孔子认为："中人之情也，有余则侈，不足则俭，无禁则淫，无度则逸，从欲则败……"孔子不贪图口腹之欲的满足，相反还警惕自己安于贫顿"不足"，以使自己永远有"禁"有"度"，永不"从欲"，从而终身执着追求"仁"和"道"的实现。他甚至还把一个人对衣食的态度看作其品行操守的直接体现，认为那种"耻恶衣恶食者"是"未足与议也"的庸鄙之徒，是道不同不相为谋的利禄小人。

（二）孔子的食物生产实践

"精""细"二字，只有放到孔子所处时代的生产力水平和生活条件下才能得到正确的理解。孔子所处的春秋时期，谷物脱壳采用杵臼捣的加工方法。这种加工方法的脱壳率和出米率都比较低，加工出的米时常伴有未脱尽壳的谷。所谓出米率低，主要是指脱出的完整米粒比重小，因为这种加工方法有出米和出粉的"综合效应"，所以也被作为旋转磨出现以前的基本制粉法。这样理解就可能更接近孔子之论的本意了。"食不厌精"的"精"，就是指这种加工方法所能制出的颗粒完整的米。孔子主张的"精"，是鉴于一般人常食粗粝的生活现实，主张祭祀选用好于粝米的米，即"精""善""拣米"，也就是"不厌"的本义。同理，"脍不厌细"的"细"也是不厌精细的意思。肉是指各类畜禽和鱼类之肉，脍是指这些肉类原料切后供生食的肴。为使生肉尽可能除腥味，就必须切得薄些、细些，味道才能更理想可口，既便于调料的入味，更便于咀嚼和消化吸收。如果了解到孔子时代用于切割肉类的刀具主要是青铜制的，若不具有娴熟的刀功和极认真的态度是很难将肉料片割成细薄状的这一重要历史因素，那就更易于理解孔子特别强调脍的加工要"不厌细"的用意之所在了。总之，孔子主张"脍不厌细"不仅含有肴品可口的意义，同时，也含有加工态度认真与否的问题。也就是说，肉切得越薄，则越能表示敬祀鬼神的诚意。孔子食道中的八字主张引申为日常生活中的一般原则应当是：食物原料的选择、加工、制作，都要严肃认真，重视卫生，使对食材的利用和加工技艺的发挥都达到最佳状态。

孔子的这一番议论翻译成今天的语言就是：斋祭时用的食品不能像寻常饮食那样，用料和加工都要特别讲究洁净。参加斋祭的人要离开常居之所居宿到斋室中。献祭的饭要尽可能选用颗粒完整的米来烧，脍要切割得尽可能细些。与祭者对待献祭鬼神食物应当坚持的原则：饭伤了热湿，甚至有了不好的气味，鱼陈了和肉腐了都不能吃；色泽异样了不能吃；气味不正常了不能吃；食物烹烧得夹生或过熟了均不应当吃；不是进餐的正常时间不可以吃；羊、猪等牲肉解割得不符祭礼或分配得不合尊卑身份不应当吃；没有配置应有的醢蔷等酱物，不吃；肉虽多，也不应进食过量，仍应以饭食为主；酒可以不划一限量，但也要把握住不失礼度的原则；仅酿一夜的酒、市场上买的酒和干肉都不可以用；姜虽属于斋祭进食时的辛而不荤之物，也不应吃得太多；助祭所分得的肉，应不留神惠过夜而于当天颁赐；祭肉不能超过三天，过了三天就不能再吃了（很可能变质）。只有这样才能体现与祭人对鬼神的诚敬。正是由于孔子饮食思想理论的系统、全面、深刻、科学性的历史高度与深远影响，他才成了中华食学理论的奠基人。

(三) 孟子的饮食思想

孟子以孔子的言行为规范，可以说是完全承袭并坚定地崇奉了孔子食生活的信念与准则，不仅如此，通过他的理解与实践，更使之深化完整为"食志—食功—食德"这一鲜明系统化的"孔孟食道"理论。他主张"非其道，则一箪食不可受于人；如其道，则舜受尧之天下，不以为泰，子以为泰乎"。其中所述的不碌碌无为吃白饭的"食志"原则既适用于劳力者也适用于劳心者。劳动者以自己有益于人的创造性劳动去换取养生之食是正大光明的："梓匠轮舆，其志将以求食也；君子之为道业，其志亦将以求食与?"，这就是"食志"；所谓"食功"，可以理解为以等值或足当量的劳动成果换来养生之食的过程，即事实上并没有"素餐"，"士无事而食，不可也"；"食德"，则是坚持吃正大清白之食和符合礼仪进食的原则，就是他所欣赏的齐国仲子的行为原则："仲子，齐之世家也。兄戴，盖禄万种。以兄之禄位不义之禄。而不食也，以兄之室为不义之室而不居也。"这也就是孟子所表白的："鱼我所欲也；熊掌，亦我所欲也，二者不可得兼，舍鱼而取熊掌者也。生，亦我所欲也；义，亦我所欲也。二者不可得兼，舍生而取义者也。"孟子认为，进食遵"礼"深刻关乎食德的重大原则问题，认为即便在"以礼事，则饥而死；不以礼食，则得食"的生死攸关面前，也应当毫不迟疑地守礼而死。

孔子、孟子人虽为二，而其食的实践与思想却浑然为一，此即金声玉振、浑然一体的"孔孟食道"。孔孟食道是春秋战国时期中国历史上民族饮食思想的伟大辉煌，是秦汉以来两千余年中华民族传统饮食思想的主导与主体，同时，也是影响当今中国人饮食生活实践潜在作用的重要因素。因此，可以说孔孟食道既是历史的，也是现实的。首先，它是小农经济时代的历史产物，是孔孟式"谋道不谋食"类型君子的食思想与食实践；其次，它只重民食而非己食，是抑制个人饮食欲望的理论。孔孟食道无疑有其历史的革命性、进步性、合理性，但显然并不完全适合发展了的时代和思想与生活都发生了重大变化的人们的需求。

知识链接

中国古代饮食礼俗

"夫礼之初，始诸饮食"，食礼是一切礼仪制度的基础。北方地区是中国古代政治经济文化比较发达的地区，文明初期的相关饮食礼俗与规定大多是在这一地区形成的。带有浓郁流民习气的汉高祖刘邦在即位后曾遇到"群臣饮酒争功，醉或妄呼，拔剑击柱"的混乱局面。赖于叔孙通"采古礼，与秦仪杂就之"，以成朝仪礼法，"竟朝置酒，无敢喧哗失礼者"，刘邦乃"知为皇帝之贵也"。叔孙通所参考的古礼秦仪，包括先秦以来逐渐形成的饮食礼仪。《尚书·洪范》八政以食为先的思想及《周礼》《仪礼》《礼记》中有关饮食的规定与要求，被奉为经典而为后世所遵从。先秦诸子学说虽异，然同受农业母体文化之滋养，都不同程度地重视或关心食事。老子有"治大国若烹小鲜"的名言，说明他精熟饮食理论。"治身养性者，节寝处，适饮食"，明确提到饮食对人的修养的重要作用；墨家以饥不得食、寒不得衣、劳不得息为"三患"，提倡"量腹而食，度身而衣"的节俭理论；注重礼仪礼教、讲究艺术卫生是儒家食教的重要内容，以孔子为代表的儒家饮食思想与观念构成了中国饮食文化的核心。

第三节
中国饮食文化的五大特征

中国饮食文化的形态特征及其演变轨迹，若从纵横贯通的历史大时空来考察，则明显存在着五大特征。这五大特征广泛涉及食物原料生产、加工、利用，饮食思想、习惯、心理，肴膳制作工艺特点、传统、文化风格的历史成因、区域分野，区域间食文化的交互作用等民族食生活、食文化的诸多领域，是中华民族历史食文化民族性的突出风格与历史性特征。直至今天，其仍然是中华民族历史食文化的典型传统与基本风格。

一、食物原料选取的广泛性

一方面，我国幅员辽阔，从北到南跨越寒温带、中温带、暖温带、亚热带、热带，东西递变为湿润、半湿润、半干旱、干旱区，高原、山地、丘陵、平原、盆地、沙漠等各种地形地貌，构成了自然地理条件的复杂性和多样性。在中国居留多年（1552—1610）的意大利传教士利玛窦，以他对中国情况的全面了解和对中国文化的深刻研究，说过这样的一段话："由于这个国家东西以及南北都有广大的领域，所以可以放心地断言：世界上没有别的地方在单独一个国家的范围内可以发现这么多品种的动植物。中国气候条件的广大幅度，可以生长种类繁多的蔬菜，有些最宜于生长在热带国度，有些则生长在北极区，还有的却生长在温带……凡是人们为了维持生存和幸福所需的东西，无须从外国进口。我甚至愿意冒昧地说，实际上，凡在欧洲生长的一切都同样可以在中国找到。否则，所缺的东西也有大量其他为欧洲人闻所未闻的各种各样的产品来代替。"应当说，利玛窦的历史性看法是相当客观真实的。正是这种特征造成了生态环境的区域差异，决定了可食用原料品种（从原生到驯化）分布的差异性和丰富性。

另一方面，中国人在"吃"的压力下，表现出来的对可食用原料的广泛开发。我国历史上历代统治集团的御民政策和过早出现的人口对土地等生态环境的压力，使中华民族很早就产生了"食为民天"的思想，吃饭问题数千年来就一直是摆在历代管理者和每个普通老百姓面前的头等大事。中华民族的广大民众在漫长的历史性贫苦生活中造就了顽强的求生欲望和可歌可泣的探索精神，不仅吃过一切可以吃的东西，而且还吃过许多不能吃和不应吃的东西。明初朱橚《救荒本草》一书中给我国百姓救荒活命的草本野菜就达 414 种之多，在这本植物学著作的背后就是劳苦百姓的民食惨状。国人开发食物原料之多是世界各民族中所罕见的。国人不仅使许多其他民族禁忌或闻所未闻的生物成为可食之物，甚至还使其中许多成为美食。当然，在这种原料开发的背景下，与下层民众无所不食的粗放之食相对应的，是上层社会求真猎奇的精美之食。

正是以上两个方向、两种风格的无所不食，造成了我国历史上民族食物原料选取的异常广泛性。与上层社会猎奇之食不同的是，广大下层社会果腹层民众无限扩大食物源往往是迫于生存的需要，满足这种需要的结果是使破坏大自然平衡的野蛮与维系人群生存的痛苦两者长期并存。在果腹线上下挣扎活命的中国历史上的庶民大众，事实上是很少有追求美味的奢望与享有盛宴的快乐的。正是这种野蛮和痛苦的长期结合，造成了国人的既往食文化史，给人们留下了许多可以食用的生物及如何食用的记录，当然更重要的是养育了民族大众，丰富了他们的劳动生活、情感和创造性才智。包括蚕蛹、蝉，甚至蜘蛛在内的各类动物是国人从古吃到今的食物，就连令人生厌的老鼠、蝗虫，令人生畏的毒蛇、蝎子等也成了国人的盘中餐。一个民族食生活原料利用的文化特点，不仅取决于它生存环境中生物资源的存在状况，同时，也取决于该民族生存需要的程度及利用、开发的方式。中华民族食生活正充分体现了这种双重隐私极限作用的特点：一是自然和人工培育食物原料的广泛性；二是人们加工利用这些原料的最大可能性，两者是同样突出的。

二、进食心理选择的丰富性

与广泛性互为因果、相互促进的则是进食心理选择的丰富性。应当说这种进食心理选择的丰富性是世界各民族的共性，但国人将这一人类共性发展成了突出的民族个性。这一特征表现在餐桌上，就是菜肴品种的多样性和多变性，在上层社会尤其是贵族之家，则表现得尤为突出。他们每餐要求尽可能多的菜肴品种：远方异物、应时活鲜、山珍海味、肥畜美禽，同时，还要勤于变化，不断更新。即便如此，"日食万钱，尤曰无下箸处"仍是此辈人的不时之慨。饮食不满足于习常，力求丰富变化，是中国历史上上层社会的主要食性，因为其具备必要的政治权势、经济实力和文化优势。对于上层社会成员来说，饮食早已超越果腹养生的生物学本义而跃上了口福品味、享乐人生的层面。不仅如此，他们的饮食规模还大大超越了家庭的意义而具有相当的社会学功能，官场上的迎来送往，社交往来的应酬以及为了声势地位、利益排场的需要等，都使上层社会成员的餐桌无限丰富，都使他们的进食选择具有永不满足的多变与多样性追求；而下层社会受到政治、经济、文化诸方面明显劣势的束缚，进食心理选择的丰富性就要受到极大的限制，这同时也决定了下层民众更多的是以廉价或无偿的低档粗疏原料及可能的变化来调剂自己粗陋单调的饮食，许多流传至今的民间风味小吃、家常菜与此不无关联。

　　一方面是上层社会追求饮食多样和多变的丰富心理，另一方面是庶民社会补充调剂的多样和多变的努力，历史上的中国人将这种丰富性的心理发展到了极致。中国人认为，自然界中的万物都是"天造地设"以供人养生之需的，所以食一切可食之物便合于"天道"。中国人主张与自然和谐相处的生存原则，提倡取之有时，用之有度，反对暴殄天物的用物原则。这既不限制国人索取自然的自由，又使中国人对自然之物的利用充分发挥了物尽其用的创造性之智。这一点从国人对食物原料的加工利用几乎到了毫无遗弃之物的传统中可窥一斑。上层社会豪奢之宴的"炙牛心""烧驼峰""烩鸭舌"及鱼骨、燕窝，纷纷登场亮相。那种传统的以一猪或一羊为席出看百余品的所谓"全猪席""全羊席"，以及今日我国新疆维吾尔自治区乌鲁木齐市出示以哈密瓜铺陈数十品菜肴的"哈密瓜宴"等，均是这种进食丰富心理要求的例证。而俗话所说的"稀罕吃穷人"，更生动地反映了这种普遍性的民族心理。任何一种未曾品尝过的食品都极大地吸引中国人的食兴趣，每一种风味独特之肴都鼓动国人的染指之欲。

三、菜肴制作方法的灵活性

　　上述的广泛性和丰富性，以及国人对饮食、对烹饪的独特观念，富于变化的烹调方法，从根本上决定了国人菜肴制作的灵活性。

　　对于饮食，国人以追求由感官至内心的愉悦为要旨，追求的是一种难以言状的意境。对于那种只可意会不可言传的美好感觉，人们又设法从感官上把握，用"色质香味形器"等可感可述可比的因素将这种境界具体化，其中的美感又是人们最为真实和津津乐道的。中国菜的制作方法是调和，最终是要调和出一种美好的滋味，一切以菜肴味道的美好、协调为度，因而，我国烹饪界流行"千个师傅千个法"的宽松标准和"适口者珍"的传统型准则，菜点制作缺乏严格统一的量化指标，甚至也不去追求这种标准。"手工制作，经验把握"是中国传统烹饪的民族和历史的根本特点，也是最大的优点和不容忽视的弱点，民族历史文化的悖论在中国传统烹饪领域同样鲜明地存在着。在这种悖论的状态下，高明的厨师能有章无矩、匠心独运，通过自己的聪颖和努力将我国传统烹饪发展成仅属于个人的艺术；而对于绝大多数厨工来说，则主要停留在技术的层面，而烹饪者技术的熟练程度和具体操作时的发挥状态则直接影响着菜肴的质量。所以，我国菜肴因店、因人、因时不同，质量优劣也有所差异。我国肴品的制作，厨者们总是依照人们的尚食习惯和本人的传习经验，依据不同原料随心应手操作而成。其中每个参数都不是严格不变的，它们几乎都是变量，一切都在厨师每次具体烹制的即兴状态下完成。没有也无法一成不变地把握每道菜的量和质，它们都在厨者的经验和灵巧的手的掌握中，灵活性是因地、因时、因人等诸多具体特异因素而形成的中国菜肴文化习惯心理的、历史文化的和记忆传统的民族性特点。

至于广大下层社会民众的平时三餐，虽然无法与上层社会相比，但也同样充分体现了这种灵活性。如果说上层社会——富贵之家中，或主要服务于中上层社会的酒楼饭庄的菜肴制作的灵活性主要表现为传统分割的简单复制和习惯品种的匠心变通，即灵活性还有相当的经验章法的话，那么下层社会庶民之食则没有那么多顾虑和约束。他们有更多的随意性，是在有限原料和简陋条件下的家庭或乡里市民经验的操作，即所谓"妈妈味"。没有严格的章法可循，也不必特别考虑烹饪技巧——他们认为那是"饭店里的事"和"讲究人家的事"。但这种不循严格章法和不特别考虑烹饪技艺的亿万之家的家庭烹饪，正反映了更广泛的千差万别性和每次操作的特殊性，从而充分地体现了庶民社会菜肴制作的灵活性。

四、区域风格的历史传承性

我国疆域辽阔，各地气候、自然地理环境与物产存在着较大的差异，加之各区域民族、宗教、习俗等诸多情况的不同，形成了众多风格不同的饮食文化区。这种从饮食文化角度审视的文化区域风格的形成，是在漫长的历史过程中逐渐实现的，它的存在和发展都体现了饮食文化的历史特性——封闭性、惰性、滞后性和内循环更生性。这种特性，在以自给自足小农经济为基础的分割和封闭性很强的封建制时代尤为典型。从某种意义上来说，某一人群的社会生活越是孤立和封闭，其文化的地域性便越明显，即传统的色彩便越典型，个性的特征便越强。人类的历史文化，至少是殖民时代以前的世界各民族的文化，首先便是这种意义的地域性的文化。

封建制时代的中国，一方面由于自给自足自然经济的封闭性、封建政治的保守性，另一方面也由于商品经济的极不发达和广大庶民生活的极端贫苦，各区域的饮食文化在漫长的历史上保持着极强的地方性，"邻国相望，鸡犬之声相闻，民至老死不相往来"，可以说是近代以前数千年中国广大农村、山区，尤其是边疆地区经济文化生活的主体风貌。于是，自然地理的差异、经济生活的差异、人文的差异，进而是习俗和心理的差异，其结果便是在封闭性极强的历史条件下区位文化的长久迟滞及内循环机制下的代代相承，即区域内饮食文化传承关系的坚实牢固保持。食物原料品种及其生产、加工，基本食品的种类、烹制方法，饮食习惯与风俗，甚至区域内食品的生产者与消费者的心理与观念也是这样形成的。因为在迟滞生产力水平基础上高度封闭的人们，饮食生活的变化的确是太慢、太小了。这种传承性在区位文化历史逝去的每个时期及历史过程的交替阶段表现得极为明显，它们几乎是凝滞的或周而复始、一成不变的。由于中国幅员广阔，各文化区域彼此之间存在着诸多的差异，对比之下，不相毗连，尤其是距离遥远的各区域的这种属性便更为鲜明突出。当然，不是事实上的丝毫不变，只是说变化与发展非常微小和缓慢，因而在历史上呈现为一种静态或黏滞的表象。

五、各区域间文化的通融性

　　文化就其本质来说是只有一定的地域附着而没有或很少有十分严格的地理界限的，只要有人际往来，便有文化的交流；食文化因其核心与基础是关乎人们日常生活的基本物质需要，即以食物能食的实用性为全体人类所需要，因而便天然地具有不同文化区域彼此间的通融性。无论历史上各文化区域间的封闭是如何的高垒深沟、关梁阻断，也无论各地域内人们的生活是怎样单纯地自食其力，绝对的自给自足和完全的与区位外隔绝都是不存在的。各区域间的交流是随机发生的，并且事实上几乎是无时不在发生的。和平时代的商旅往来是"天下熙熙，皆为利来；天下攘攘，皆为利往"。可以说，在饮食文化和更广泛意义的文化交流史上，无论发轫时间、范围、频率，还是渗透与习染能力，都是以商旅最为典型。除商人的活动外，官吏的从宦、士子的游学、役丁的徭役、军旅的驻屯、罪犯的流配、公私移民、荒乱逃迁，甚至战争，都是食料、食品互通有无和饮食文化相互融汇的渠道，而历史上的战争则往往能引起更大规模、更迅速、更积极、更广泛和深刻有力的饮食文化交流。

　　当代国际饮食文化学界有一个"中华食文化圈"的观点，按照这一观点的理解，以中国为中心，包括朝鲜半岛、日本列岛及更广阔的中国周边地区在内的广大亚洲地区属于同一饮食文化区域。中国内部各饮食文化区域就"中华民族饮食文化圈"来说，是文化共同体母圈之中的子圈，它们彼此之间的联系当更为紧密，通融自是更加频繁。事实上，中国各饮食文化圈的历史孤立与独立性，以及它们各自有别于其他子属区域的个性，都是相对的，既是历史形成中的相对，也是历史不断发展中的相对。那种各区域自身饮食文化风格的历史传承，同时，也是在不断吸收本区域外文化影响的相互交流中实现的。黄河流域新石器时代最重要的煮食器——鬲，经研究证明是受了北方草原游牧民族食生产与食生活的影响后才出现的；西北地区少数民族的"胡饼"——中原汉人所谓"胡人"的炉烤饼，即今天主要流行于新疆等地区的馕的早期形态，汉代时便对黄河流域农耕民众的饮食生活产生了重要的影响；茶作为饮料，其引用风习最初形成于西南地区，汉以后茶的种植沿长江而下至大江南北推广开，并于唐代形成普通种植与全社会广泛饮用的局面。唐代这种通国嗜饮之风又很快流行于西北广大地区。与中原盛行饮茶之风相辉映的是西藏地区的饮茶之习，那里因与西南的川、滇地区早有商道相通，饮茶习惯或更早于唐代。其后的茶马互市，是中央政府或中原政权同周边少数民族的经济交流；至于茶通过几条丝绸之路长途输送域外则是更大范围的国际交往。边疆地区畜牧民族对中华民族茶文化的创造性贡献之一，是奶茶的发明及普遍饮用。

　　中华民族的各个成员在数千年的漫长历史中生存在一个相互依存、互勉共进的文化环境之中，并且随着时间的延续而不断加深这种关系。从根本上来说，正是各区域之间互补性的经济结构决定了彼此的关系，决定了这种结构之上彼此沟通联系的民族共同体的全部社会生活，决定了这种关系下充分展示的各种文化形态。而贯穿于这一庞大生命机体中的一条主动脉，即各区域之间人们饮食生活的紧密联结。

中国饮食文化的五大特色

一、丰富的饮食结构

我国历史悠久，地域辽阔，地理环境多样，气候条件丰富，动植物品类繁多，这都为我国的饮食提供了坚实的物质基础。中国一部古老的著作《黄帝内经》这样描述中国人的食物结构："五谷为养，五果为助，五畜为益，五菜为充。"祖先们在漫长的生活实践中，不断选育和创造了丰富多样的食物资源，使食物来源异常广博。从先秦开始，国人的膳食结构就是以粮、豆、蔬、果、谷类等植物性食料为基础，主、副食界限分明，主食是五谷，副食是蔬菜，外加少量的肉食。《武林旧事》记载的一次盛宴便列举菜肴200多道，其中，以猪、鸭、鱼、虾等物经烤、煮等诸多工艺制作成的有41道，有42道果品和蜜饯，20道各类蔬菜，29道各类鱼干，17种饮料，还有59道点心等。所涉及的食物种类繁多，天上地下、水生陆长，各种生物几乎无所不食，形成了令人眼花缭乱的饮食构成。据调查，中国人吃的菜蔬有600多种，比西方多6倍。实际上，在国人的菜肴里，素菜是平常食品。我国的主食以稻米和小麦为主，另外小米、玉米、荞麦、土豆、红薯和各种苕类也占有一席之地。米线、各种面食（如馒头、面条、油条）及各种粥类、饼类和变化万千的小吃类使人们的餐桌更加丰富多彩。

二、纷繁的制作方法

我国传统菜肴对于烹调方法极为讲究，常见的方法有煮、蒸、烧、炖、烤、烹、煎、炒、炸、烩、爆、溜、卤、扒、酥、焖、拌等。而且长期以来，由于物产和风俗的差异，各地的饮食习惯和品味爱好迥然不同，源远流长的烹调技术经过历代人民的创造，形成了丰富多彩的地方菜系，如闽菜、川菜、粤菜、京菜、鲁菜、苏菜、湘菜、徽菜、沪菜、鄂菜、辽菜、豫菜等。各菜系在制作方法上更是各有特色，如湖北菜的煨、滑，京菜的涮、烤等，更有四川菜以味多、味广、味厚、味道多变而著称，素有"一菜一格，百菜百味"的佳话。

我国饮食之所以有其独特的魅力，关键就在于它的口味精美，而美味的产生主要在于五味调和，同时追求色、香、味、形、艺的有机统一。在色的配制上，以辅助的色彩来衬托、突出、点缀和适应主料，形成菜肴色彩的均匀柔和、主次分明、浓淡相宜、相映成趣、和谐悦目；在口味的配合上，强调香气，突出主味，并辅佐调料，使之增香增味；在形的配制上，注重造型艺术，运用点缀、雕嵌等手法，融雕刻和菜肴于一体，形成和谐美观的造型。我国饮食将色、形、香、味，滋、养六者融于一体，使人们得到了视觉、触觉、味觉的综合享受，构成了以美味为核心，以养身为目的的中国烹饪特色。它选料谨慎，刀工精细，造型逼真，色彩鲜艳，拼配巧妙，有着无可争辩的历史地位。

三、多姿多彩的食物器皿

饮食用具的多样性也是中国饮食文化的一大特色。特别是用竹筷进食，运用自如，经济方便，被欧美人士赞为艺术的创造。我国饮食用具从用途上来分，有豆、罐、鬲、杯、盆、碗、盒、瓮、壶、甑、盘等；从材料上来分，有陶制品、瓷制品、金属制品和竹木制品等。随着生产力的提高和人类生活水平的不断进步，饮食用具在材料、质量、形态等诸方面都发生了新的变化，从隋唐开始已大量使用金银等贵金属所制的饮食用具。在民间，陶瓷用具大量使用，到了唐宋时期，中国瓷器已享誉海外。直到现代，陶瓷餐具美不胜收，灿烂辉煌，成为中国饮食文化中的一个亮点和特色。

四、营养保健的饮食思想

以谷物为主，注重饮食保健，肉少粮多，辅以菜蔬，是国人典型的饭菜结构。其中，饭是主食，而菜则是为了下饭，即助饭下咽。中国人很注重饮食的营养保健，主张营养成分合理搭配，平衡饮食，通过调配食用五谷、五果、五畜、五菜等气味、功用各不相同的食品，以达到阴阳平衡、脏腑协调、补精益气、养身健体的目的。上文已提及早在春秋战国时期，孔子就提出了"食不厌精，脍不厌细"的饮食观，同时，还概括了十条"不食"，以及注重卫生、遵守时节、讲究营养、有节制不过量的科学饮食法则。

五、饮食的美学追求

我国饮食在不断的发展中形成了"十美风格"，即讲究味、色、香、质、形、序、器、适、境、趣的和谐统一。我国的烹饪不仅技术精湛，而且讲究菜肴的美感，注意食物的色、香、味、形、器的协调一致。对菜肴美感的表现是多方面的，无论是红萝卜，还是白菜心，都可以雕出各种造型，独树一帜，达到色、香、味、形、美的和谐统一，给人以精神和物质高度统一的特殊享受。

课堂讨论

你对"民以食为天"如何理解？

技能操作

向全班同学介绍自己家乡的饮食风格。

思考练习

一、填空题

1. 饮食文化是由人们_____和_____的_____、_____、_____等结构组合而成的全部食事的总和

2. 中国饮食文化的四大基础理论是_____、_____、_____和_____。
3. 中国饮食文化的五大特征是_____、_____、_____、_____和_____。

二、多选题

1. 中华民族饮食文化对"味"的原则主要有（　　）。

    A. 注重原料的天然味性　　　　　　B. 讲求食物的隽美之味

    C. 追求食物的精雕细作　　　　　　D. 重视食物的精美外观

2. 传统意义上的"味"被分为（　　）。

    A. 味觉　　　　　　B. 感觉　　　　　　C. 嗅觉　　　　　　D. 触觉

3. 孔子的"八字主张"是（　　）。

    A. 食不厌精　　　　　　　　　　　B. 脍不厌细

    C. 失饪不食　　　　　　　　　　　D. 不时不食

4. 中国饮食文化的特色包括（　　）。

    A. 饮食结构　　　B. 食物制作　　　C. 食物器皿　　　D. 营养保健

    E. 饮食审美

三、判断题

1. 任何一个民族的文化从一定意义上说都是一种饮食文化。　　　　　　（　　）
2. 食是人类生存与发展的第一需要，也是社会生活的基本形式之一。　　（　　）
3. "中和之美"的想法是在上古烹调实践与理论的启发和影响下产生的。　（　　）
4. 饮食用具的多样性也是中国饮食文化的一大特色。　　　　　　　　　（　　）

四、简答题

1. 中国饮食文化的基本含义是什么？
2. 中国饮食文化的四大基础理论有哪些？
3. 中国饮食文化的五大特征有哪些？
4. 中国饮食文化的五大特色有哪些？

第二章

中国饮食文化的发展历程

学习导读

　　本章首先从历史的角度介绍中国饮食文化的演变，然后介绍中国饮食文化的区域性和中国的菜系及饮食文化圈，并进一步阐述形成区域性的历史原因。中华文明的悠久传承性和发展性决定了中国饮食文化的发展历史也是一个不断融合、完善的过程。本项目的学习重点是掌握中国八大菜系，学习难点是理解饮食文化圈的含义。

学习目标

　　（1）了解中国各历史时期的饮食文化。
　　（2）了解中国饮食文化的变迁史。
　　（3）掌握中国八大菜系。
　　（4）理解饮食文化圈的含义。
　　（5）认识中国饮食文化区域性形成的历史背景。

学习案例

　　我国地大物博、幅员辽阔，从南到北跨越多个温度带，因而形成了不同的地理自然环境。而中国人又讲究因地制宜、就地取材，因而我国南北方的饮食文化体现出显著的差异，"南甜北咸"就是中国饮食文化中体现的一种典型地域性口味差异。一般来说，长江以南的地域偏爱甜味，糖是很多南方地域烹制菜肴必不可少的原料；而黄河以北的菜肴调味则偏向咸味，做菜时往往放较多的盐和酱油。那么是什么原因导致了南甜北咸的现象呢？

　　北咸形成的原因是北方冬季寒冷，在古代北方冬季缺少过冬的蔬菜，以最典型的东北为例，人们在冬季来临前会腌制酸菜，制作香肠、腊鱼，以备过冬，这样的饮食没有大量的食盐支撑是不可能实现的。加上北方受游牧民族影响较深，日常肉食较多，而最能激发肉类鲜美味道的就是食盐，受此影响的北方菜肴大多口味较咸。

　　南甜则是南方得天独厚的自然优势形成的，古代产糖主要依赖甘蔗，而甘蔗这种作物主要种植在南方，加上古代交通运输极为不便，南方的蔗糖很难在北方普及，所以南方人善于用糖，而古代北方人对于糖的运用远逊于南方。宋朝是中国饮食进化最快速的一个时期，南方人对于甜味的运用已经相当考究，各种甜味点心纷纷出现，加上南方人口激增、商业发达，一时间甜味成了中国饮食的一个趋势。这股趋势从宋朝一直延续到明清时期，即使到了现代依然没有改变。

南咸北甜这种地域差异是中国饮食文化的组成部分，它们反映了不同地区的自然环境、历史文化和生活方式的不同，同时也体现了人们对美食的追求和创造力。

案例思考： 中国饮食文化的地域性对旅游业产生了什么影响？

案例解析： 饮食文化受到独特而优越的地理环境的影响，又由于其政治、经济、文化发展水平不同，会表现出若干差异性，所以游客对于由文化地域差异性引起的饮食文化的不同抱有好奇心理，从而进一步促进区域性旅游业的发展。

中国饮食文化的演变

中国作为世界四大文明古国之一，曾以高度发达与繁荣的物质和精神文明，对人类发展的历史进程产生了举世瞩目的深远影响。其中，种类繁多、制作精美、工艺技术独特的烹饪饮食与由此派生出来的中国饮食文化，不仅历史悠久、内涵丰富，是历朝社会发展进步的标志之一，而且还对丰富和完善世界饮食文化的宝库做出重要的贡献。正由于有这样深厚的文化积淀，中国在世界上赢得了"烹饪王国"的崇高美誉，"吃在中国"也成了世人的共识。

一、中国饮食文化的孕育期

原始社会是中国饮食文化的孕育期。在这一时期，中国饮食已从生食时代进入了熟食时代。其中，火的发明使用是史前人类结束"茹毛饮血"自然饮食生活的重要标志。当代著名学者张光直先生认为，火的发明使用是中国饮食史上五次突破中的第一个突破，虽然不是中国饮食史上的独特成就，但是它使直立猿人可以熟食肉类食物。熟食的结果是使直立猿人的牙齿和上下颚变小，脸型也随着改变，脑容量相对增加，人也变得比较聪明，所以，火的发明在中国饮食史上是一项重大的突破。

原始农业的出现和发展是中国饮食史上继火的发明使用之后的又一重大突破。农业与畜牧业的出现对中国饮食产生了重大而深远的影响，使南北方分别形成了以饭稻羹鱼、食粟餐肉为特色的饮食文化。另外，陶器和酒的发明，盐、蜜糖、食油等调味品的使用，石磨盘与石磨棒、杵臼和研磨器等食物加工工具的出现，炊事设备的逐步完善，烹饪技术的产生等，表明中国饮食的传统体系早在史前时期就开始孕育了。

二、中国饮食文化的雏形期

夏商时期是中国饮食文化的雏形期。在这一时期，由于农业和畜牧业在原始社会的基础上又有了进一步的发展，食物材料更加丰富，食品加工与食品储藏技术也有了很大的提高，出现了专门的粮库和食品储藏方法。与此同时，随着"火食之道"的推广、饮食器类的繁华，人们对于炊事的操作技巧也在不断推陈出新、总结规范，产生了各种各样的烹制方法。

夏商时期的饮食器具器型种类更加丰富多彩，形成了炊器、食器、食品加工器、食品盛储器、水器、酒器等系列，而每一系列包含了多种多样的器具。后世所谓的"美食不如美器"的观念，便是从这一时期开始的。食具也不再限制于陶土烧制甚至是自然工具，而是出现了大量的金属青铜

中国饮食炊具的发展

食器。青铜食器按其功能可细分为烹煮器、盛食器、挹取器、切肉器等。其中，烹煮盛食器种类数量最多，像鼎、簋（guǐ）、鬲（lì）、豆等都是后人耳熟能详的门类。

"食以体政"和"寓礼于食"是这一时期普遍展示的两大特征。夏商时期"礼政"的基本特色，是以史前那种最亲切、自然地表现社会生活的饮食习俗传承作为底蕴的。夏商统治者反复不断地修饰整合，存其合理，汰其狭塞，"礼政"方制约于社会生活。凡人事、神事方方面面，小到庶民家室之政，大到国家社会之治，渗透无所不在。而作为夏商饮食"礼政"核心部分的"食礼"，从菜肴品类到烹饪品位，从进食方式到筵席宴享等，其中所表达的一系列礼仪与蕴含的哲理思想，也都明显强调着阶级之别、等级之序次。贵族集团间人际关系的维护，社会人伦教化之倡导，显示了原始规范中对实际效能的注重。

三、中国饮食文化的定型期

西周及春秋战国时期是中国饮食文化的定型期。在这一时期，人们的食物原料更加多样化，谷物品种基本完备，出现了"五保""五畜""五菜"等概念。除主食南北分野的传统在这一时期继续加强外，副食中菜肴的口味也形成了南北分野的趋势。周代的"八珍"和《楚辞·招魂》中的菜式，就分别代表了中国北方和南方的两种截然不同的口味。

这一时期的食品加工和烹饪技术更趋进步，当时人们在选料、制冷、主副食搭配、刀功、调味和火候等方面都积累了丰富的经验，并提出了"食不厌精，脍不厌细""和而不同"等烹饪理论，开始出现了宫廷菜、名菜、箍席。席地赞食、乡饮酒礼、王公宴礼、餐前行祭祀等饮食礼仪的形成，是这一时期具有划时代意义的成果，对当时及后世产生了极其深远的影响。

以食为重、追求饮食的享受性和娱乐性，是这一时期饮食的重要特征之一。在该观念的支配下，这一时期又产生了医食同源的思想，从而为后来食疗学的创立和发展打下了坚实的基础。与此同时，饮食卫生也受到了人们的普遍重视，《周礼》《吕氏春秋·本味篇》《论语·乡党》《黄帝内经》等著作都对饮食之道做了阐述。

四、中国饮食文化的发展期

秦汉时期是中国饮食文化的发展期。在这一时期，食物原料更加丰富多彩，如张骞出使西域带回了葡萄、石榴、大蒜等十多种食物和葡萄酒的酿造技术。人们在制作谷物类食物时尤为强调熟食及对作物进行去糠的粗加工，并在这一基本饮食原则指导下，进行多样化的主食食品的制作。中国传统的烹饪方法，除炒法外，在秦汉时期均已出现。而豆腐的发明，饮茶风气的兴起，盐、酒专卖制度的始行，都是这一时期饮食史上的大事。特别是豆腐的发明，作为中国对人类文明的重要贡献之一，它大大丰富了饮食的内容，为植物蛋白的利用开辟了广阔的前景。

汉代末年从中亚输入面食，是中国饮食史上的第三次重要突破。面食把米、麦的使用价值大大提高了，因为中国古代主食以黍、粟为主，面食输入后才开始吃"烙饼"，也就是"胡饼"，以及后来的"面条"。面食的意义在于使中国饮食文化由"粒食文化"进入"粉食文化"，也就是说由原来主食粟转变为麦，麦代替了黍、粟成为中国的主食。当时点心面食已大量增加，已能做发酵面点。

中国古代独立的厨房及其设置，在秦汉时期得到了较快的发展、完善，从而奠定了传统中国社会中厨房的基本格局和关于厨事活动的基本程序。新能源的开发、铁锅炊具的出现、炉灶的改革等，都表明秦汉时期的饮食有了飞跃的发展。

中国饮食文化南北分野的现象在秦汉时期进一步加强，并形成了关中、西北、中原、北方、齐鲁、巴蜀、吴楚七个相对稳定循环传承的饮食文化圈。秦汉时期在饮食生活中的社会阶级或集团性差异更加鲜明，宴饮活动弥漫于整个社会，成为当时主要的社会生活内容，并在时间和空间上呈现出明显的差异。

五、中国饮食文化的交融期

魏晋南北朝时期是中国饮食文化的交融期。在这一时期，中国餐饮具有胡汉交融的特点，如在饮食烹饪方面，各民族都把自己的饮食习惯和烹饪方法带到了中原腹地。从西域地区来的人传入了胡羹、胡饭、烤肉、涮肉等烹庖制法；从东南来的人传入了叉烤、腊味等烹庖制法；从南方沿海地区来的人传入了烤鹅、生鱼等烹庖制法；从西南滇蜀地区来的人传入了红鱼等饮食珍品，这些风味各异的食品极大地丰富了魏晋南北朝时期中国饮食文化的内容。至北魏时，北方少数民族拓跋氏入主中原后，将胡食及塞北地区的风味饮食传入内地。同时，随着佛教在中国的深入与普及，素食也开始流行。面食在民间有了进一步的推广，种类日益丰富，乳类食品也占有一定的地位。

烹调方式中炒菜方法的发明和普及，是魏晋南北朝时期饮食史上的重要大事。炒是中国传统烹调艺术中最突出的基本技法，与煮、炖、蒸、煲等烹饪法相比，炒菜速度更快、能源更省、味道更鲜、色泽更艳，做法也更有弹性。

在这一时期，有关饮食的著作急剧增加，其数量和范围都远远超过前代，呈现出系统性、独立性和总结性的特点。它们从饮食原料到加工烹饪，从饮食内容到饮食文化，都有较为系统与深入的记述和研究，可以说，饮食学作为一门新兴学科已经基本形成。

六、中国饮食文化的持续发展期

隋唐五代是中国饮食文化的持续发展期，主要体现在以下几个方面。

（1）食品原料越来越丰富，新材料不断涌现。西域乃至欧洲的各种蔬菜品种，如苜蓿、葡萄、番石榴、番瓜、胡菠、胡蒜、胡蕊、胡豆、胡萝卜等大量进入内地，印度蔗糖法的引入也大大丰富了中国烹饪的内容。

（2）在炊具、燃料及引火技术等方面取得了长足的进步。煤从隋代开始应用于饮食烹饪，木炭也已成为当时主要的燃料。经济而卫生的饮食器具在当时得到了相当广泛的应用。

（3）烹饪技艺日趋成熟。这一时期人们对火候与调味的关系有了进一步的认识，并从理论上总结出了烹调技术的基本准则："温酒及炙肉用石炭、柴火、竹火、草火、麻黄火，气味不同；物无不堪吃，唯在火候，善均五味。"

（4）饮酒的盛行与饮茶的普及引人注目。特别是茶，在唐代已逐渐由药饮和粗放式煮饮发展成为纯粹的饮品，并进一步演化为艺术化、哲理化的茶艺、茶道，对后世人们的饮食生活产生了极其重大而深远的影响。

七、中国饮食文化的繁荣期

宋元时期是中国饮食文化的繁荣期。在这一时期，饮食原料的来源进一步扩大，食品的加工和制作技术更加成熟。特别是在食品烹饪方面，更是取得了令人瞩目的成就：厨事分工越来越专；厨事、厨师逐渐成为一个民间的专门行业与人才群体，且有一定的市场；烹饪技法变化多端；色、香、味、形在食品中得到了淋漓尽致的发挥；食品的种类名目繁多，令人目不暇接；饮食器具不仅品类齐全，而且已向小巧、精致玲珑的方向发展。

茶文化与酒文化在这一时期也有不俗的表现，尤其是茶文化在唐代的基础上又有了进一步的发展，宋代盛行的斗茶、点茶等活动，更使饮茶成为一种高雅的文化活动。

饮食业在这一时期打破了坊市分隔的界限，出现了前所未有的繁荣景象。酒楼、茶坊、食店等饮食店肆遍布城乡，并流行全日制经营。饮食业的行业特色也更为显著。优美典雅的环境布置、热情周到的服务质量、丰富多彩的食品种类等，已成为当时饮食业经营者刻意追求的目标。

这一时期的中外饮食文化交流，无论是深度还是广度，都达到了空前的水平。由于交流的频繁，人们的饮食方式也呈现出多种形态并存的现象。交流的范围从邻近的东亚、东南亚地区扩展到北非、东非地区，交流的内容也远远超过了以往任何一个时期。

这一时期的饮食著作大量涌现，范围遍及饮食文化的各个领域，其中尤以茶学著作的迭出引人瞩目。另外，文人、官僚、食技从艺者，乃至帝王、贵族、家庭主妇等均程度不同地广泛参与，对烹饪技艺和饮食理论等进行了全面系统的总结。元代忽思慧的《饮膳正要》就是这方面的代表作。这些饮食著作的出现，使中国古代的饮食学更趋成熟。

八、中国饮食文化的鼎盛期

明清时期是中国饮食文化的鼎盛期。在这一时期，食品原料比过去更为广泛，特别是玉米、甘薯、花生、向日葵、西红柿、马铃薯等的传入，极大地改变了人们的饮食结构。食品的制作工艺也已逐渐成为传统，出现了以味的区分做菜的行帮，并最终形成了苏、粤、川、鲁四大地方菜肴体系。烹饪技法更是到了登峰造极的地步，方法已达上百种之多，而且食点的成品艺术化形象也进一步得到发展，不仅色、香、味、形、声、器六美俱备，做工精细，富于营养，而且名称也典雅得体，文采风流，富有诗情画意。"满汉全席"的出现，标志着中国古代的饮食体系已达到了鼎盛。

明清时期的茶文化在中国茶文化史上处于辞旧迎新的阶段，无论是加工方法还是品饮方法都焕然一新。明代开始流行的炒青制茶法和沸水冲泡的饮法，被后人誉为"开千古饮茶之宗"。而明代文人集团对饮茶的嗜好，更是集中体现了当时茶文化的特点，反映了明清茶人洁身励志的积极精神。

明清时期的饮食思想和理论研究也达到了新的高度，出现了《居家必备》《遵生八笺》《酒史》《随园食单》《素食说略》《中馈录》《食宪鸿秘》《养小录》《调鼎集》《随息居饮食谱》等一大批高水平的饮食著作，内容涉及饮食的各个方面，这表明中国古代的饮食学体系已经形成，从而使饮食学成为一门囊括饮食（色、香、味、形）、饮食心态、食器与礼仪（饮宴餐具、陈设、仪礼）、食享与食用（保健、养生与食疗）等多重文化内涵的"综合艺术"。

满汉全席

满汉全席是我国一种具有浓郁民族特色的巨型宴席，既有宫廷菜肴之特色，又有地方风味之精华，突出满族菜点的特殊风味，烧烤、火锅、涮锅等菜点几乎不可缺少，同时又展示了汉族烹调的特色，扒、炸、炒、熘、烧等兼备，实乃中华菜系文化的瑰宝。满汉全席原是官场中举办宴会时满人和汉人合坐的一种全席，全席以北京、山东、江浙菜为主，后来闽、粤等地区的菜肴也依次出现在巨型宴席之上。菜品起码108道，其中南菜54道是指30道江浙菜，12道福建菜，12道广东菜；北菜54道是指12道满族菜，12道北京菜，30道山东菜，分三天吃完。满汉全席菜式有咸有甜，有荤有素，取材广泛，用料精细，山珍海味无所不包，并且菜点精美，礼仪讲究，形成了引人注目的独特风格。入席前，先上二对香，茶水和手碟；台面上有四鲜果、四干果、四看果和四蜜饯；入席后先上冷盘，然后热炒菜、大菜、甜菜依次上桌。满汉全席分为六宴，均以清宫著名大宴命名。汇集满汉众多名馔，择取时鲜海味，搜寻山珍异兽。全席计有冷荤热肴196品，点心茶食124品，共计320品。合用全套粉彩万寿餐具，配以银器，富贵华丽，用餐环境古雅庄重。席间专请名师奏古乐伴宴，沿典雅遗风，礼仪严谨庄重，承传统美德，侍膳奉敬宫廷之周，令客人流连忘返。全席食毕，可领略中华烹饪之博精，饮食文化之渊源，尽享万物之灵之至尊。

九、中国饮食文化的转型期

近代鸦片战争至民国时期是中国饮食文化的转型期。这体现在以下几个方面。

（1）从食品原料来看，除传统的食品原料外，国人又从国外引进了生菜、洋葱、卷心菜等一批新品种。另外，花生油、荷兰奶牛、法式葡萄种子等的引进和洋米、洋面、洋酒、洋饼干、洋罐头等的大量进口，打破了中国几千年来自给自足的基础食品原料的结构，使中国人的食品原料来源更加多样化，而烧碱、味精、食用香精等的使用，也使传统的食品烹饪更加方便，味道也更加鲜美可口。

（2）从食品加工技术和工艺来看，社会上出现了传统手工加工作坊和近代化机器专业食品加工厂并存的现象。一方面，传统的手工艺作坊加工出来的产品，以其独特的工艺和烹制手法为老顾客们所喜好；另一方面，那些用近代化机器生产工艺制造出来的食品也大量涌入市场，形成了一个多元的食品加工工业和消费市场。

（3）从餐饮业来看，除传统的老字号仍占一席之地外，具有新口味的、用西方经营方式来管理的饭店、酒楼、西式餐馆，犹如雨后春笋般地在各地纷纷建立，并逐渐有一种取而代之的趋势。这迫使一些中式饮食店开始学习西式餐馆的做法，特别是吸收西式烹饪技法的长处，并将改进后的菜品纳入自己的菜肴体系之中。于是，在中国原有的八大菜系外，又有了新的排列组合，并在原有的菜系基础上派生出新的菜系。

（4）从饮料饮品来看，这一时期除传统的中国茶、酒及汤汁外，从西方传来的汽水、咖啡、炼乳、葡萄酒、啤酒、冰激凌等新式饮品也为越来越多的青年人所喜好，人们在潜移默化中逐渐接受了西式饮料，因而当时的饮料市场成为一个多元化的集合。

（5）从饮食器具来看，这一时期人们餐桌上摆放的已不再是单一的中式饮食器具。光洁美观、轻巧耐用的西式餐具（如高脚酒杯、不锈钢餐具、搪瓷餐具等）逐渐进入中国人的家庭，成为一些中上等收入人家的必备用具。

（6）从饮食方式来看，中国传统的进餐方式和进餐程序都受到了挑战。西式的分餐制因其卫生性而被一部分国人所崇尚，特别是西菜先冷后热的上菜程序为许多中餐馆和家庭所接受，从而也大大缩短了中式宴会的进餐时间。

需要特别指出的是，随着西方近代文明的传入，这一时期的饮食结构也呈现出更加科学、更加卫生的发展趋势。中国饮食文化在吸收西方文明的同时，也将自己民族的饮食逐步推向遥远的欧美国家，并以其精良的烹调、优美的造型、独特的风味蜚声世界，赢得了"烹饪王国""食在中国"的美誉。

第二节

中国饮食文化的区域性

中国地大物博、物产众多，各地区由于独特的地理地貌、气候环境、风俗习惯等形成了不同的饮食习惯。在饮食文化的区域性历史划分中，存在"菜系说"和"饮食文化圈"两大分类系统。这两种系统化的分类对于研究中国饮食文化有积极的指导意义，使中国饮食文化的地域性历史与变迁的呈现方式更加明晰。

一、中国的菜系

菜系，是指在一定区域内，由于气候、地理、历史、物产及饮食风俗的不同，经过漫长历史演变而形成的一整套自成体系的烹饪技艺和风味，并被全国各地所承认的地方菜肴。早在 1 000 多年前北宋时期，沈括的《梦溪笔谈》中记载："大底南人嗜咸，北人嗜甘。鱼蟹加糖蜜，盖便于北俗也。"在当时，中国的口味主要有两种，北方人喜欢吃甜的，南方人喜欢吃咸的，与现在正相反；当时中国没有现代意义上的"辣味"，辣椒更是在明代才传入中国。至南宋，北方人大量移民南方，并将甜的口味带过来，逐渐形成南方地区的主要口味。同样，这一历史时期北方的饮食文化，也受到契丹、女真、蒙古等民族的影响，口味偏咸了。主要存在"四大菜系说""八大菜系说""十大菜系说"，主流学者认为"八大菜系说"是最为科学的分类方法，现表述如下。

（一）鲁菜

鲁菜，是起源于山东的齐鲁风味，是中国传统八大菜系中唯一的自发型菜系，是历史最悠久、技法最丰富、难度最大、最见功力的菜系。

2 500 年前，齐鲁大地的儒家学派奠定了中国饮食注重精细、中和、健康的审美取向；北魏末年《齐民要术》总结的黄河中下游地区的"蒸、煮、烤、酿、煎、炒、熬、烹、炸、腊、盐、豉、醋、酱、酒、蜜、椒"奠定了鲁菜烹调技法的框架；明清时期大量山东厨师和菜品进入宫廷，使鲁菜雍容华贵、中正大气、平和养生的风格特点进一步得到升华。

鲁菜讲究原料质地优良，以盐提鲜，以汤壮鲜，调味讲求咸鲜纯正，突出本味。大葱为山东特产，多数菜肴要用葱、姜、蒜来增香提味，炒、熘、爆、扒、烧等方法都要用葱，尤其是葱烧类的菜肴，更是以拥有浓郁的葱香为佳，如葱烧海参、葱烧蹄筋；喂馅、爆锅、凉拌都少不了葱、姜、蒜。海鲜类量多质优，异腥味较轻，鲜活者讲究原汁原味，虾、蟹、贝、蛤多用姜、醋佐食；燕窝、海参、干鲍、鱼皮、鱼骨等高档原料，质优味寡，必用高汤提鲜。

鲁菜突出的烹调方法为爆、扒、拔丝，尤其是爆、扒为世人所称道。爆，分为油爆、酱爆、芫爆、葱爆、汤爆、火爆等，"烹饪之道，如火中取宝。不及则生，稍过则老，争之于俄顷，失之于须臾"。爆的技法充分体现了鲁菜在用火上的功夫。因此，世人称"食在中国，火在山东"。

鲁菜以汤为百鲜之源，讲究"清汤""奶汤"的调制，清浊分明，取其清鲜。清汤的制法，早在《齐民要术》中已有记载。用"清汤"和"奶汤"制作的菜品繁多，名菜就有"清汤全家福""奶汤蒲菜""汤爆双脆"等，多被列为高档宴席的珍馐美味。

一般认为，鲁菜有4个分支，即济南菜、胶东菜、孔府菜、淄博菜。4个分支相互影响、相互融合造就了现如今鲁菜的辉煌成就。

（1）济南菜。济南菜，古称历下菜，起自鲁西地区，立足省城济南，以清香、鲜嫩、味纯著称。济南菜又可细分为两派，分别是"历下派"和"泰素派"。"历下派"的济南菜，汤菜讲究清鲜爽口，鸡鸭类菜肴则注重用甜面酱调味，特色菜有糖醋鲤鱼、油爆双脆、九转大肠、奶汤蒲菜、爆炒腰花等。"泰素派"是指以泰安为代表的素菜和寺庙菜肴流派，色调淡雅，口味清鲜滑嫩，代表菜有以白菜、豆腐、泉水做成的泰山三美，还有软烧豆腐等。

九转大肠（图2-1）是鲁菜名菜之一。此菜由清朝光绪初年济南九华林酒楼店主首创，开始名为"红烧大肠"，后经过多次改进，一些文人雅士食后，感到此菜确实与众不同，别有滋味，为取悦店家喜"九"之好，并称赞厨师制作此菜像道家"九炼金丹"一样精工细作，便将其更名为"九转大肠"。其做法是将猪大肠经水焯后油炸，再灌入十多种作料，用微火爆制而成。酸、甜、香、辣、咸五味俱全，色泽红润，质地软嫩。

（2）胶东菜。胶东菜，起源于烟台的福山区，故又名"福山菜"，也称"烟台菜"。其主要流传的地区为青岛、烟台、威海，大连菜就属于胶东菜的一个分支。胶东菜的口味清爽脆嫩，能保持食材的原汁原味，长于海鲜制作，尤以烹制小海鲜见长。本帮胶东菜的主要名菜有葱烧海参、糟熘鱼片、熘虾片、炸蛎黄、清蒸加吉鱼、浮油鸡片、油爆乌鱼花、红烧大蛤、油爆海螺片、芙蓉干贝等，"糟熘鱼片"还成为明代的御膳。细分起来，胶东菜又可分为以烟台为代表的"本帮胶东菜"和以青岛为代表的"改良胶东菜"。前者的代表菜有雪花丸子、熘虾仁、葱烧海参等；后者则吸收了一些西餐的制作技艺，代表菜有烤加吉鱼、咖喱鸡块等。

图 2-1 鲁菜代表——九转大肠

葱烧海参是鲁菜经典名菜，是鲁菜的当家菜。海参为"古今八珍"之一，袁枚《随园食单》中曾这样描述："海参无为之物，沙多气腥，最难讨好，然天性浓重，断不可以清汤煨也。"所以烧之烹饪法，可以说是"以浓攻浓"，以浓汁浓味入其里，浓色表其外，色香味形兼具。葱烧海参以水发海参和大葱为主料，海参清鲜，柔软香滑，葱段香浓，食后无余汁，葱香味醇，营养丰富，滋肺补肾。

（3）孔府菜。孔府是我国历史最久、规模最大的世袭家族。孔府膳食用料广泛，上至山珍海味，下至瓜果豆菜等，皆可入馔，日常饮食多是就地取材，以乡土原料为主。孔府菜制作讲究精美，重于调味，工于火候；口味以鲜咸为主，火候偏重于软烂柔滑。著名的菜肴有当朝一品锅、御笔猴头、御带虾仁、带子上朝、怀抱鲤、神仙鸭子等。有一次乾隆来曲阜祭祀孔子，事毕用膳，由于不饿而吃得很少，衍圣公很着急，传话让厨师想办法。厨师正急得团团转，此时有人送来一筐鲜豆芽，一个厨师顺手抓了一把豆芽，放上几粒花椒爆锅，做好以后送了上去。乾隆从未吃过这道菜，出于好奇，尝了一口，由于此菜清、香、脆、嫩、爽，竟大吃了起来。从此，"炒豆芽"就成了孔府的传统名菜。时至今日，靠近济宁的地区还会桌桌必点炒豆芽。

（4）淄博菜。淄博菜以博山菜肴为代表，兼有周村等地的菜肴。博山地区有一种传统饮食习俗，名为"四四席"，是近百年以来博山人宴请宾客的一种菜肴规制，一般是可供八人一桌聚餐的四平盘、四大件、四行件和四饭菜计十六品，将凉菜、热菜、汤菜和主食等全都包括在内。淄博的特色菜有博山酥锅、豆腐箱子、博山香肠、博山烩菜、周村煮锅等。淄博的烧烤也有自己的特色，每桌上一个小炉子，食客在吃的时候可以自己加热，还有小饼，把肉卷到里面吃。

（二）淮扬菜

淮扬菜是中国传统八大菜系之一。"扬"即扬菜，以扬州一带为代表的长江流域；"淮"即淮菜，以淮安一带为代表的淮河流域。淮扬菜系是指以扬州府和淮安府为中心的淮扬地域性菜系，形成于扬州、淮安等地区。淮扬菜始于春秋，兴于隋唐，盛于明清，素有"东南第一佳味，天下之至美"之美誉。其"五味调和"的特点使其被选为开国大典的国宴，成为 65 周年国宴上基准菜。与淮扬菜有关的典故，也是数不胜数。

淮扬菜选料严谨、因材施艺；制作精细、风格雅丽；追求本味、清鲜平和。"醉蟹不看灯、风鸡不过灯、刀鱼不过清明、鲟鱼不过端午"，这种因时而异的准则确保盘中的美食原料处于最佳状态，让人随时都能感遇美妙淮扬。淮扬菜十分讲究刀工，刀功比较精细，一块 2 厘米厚的方干，能批成 30 片的薄片，切丝如发。菜品形态精致，滋味醇和；在烹饪上则善用火候，淮扬菜肴根据古人提出的"以火为纪"的烹饪纲领，鼎中之变精妙微纤，通过火工的调节体现菜肴的鲜、香、酥、脆、嫩、糯、细、烂等不同特色；原料多以水产为主，注重鲜活，口味平和，清鲜而略带甜味。其菜品细致精美、格调高雅，著名菜肴有清炖蟹粉狮子头、大煮干丝、三套鸭、软兜长鱼、水晶肴肉、松鼠鳜鱼、梁溪脆鳝等。

"狮子头"用扬州话来说又称为"大斩肉"，到了北方通常叫作"四喜丸子"。清炖蟹粉狮子头（图 2-2）在扬州、镇江一带是久负盛名的传统名菜之一。据传这道菜最初始于隋朝，隋炀帝杨广到扬州游了葵花岗、万松山等名景后，唤御厨以扬州名景为题做菜，御厨以葵花岗的景做出了"葵花斩肉"这道菜肴，这道菜也广为流传。到了唐代，郇国公韦陟设宴，名厨也做了此菜，宾客见了肉圆子犹如雄狮之头，便趁机赞美道："郇国公半生戎马，战功彪炳，应佩狮子帅印。"韦陟听后十分高兴，便将这"葵花斩肉"改名为"狮子头"。狮子头的做法多样，多以红烧、清蒸为主，但因清炖出的狮子头更加鲜嫩肥美，再伴以蟹肉，味道更上一层楼，广受欢迎。蟹粉狮子头听起来简单，但从选料到刀工、拌馅、捆肉圆、烹制的火候都极为讲究，环环相扣才能将这狮子头做得肥而不腻、入口即化。

图 2-2　淮扬菜代表——清炖蟹粉狮子头

大煮干丝是扬州人接待宾友、饮酒品茶的必点佳品，在《风味人间》这样形容它："毫发般的细丝，浸入以火腿和母鸡熬制的高汤，片刻出锅，既保持干丝应有的柔韧，又最大限度汲取火腿的精华。"简单的食材用以细致的工序和上等的食材去制作，用心程度体现在一丝一味之间，夹上一筷子送入口中，火腿和鸡肉的鲜美汇聚至豆腐丝之中，食之软糯，别有一番滋味在其中。

软兜长鱼是淮扬菜中最负盛名的菜肴之一，又被称为"软兜鳝鱼"，《山海经》中有所记载："湖灌之水，其中多鳝"，江淮地区盛产鳝鱼，而且品质上好，肉质鲜嫩且营养丰富。这道菜是将活的鳝鱼用纱布兜扎住，锅中烧沸水加葱、姜、盐和醋，再将鱼放入汆烫至鱼身曲卷后，把鱼肉捞出，取脊肉烹调。做好的鳝鱼醇香鲜嫩，夹起鱼肉两端下垂，好似孩童的肚兜带，故起名为"软兜长鱼"。

"西塞山前白鹭飞，桃花流水鳜鱼肥"，江浙人在吃鱼上颇有一番心得，当年乾隆下江南到苏州的松鹤楼用膳，厨师用鲤鱼改花刀，调味腌制后挂上蛋糊嫩炸，再淋上熬热的糖醋汁，做好的鱼形状似松鼠，吃起来外脆里嫩，酸甜适口，从此名扬天下。但"鲤鱼"在民间有吉祥之意，后来就改成了鳜鱼，最终流传至今。

三套鸭是淮扬名菜之一，用当地产的活家鸭、活野鸭、活菜鸽等食材经过处理后洗净去骨，放入沸水略烫，再将鸽子放入野鸭肚子里，再塞入冬菇，火腿片，最后将野鸭子塞入家鸭肚子里，加入绍酒、葱、姜、清水经过炖煮而成。三套鸭的制作方法比较复杂，确是非常美味又有营养的淮扬菜。水晶肴肉又名镇江肴肉，是江苏镇江市的传统名菜，以猪蹄为主料、加硝和盐腌制，配上葱、姜、黄酒等佐料，放入汤中文火焖煮至酥烂，最后冷冻凝结切片，成品肉红皮白，看起来晶莹透亮，仿佛水晶。

有菜有羹的淮扬宴席最终少不了用一道闻名天下的扬州炒饭来收尾，蛋炒饭在全国各地都有制作，却唯独扬州的蛋炒饭最为出名。扬州炒饭的选料精细严谨，制作加工都极为讲究，炒好的饭粒粒分明、松散，口感软硬适中，咸香软糯，称得上是"色香味俱全"。据考证，在春秋时期，扬州古运河的船民就用鸡蛋做炒饭，到了明代，扬州的民间厨师在炒饭的基础上增添了配料，这就是扬州炒饭的雏形，再到清朝嘉庆年间，扬州太守又在这基础之上加入了虾仁、火腿、瘦肉丁等食材，炒饭的味道更为鲜美。江浙人又多以经商为主，赴海外的商人也将这扬州炒饭带向了世界，扬州炒饭由此发扬光大。

（三）川菜

川菜即四川菜肴，是中国特色传统的八大菜系之一、中华料理集大成者。近现代，川菜兴起于明朝和民国两个时间段，并在中华人民共和国成立后得到创新发展。在原有的基础上，吸收南北菜肴之长及官家、商家宴菜品的优点，形成了北菜川烹、南菜川味的特点，享有"食在中国，味在四川"的美誉。

川菜取材广泛，调味多变，菜式多样，以家常菜为主，高端菜为辅，取材多为日常百味，也不乏山珍海鲜。口味清鲜醇浓并重，其特点是红味讲究麻、辣、鲜、香；白味口味多变，包含甜、卤香、怪味等多种口味。川菜以善用麻辣调味著称，并以其别具一格的烹调方法和浓郁的地方风味，融会了东南西北各方的特点，博采众家之长，善于吸收，善于创新，享誉中外。四川省会成都市被联合国教科文组织授予"世界美食之都"的荣誉称号。

川菜三派的划分，包括上河帮川菜，即以川西成都、乐山为中心地区的蓉派川菜；小河帮川菜，即以川南自贡为中心的盐帮菜，同时包括宜宾菜、泸州菜和内江菜；下河帮川菜，即以重庆江湖菜、万州大碗菜为代表的重庆菜。三者共同组成川菜三大主流地方风味流派分支菜系，代表川菜发展最高艺术水平。

（1）上河帮川菜又称蓉派川菜，以成都和乐山菜为主。其特点以亲民平和，调味丰富，口味相对清淡，多传统菜品。蓉派川菜讲求用料精细准确，严格以传统经典菜谱为准，其味温和，绵香悠长，同时集中了川菜中的宫廷菜、公馆菜之类的高档菜，通常颇具典故，川菜中的高档精品菜基本集中在上河帮蓉派，其中被誉为川菜之王。现如今一般酒店中宴会菜式中的川菜均以成都川菜为标准菜谱制作。除此之外，小吃也是川菜中的重要组成部分，在川菜中，小吃主要也是以上河帮小吃为主。

上河帮代表菜有麻婆豆腐、夫妻肺片、回锅肉、宫保鸡丁、盐烧白、粉蒸肉、蚂蚁上树、灯影牛肉、蒜泥白肉、樟茶鸭子、白油豆腐、鱼香肉丝、盐煎肉、干煸鳝片等。上河帮小吃代表有四川泡菜、伤心凉粉、卤肉锅盔、泉水豆花、担担面、川式香肠、银鱼烘蛋、叶儿粑、龙抄手等。

（2）下河帮又称渝派川菜，以重庆和达州南充菜为主。其特点是家常菜，亲民，比较麻辣。下河帮川菜大方粗犷，以花样翻新迅速、不拘一格的选材和慷慨的用料为人称道，俗称江湖菜。其中，达州南充川菜以传统川东菜为主，如酸萝卜老鸭汤、烧公鸡。重庆川菜则结合了川东精品川菜的影响，加上长江边码头文化，生发出不拘一格的传扬风格。受到了民国时期和三线建设时期大量从江浙过去的人民的影响，部分重庆菜口味相对四川川菜，带有淮扬菜和上海菜浓油赤酱的特点。

下河帮代表菜有毛血旺、口水鸡、酸菜鱼、辣子鸡、辣子田螺、豆瓣虾、香辣贝和辣子肥肠为代表的辣子系列，以及泉水鸡、烧鸡公、芋儿鸡和啤酒鸭为代表的干烧系列。

（3）小河帮又称盐帮菜，以自贡和内江菜为主。其特点是大气、怪异、高端（其原因是盐商）。自贡盐帮菜又分为盐商菜、盐工菜、会馆菜三大支系，以麻辣味、辛辣味、甜酸味为三大类别。盐帮菜以味厚、味重、味丰为其鲜明的特色，注重和讲究调味，是水煮技法的发源地，除具备川菜"百菜百味、烹调技法多样"的传统外，更具有"味厚香浓、辣鲜刺激"的特点。

小河帮代表菜有水煮牛肉、火爆黄喉、火鞭子牛肉、富顺豆花、牛佛烘肘、粉蒸牛肉、风萝卜蹄花汤，冷吃兔、冷吃牛肉的冷吃系列，跳水鱼、鲜锅兔、鲜椒兔等。

麻婆豆腐（图2-3）不仅是四川名菜，更是世界级名菜，其麻、辣、鲜、香、烫、嫩、酥的口味，将川菜麻辣味型的特点展现得淋漓尽致。相传在清代光绪年间，成都一个姓温的掌柜，有一个满脸麻子的女儿，叫温巧巧，她嫁给了一个油坊的陈掌柜。新婚以后，小两口恩爱异常，日子和和美美。但好景不长，温巧巧的丈夫在一次运油途中意外身亡，她和小姑子的生活也因此成了问题，但是好在左右分别卖豆腐和羊肉的邻居们经常接济她们。后来，温巧巧把豆腐和碎羊肉混在一起，再加入花椒、干辣椒等调味品炖成羊肉豆腐，街坊邻居品尝后都认为好吃。于是，两姑嫂把屋子改成食店，前铺后居，以羊肉豆腐作为招牌菜招待顾客，因物美价廉，生意很是兴旺。虽然日子艰辛，但温巧巧寡居后一直没有改嫁，靠经营羊肉豆腐维持生活。她死后，人们为了纪念她，就把羊肉豆腐叫作"麻婆豆腐"，沿称至今。如今，麻婆豆腐声名远播、漂洋过海，在多个国家安家落户，从一味家常小菜登上大雅之堂，变成了国际名菜。

（四）粤菜

粤菜即广东菜，是中国传统八大菜系之一，发源于岭南。粤菜历史悠久，源自中原，起源可远溯至距今两千多年的汉初，经历了两千多年的发展历程后，到了晚清时期已渐成熟。广东物产特别丰富，烹而食之，由此养成喜好鲜活、生猛的饮食习惯。随着历史变迁和朝代更替，中原移民不断南迁，带来了"食不厌精，脍不厌细"的中原饮食风格。粤菜

图 2-3   川菜代表——麻婆豆腐

由广州菜（也称广府菜）、潮州菜（也称潮汕菜）、客家菜（也称东江菜）三种地方风味组成，三种风味各具特色。在世界各地粤菜与法国大餐齐名，广东海外华侨数量占全国六成，因此世界各国的中菜馆多数是以粤菜为主。

（1）广州菜又称广府菜，是粤菜的代表，是汉族传统饮食文化最重要的流派之一。广州菜发祥地为广州，大凡用粤方言的地区都属广州菜文化圈。广州菜集南海菜、番禺菜、东莞菜、顺德菜、中山菜等地方风味的特色，它注重质和味，口味比较清淡，力求清中求鲜、淡中求美，而且随季节时令的变化而变化，夏秋偏重清淡，冬春偏重浓郁。广州菜是清新食味的代表，追求清鲜嫩脆，讲究镬气，菜肴有香、酥、脆、肥、浓之别，五滋六味俱全；口味以爽口、开胃、利齿、畅神为佳。中国菜系千百个菜、千百种味都是以清鲜和浓香这两个基调调出来的，而广州菜则是清鲜的代表。所谓鲜，是指广州菜烹饪法多清蒸、白灼、清炒，清鲜菜式所用的调味料也大多是单一的清酱料。

烤乳猪是广州最著名的特色菜，并且是"满汉全席"中的主打菜肴之一。早在西周时此菜已被列为"八珍"之一，那时称为"炮豚"。在南北朝时期，贾思勰已把烤乳猪作为一项重要的烹饪技术成果而记载在《齐民要术》中了。他写道："色同琥珀，又类真金，入口则消，壮若凌雪，含浆膏润，特异凡常也。"1 400 多年前的烤乳猪就有如此之高的造诣，实在让人惊叹。

老火汤又称广府汤，即广府人传承数千年的食补养生秘方。慢火煲煮的中华老火靓汤火候足、时间长，既取药补之效，又取入口之甘甜。它是调节人体阴阳平衡的养生汤，更是治疗恢复身体的药膳汤。汤羹四季皆不同，如春冬季候，餐厅不会供应"冬瓜盅"，夏天也不卖"清炖北菇"；家庭汤菜，夏季不会弄"咸猪骨煲淋芥菜汤"，秋后冬前也不会煲"冬瓜荷叶汤"。最能体现粤菜之时令，就是广东的汤了。

粤菜中鸡的菜式有 200 余款之多，而最为人常食不厌的却属白切鸡。白切鸡始于清代的民间酒店，因烹鸡时不加调味白煮而成，食用时随吃随斩，故又称"白斩鸡"。白切鸡便是体现粤菜对食材品质追求的极致之一，好吃的白切鸡皮嫩肉滑、鲜香味美，令食客越清淡越滋味的返璞归真的感觉。

广式烧味（图 2-4），可以说是充满粤式风味的食物，配一碟白饭或一碗粉面，就成了广东人日常简单而满足的一餐。各种烧味经过 200 ℃以上高温烤制，肉香四溢，色泽鲜美，令人垂涎三尺。最受欢迎的便是丰腴甘香的烧鹅、烧鸭，甜蜜松软的叉烧，皮脆肉香的烧肉等。

图 2-4　粤菜代表——广式烧味

（2）潮州菜发源于潮汕地区，"色、香、味、型"并美，是享誉中外的一大菜系，也是潮州文化的重要组成部分，潮州菜历史悠久，起源于唐代，发展于宋代，明代又进一步推陈出新，进入鼎盛时期；到了近现代，潮州菜享誉海内外，遍布世界各地，"有华人的地方就有潮州菜馆"，潮州菜在中国乃至世界烹饪文化中占据重要的位置。

潮州地处亚热带，南临大海，海产丰富。潮州菜的最突出特点是以烹制海鲜见长。正如广州人传统喜欢吃鸡，故有"无鸡不成宴"之说，而潮汕人则称"无海鲜不成筵"。对海鲜的烹调选料考究，制作精细，至于以酱碟佐料，达到新鲜美味，清而不淡，鲜而不腥，郁而不腻。如鸳鸯膏蟹、明炉烧响螺、生炊龙虾、堂灼鲍片、清炖乌耳鳗、生淋草鱼等，是潮菜海鲜类的代表名作。生活在海边的潮汕人更对生腌的海产品情有独钟。潮汕生腌素来有"潮汕毒药"之美誉。所谓生腌，是指将血蚶、虾蛄、蟹类、牡蛎、薄壳等各类时令海产用豉油、辣椒、蒜头、芫荽等腌料将海鲜生浸，有的腌一天，有的腌一两个小时，有的甚至不必等，即腌即吃。"打冷"是指潮州大排档经营的大众化冷盘熟食。潮州人宵夜吃"打冷"大致可分为卤水、鱼饭、腌制品及熟食。卤水类可选择卤鹅、卤猪脚、卤豆干等；鱼饭除有常见的巴浪鱼、大眼鸡和红鹦哥鱼外，还有红肉米和冻红蟹、冻小龙虾等贝壳虾蟹；腌膏蟹、腌虾姑、咸血蛤和咸菜则被列入咸菜类中。"打冷"内容之丰富，绝对能让第一次来的食客倾倒。

潮州菜的另一特点是善于烹制以蔬果为原料的素菜。潮菜烹制素菜的特色是"素菜荤做""见菜不见肉"。对蔬菜果品，粗料细做，清淡鲜美，在烹制素菜的过程中使原料达到"有味使其出，无味使之入"的境地。所谓"有味使其出"是在原料初加工、热处理的过程，先把原料的苦涩味及其他杂味处理掉。"无味使之入"是在烹制过程中，加入饱含肉味的上汤或老鸡、排骨、猪脚等动物性原料，靠焖或炖，达成素和荤完美的结合。这种美味甘香芳醇中带有浓郁，这便是"无味使之入"的道理。但在上桌前，又须将肉类原料剔除，素而不斋，充分体现了"田园风味"。其代表菜肴有护国素菜、马蹄泥、厚菇芥菜、糖烧地瓜等。

（3）客家菜包括梅江、东江和北江流域，居民在山区分布较多，饮食风格与邻近省份的湖南、江西等有很多相似的地方，也吸收了区域内一些少数民族（如瑶族、壮族、苗族等）的饮食文化的因素。客家人喜欢吃素、吃粗、吃杂。客家饮食最显著的特点就是突出主料、味厚浓香、注重养生、原汁原味，它可以简略地概括为讲究火候、醇厚香浓、朴素实在、注重养生。

盐焗鸡是客家菜中的代表菜式。利用盐导热的特性，将腌渍入味的鸡用纱纸包裹，埋入烤红的晶体粗盐之中，上桌时鲜香四溢、肉滑皮爽。

梅菜扣肉是将肥瘦均匀的猪肉切成长方块，先将猪肉煮熟，后下油锅炸酥猪皮，捞起加拌上等梅菜、姜丝、蒜仁、精盐、酱油、白糖装碗，放于锅内文火蒸烂。其特点是鲜美软滑，咸甜适中，肥而不腻，色香味俱佳。梅菜扣肉与盐焗鸡已成为客家菜肴的"龙头老大"，享有极高的知名度。

酿豆腐，馅料选用剁成碎粒的香菇、鱿鱼、虾仁、猪肉、少量咸鱼等，加拌适量味精、白盐、淀粉，一齐塞入鲜嫩的豆腐块中间，或蒸或焖，或煲或炸或煮，熟后即可食用。将其在锅内煎至半面暗红，即成红烧酿豆腐，再撒少许葱粒，蘸五香酱料趁热进食，"咸香肥滑"顿时充满口腔，别有一番风味。

（五）浙菜

浙菜是浙江菜的简称，是浙江地方风味菜系。浙江是江南的鱼米之乡。浙菜发展到现代，精品迭出，日臻完善，自成一体，有"佳肴美点三千种"之盛誉。

浙菜主要由杭州、宁波、绍兴、温州四支地方风味菜组成，携手联袂，并驾齐驱。杭州菜如柳永的诗，温婉隽永，以制作精细、清鲜爽脆、淡雅细腻为特色，是浙菜的主流。宁波菜则如白居易的诗，明白晓畅，以海鲜居多，讲究原汁原味。绍兴菜最神似陶渊明的诗，朴素自然，崇尚清雅，表现朴实无华，并具有平中见奇，以土求新的风格特色。温州菜则如李白的诗，清新飘逸，口味淡而不薄，烹饪轻油、轻芡、重刀工。

在口味上，浙菜既不像粤菜那么清淡，也不像川菜那么浓重，而是介于两者之间，采双方之长。浙菜注重口味纯真，烹调时多以四季鲜笋、火腿、冬菇和绿叶时菜等清鲜芳香之物辅佐，同时讲究以绍酒、葱、姜、糖、醋调味，借以去腥、解腻、吊鲜、起香。这些烹调方法大都保持主料的本色与真味，适合江浙人喜欢清淡鲜嫩的饮食习惯，在某些方面也受北方菜系的影响，为北方人所接受。宋代大文豪苏轼曾盛赞："天下酒宴之盛，未有如杭城也。"

在选料上，浙菜追求"细、特、鲜、嫩"。第一，浙菜选料精细，取用物料之精华，达高雅上乘之境；第二，菜品皆具地方特色；第三，鲜活，保持菜肴味之纯真；第四，求柔嫩，使菜品食之爽脆。凡海味河鲜，须鲜活腴美。许多菜肴以风景名胜命名，造型优美。许多菜肴都富有美丽的传说，文化色彩浓郁是浙菜的一大特色。

浙菜的代表菜有西湖醋鱼、东坡肉、龙井虾仁、笋干老鸭煲、宋嫂鱼羹、叫花童子鸡、三丝敲鱼、清汤鱼圆、栗子炒仔鸡、杭三鲜、蒜香蛏鳝、金牌扣肉、蜜汁火方、荷叶粉蒸肉、虎跑素火腿、油焖春笋、西湖莼菜汤等。

西湖醋鱼（图2-5）别名为叔嫂传珍、宋嫂鱼，是浙菜一道传统名菜。通常选用草鱼作为原料烹制而成。烧好后，浇上一层平滑油亮的糖醋汁，胸鳍竖起，鱼肉嫩美，带有蟹味，鲜嫩酸甜。2018年，西湖醋鱼被评为浙江十大经典名菜之一。

东坡肉是地道的杭帮菜，历史悠久，史记出自苏轼之手。其他地方称它为红烧肉，但两者是有区别的，东坡肉是炖蒸，红烧肉是炖，东坡肉比红烧肉更费时些，味道也是一绝，小火慢炖，然后再蒸，够火候的东坡肉里面的肥油已经融化殆尽，出来的肉皮金红油亮，入口肥而不腻。

龙井虾仁在杭帮菜中更是堪称一绝，美食家称它就像落入凡间的仙子。由西湖龙井茶和虾仁巧妙地结合，虾仁的嫩白搭配上龙井茶的翠绿，卖相就会让人眼前一亮；口味上，龙井茶的清香与虾仁的鲜嫩相结合，使人入口难忘。1972年美国总统尼克松访华时，周恩来总理在杭州设宴招待，就将龙井虾仁排入国宴菜单上。

图2-5　浙菜代表——西湖醋鱼

（六）徽菜

徽菜即徽州菜系，不等同于安徽菜，主要流行于徽州地区和浙江西部，具有浓郁的地方特色和深厚的文化底蕴。徽菜的特点是重油、重色、重火功、重养生，以汤汁清醇、味道醇厚、上桌后香气四溢而著称。徽菜继承了医食同源的传统，讲究食补，这是徽菜的一大特色。烹调手法上擅长烧炖，讲究火功，很少爆炒，并习以火腿佐味，冰糖提鲜，善于保持原汁原味。不少菜肴都是用木炭为燃料，原锅上桌，古朴典雅，香气四溢，诱人食欲。其代表菜有臭鳜鱼、黄山炖鸽、徽州毛豆腐、问政山笋、火腿炖甲鱼、徽州桃脂烧肉等。明代晚期至清代乾隆末年是徽商的鼎盛时期，其足迹几遍天下，徽菜也伴随着徽商的发展，逐渐声名远扬。

几乎所有人对徽菜的印象都是由一条臭鳜鱼开始的，它是典型的闻上去臭、吃起来香，用筷子拨开，经过发酵的鱼肉如同蒜瓣，骨刺鱼肉分离，颜色温润如玉，肉质鲜美醇厚，入口风味独特，别有一番滋味。臭鳜鱼的本名该叫作"腌鲜鳜鱼"，古时缺乏保鲜技术，鲜鱼保存不易，桃花流水，鳜鱼鲜肥之时，鱼贩用盐来防止鱼肉变质，属于不得已而为之。木桶之内，一层鱼、一层盐，运输途中经常翻动，可以保持几日不腐，只是微臭而已。鳜鱼生性凶猛，肉食，味极鲜。徽州人烹饪腌鲜鳜鱼，就是要充分发挥鳜鱼味鲜肉嫩的特点。

整鱼先煎后烧，用笋、肉、辣椒、葱、姜、蒜等味道十足的食材搭配，不会喧宾夺主，反倒像是"激将法"，充分调动了鱼肉的鲜。夹一筷子鱼肉，弹牙多汁，细嚼起来满是鱼肉特有的鲜甜，"臭"反而成为一种噱头了。

徽州人似乎格外喜欢"腐败"的蛋白质。腌鲜鳜鱼够味，毛豆腐也丝毫不落下风。豆腐发酵成毛豆腐（图2-6），不仅有了一层让人羡慕不已的浓密毛发，植物蛋白转化成氨基酸，还产生了更加鲜美的滋味。毛豆腐煎炸后风味最佳，虎皮毛豆腐就是徽州名菜之一。毛豆腐煎后，皮金黄微皱，内里仍是豆腐的细嫩，蘸辣椒酱入口，咸鲜滚烫，呵着气大嚼，也顾不得烫了。

图2-6　徽菜代表——毛豆腐

山珍之中，笋是最鲜的食材之一。徽州歙县的问政山产笋，当地人并不加以过多调味。只用腊肉或火腿与笋一起焖烧，腊味的咸鲜与笋的脆韧鲜香完美搭配，充分满足味蕾的需求。另一道菜是黄山炖鸽，原料与调味也极简单。现杀的鸽子和山药放入盅内，密封慢炖，期间不能开封查看，火候全凭厨师掌握。出锅后吃肉喝汤，暖意漫过全身。徽州人认为这汤有滋补功效。

徽州美食的淳朴也体现在街头巷尾的那些点心上。走在屯溪老街等古街道、村落内，经常会看到蟹壳黄、梅干菜烧饼这些江南常见的小吃。金黄酥脆的外壳、油润浓香的内馅，堆在临街商铺上，买上两个边走边吃，安逸舒适。更有当地特色的则是各种粿，石头粿是最有趣的一种。薄薄的一张馅饼，馅料丰富，放在平底煎锅上煎至金黄。最引人注目的是粿上都压着一块光滑的石头，煎石头粿时不翻面，靠石头令粿受热均匀，粿馅也被压得油脂渗出，润得面皮透亮。

安徽其他地区的菜系有沿江风味和沿淮风味，沿江风味以芜湖、安庆地区为代表，主要流行于沿江，后传到合肥地区。沿江风味以烹调河鲜、家禽见长，讲究刀工，注意形色，善于用糖调味，擅长红烧、清蒸和烟熏技艺，其菜肴具有酥嫩、鲜醇、清爽、浓香的特色，代表菜有"清香炒悟鸡""生熏仔鸡""八大锤""毛蜂熏鲥鱼""火烘鱼""蟹黄虾盅"等。沿淮风味以蚌埠、宿州、阜阳等地为代表，主要流行于安徽中北部，有质朴、酥脆、咸鲜、爽口的特色，在烹调上长于烧、炸、溜等技法，善用芫荽、辣椒配色佐味，代表菜有"奶汁肥王鱼""香炸琵琶虾""鱼咬羊""老蚌怀珠""朱洪武豆腐""焦炸羊肉"等。

（七）湘菜

"一碗湖南菜，几多是湘情。"湘菜，即湖南菜，是中国历史悠久的八大菜系之一，早在汉朝就已经形成菜系。湘菜历来重视原料互相搭配，滋味互相渗透。湘菜调味尤重香辣。因地理位置的关系，湖南气候温和湿润，故人们多喜食辣椒，用以提神去湿。湖南人对辣椒"宠爱有加"，几乎吃什么都放，所产辣椒也极为味重。同时，爆炒也是湖南人做菜的拿手好戏。值得一提的是当地的辣椒，明朝中晚期，辣椒开始传入中国，湖南地处亚热带，湿润多雨，土壤适宜辣椒生长，且辣椒具有驱寒、祛风湿的功效，正适合湖南的气候。随着在湖南喜食辣味食品的人逐渐增多，湖南人嗜辣也渐渐出名，湘菜的独特风格也在这一时期基本定局。同时，湖南还是一个多民族的省份，土家族、苗族、瑶族、侗族等少数民族聚集于此，这也造就了湘菜多民族饮食特色融合的烹饪特点。

因此，湘菜在发展的过程中形成了有别于其他菜系的鲜明特色，即选料广泛，品味丰富；刀工精妙，形味兼备；擅长调味，酸辣著称；技法多样，尤重煨燔；广泛选用熏腊制品。同时，湘菜也形成了以湘江流域、洞庭湖区和湘西山区三种地域风味为主的多元结构。

（1）湘江流域以长沙、湘潭、衡阳为中心，是湖南菜系的主要代表。湘江流域食产丰富，蔬菜资源有湘莲、紫油萝卜、槟榔芋、紫油姜等，禽兽资源有炎陵白鹅、宁乡花猪、浏阳黑山羊等，加工食品有浏阳豆豉、湘潭辣味、长沙烟熏腊肉等。所以，湘江流域的菜制作精细，用料广泛，口味多变，品种繁多，特点是油重色浓，注重酸辣、香鲜、软嫩，在制法上以煨、炖、腊、蒸、炒等见称。其腊味制法包括烟熏、卤制、叉烧，既可做冷盘，又可热炒，还可用优质原汤蒸，突出鲜、嫩、香、辣。代表菜品有海参盆蒸、腊味合蒸、麻辣仔鸡、走油豆豉扣肉等。

（2）洞庭湖区的菜以常德、岳阳、益阳为中心，因为靠近洞庭湖，洞庭湖区的菜以烹制河鲜、家禽和家畜见长。其特点是芡大油厚，咸辣香软，制法多以炖、烧、腊见长，代表菜品有洞庭金龟、网油叉烧洞庭鳜鱼、蝴蝶漂海、冰糖湘莲等。

（3）湘西菜则以湘西、张家界、怀化为中心，擅长制作山珍野味、烟熏腊肉和各种腌肉，口味侧重咸香酸辣，常以柴炭作为燃料，有浓厚的山乡风味。代表菜品及小吃有红烧寒菌、湘西酸菜炒鸭血、永州鸭血、东安鸡、马田豆腐等。

除这些菜系分支外，湘菜的经典作品还有辣椒炒肉、剁椒鱼头、湘西外婆菜、麻辣仔鸡、毛氏红烧肉、酱汁肘子、爆炒田螺、红烧甲鱼、湘味臭豆腐、湖南酱板鸭、小炒黄牛肉等。

剁椒鱼头（图2-7）是湖南省的传统名菜，通常以鳙鱼鱼头、剁椒为主料，配以豉油、姜、葱、蒜等辅料蒸制而成。菜品色泽红亮、味浓、肉质细嫩，肥而不腻、口感软糯、鲜辣适口。2018年9月10日，"中国菜"正式发布，"剁椒鱼头"被评为"中国菜"湖南十大经典名菜。

"辣"其实是大众对湘菜的固有印象，并不能代表湘菜的全部。如组庵菜，由湖南晚清至民国时期名人谭延闿及其家厨所创立，代表菜品有组庵豆腐、组庵鱼生、组庵笋泥、子龙脱袍、全家福等，这些菜品几乎不含辣椒的成分，大多以羹、炙、脍等为主要烹饪技法，选料考究，做工精细，集淮扬菜的底子、粤菜的手法、鲁菜的格调于一体，很好地展现了湘菜清澈的另一面。

如今，湘菜凭借着创新意识及湘菜香辣、酸辣的口感，在全国遍地开花，征服了越来越多的食客，这从湘菜的门店数量便可窥见一二。以上海为例，近15年来，湘菜餐馆就从十几家激增到5 000多家。湘菜的快速发展固然离不开长沙对网红文化的不断输出，为湘菜带来了流量密码，更得益于湘菜的菜品越来越符合年轻人的味型诉求。湘菜好吃下饭，比其他品类更具口味上的杀伤力，尤其对于年轻客群有强大吸引力。

图2-7　湘菜代表——剁椒鱼头

（八）闽菜

闽菜是福建菜的简称，中国八大菜系之一，历经中原文化和闽越文化的混合而形成。福州菜是闽菜的代表，不仅流行在闽台地区，更是海内外唐人街随处可见的闽菜代表，更有"福州菜飘香四海，食文化千古流传"之称。

闽菜具有四大鲜明特征：一为刀工巧妙，寓趣于味，素有切丝如发、片薄如纸的美誉，比较有名的菜肴如炒螺片；二为汤菜众多，变化无穷，素有"一汤十变"之说，最有名的如佛跳墙；三为调味奇特、别具一方，闽菜的调味偏于甜、酸、淡，善用糖醋，善用糖，用甜去腥腻，巧用醋，酸甜可口，味偏清淡，则可保持原汁原味，并且以甜而不腻、酸而不峻、淡而不薄享有盛名，还善用红糟、虾油、沙茶、辣椒酱等调味，风格独特如比较有名的酸甜代表菜荔枝肉、醉排骨等，这种饮食习惯与烹调原料多取自山珍海味有关；四为烹调细腻，雅致大方，以炒、蒸、煨技术最为突出。

闽菜由福州、闽南、闽西三路菜组成。福州菜是闽菜的主流，其菜肴特点是清爽、鲜嫩、淡雅，偏于酸甜，汤菜居多。福州菜善于用红糟为作料，尤其讲究调汤，予人"百汤百味"和糟香袭鼻之感。闽南菜盛行于厦门和晋江地区，其菜肴具有鲜醇、香嫩、清淡的特色，并且以讲究调料、善用香辣而著称，在使用沙茶、芥末、橘汁及药物、水果等方面均有独到之处。闽西菜盛行于客家话地区，其菜肴特点是鲜润、浓香、醇厚，以烹制山珍野味见长，略偏咸、油，善用生姜，在使用香辣佐料方面更为突出。

闽菜代表菜品有佛跳墙、鸡汤汆海蚌、淡糟香螺片、荔枝肉、醉糟鸡、太极芋泥、锅边糊、鱼丸、扁肉燕等。

佛跳墙是一道经典闽菜，福州人耳熟能详，每逢重要宴席，饭桌上都少不了它。佛跳墙由一代闽菜大师郑春发于19世纪70年代所创，当时福州有一道名叫"福寿全"的菜肴，将鸡、鸭、猪肉和几种海鲜一并盛于酒坛内煨制而成。郑春发加以改进，以萝卜衬底，投以母鸡、番鸭、猪蹄、猪肚、羊肘、上排，覆以鲍鱼、海参、鱼唇、干贝、墨鱼及蹄筋、鸽蛋、鸡胗、香菇、冬笋等，配以绍兴酒、桂皮、茴香、老姜、芭蕉等香料，再以荷叶封于酒坛中用炭火煨制，创出了这道坛煨菜肴。文人墨客闻其开坛时荤香，吟出"坛启荤香飘四邻，佛闻弃禅跳墙来"的佳句。"福寿全"与"佛跳墙"在福州方言中相近，该菜从此便以"佛跳墙"扬名。

荔枝肉（图2-8）是闽菜系中一道有着古老传统的菜肴，源于宋初，采用猪瘦肉制作而成。制作出来的菜肴形似荔枝、色艳荔枝、味胜荔枝，入口酥香细嫩、酸甜鲜美、滑润爽口。现今荔枝肉的烹法是将精瘦肉切成小块，再打十字花刀，炸成荔枝状后与酱汁一起翻炒。而传统荔枝肉的做法稍有不同，先用红曲水腌制，将肉染成深红色，最后翻炒的卤汁中也加入了用每年六月采摘的荔枝榨取的汁水。

闽菜系中另一道名菜鸡汤汆海蚌更是被诸多知名人士认可，福建省诸多厨师靠此菜在烹饪比赛中获得金奖，因此被称为"神品之作"。其选用漳港鲜活的海蚌为原料，汆以滚热的"三茸汤"而成。"三茸汤"先用家养的老母鸡、猪背脊、牛肉，清炖后去除杂质，过滤出"汤"；再借用以鸡脯和鸡血制成的"鸡茸丸"，经过炖、煮、蒸三道工序去除杂质，最后做成清澈如水的"汤"。海蚌肉先用清汤断生，再以"三茸汤"初汆，待上席时，用烧开的"三茸汤"当席汆蚌肉，上桌即品尝，口味咸鲜。

图2-8　闽菜代表——荔枝肉

中国八大菜系

二、中国饮食文化圈

中国饮食追求味道谐调和中，但不同地方的人的口味却千差万别，这是因为中国饮食文化里具有明显的地域性差别。一个地方饮食文化的建立与它当地的物产、气候、历史文化、宗教等因素都密切相关，如西南以辣去湿，北方多食咸肉以御风寒，海疆岛屿多食咸鲜海产，缺盐地区则以酸辣中和碱食。从北到南，口味由咸转淡；从西到东，口味由辣转甜；从陆到海，味道由重转轻。封建社会地域文化的滞留和传承使当地的饮食口味积淀下来，而历史上人口的大迁徙和军事变化有时也会使当地的口味受到冲击与融合。

中国饮食文化圈是由于地域、民族、习俗、信仰等原因形成的具有独特风格的饮食文化区域。文化区又可理解为"文化地理区"，每个饮食文化区可以分解为具有相同饮食文化属性的人群所共同生息依存的自然和文化生态地理单元。中国饮食文化研究所所长赵荣光先生用以下十二个饮食文化圈来表示饮食的地域性差别。

（一）东北地区饮食文化圈

东北地区土地肥沃、草场优良、平原广阔，五谷杂粮与山货水产都很丰富，冬季寒冷漫长，人口稀少。历史上，这片土地长期生活着满族、蒙古族、鄂伦春族、朝鲜族等少数民族，游牧狩猎曾是他们的主要生活方式。人们好食炖菜，摄取高热量的动物脂肪，以御寒冬。由于缺少新鲜蔬菜，当地人有吃生肉、葱、蒜、冻食和腌菜的习惯。吃生肉、冻菜、冻水果可帮助增加维生素，避免一味地吃热食导致缺乏维生素而得坏血病，吃冷冻食品已发展成人们的一大嗜好；吃葱、蒜可以消除吃生肉的不良后果，帮助消化杀菌；另外，因气候寒冷，冬季缺少新鲜蔬菜，腌菜和泡菜占了很大比重，几乎每家都有大大小小的酱缸。酸菜腌渍时间长，新鲜度差，因而调味咸重，以压抑异味。自清中叶以后，关内大量移民涌入东北开荒垦殖，农业取代游牧和采集业成为主要生产方式，东北的饮食方式也随之发生了一些变化。

口味特点：咸重、辛辣、生食。

（二）京津地区饮食文化圈

自元、明、清以来，蒙古人、汉人、满人先后在此建都，北京成为全国的政治、经济、文化中心。天津是漕运、盐务和商业发达的都会，与北京共同构成经济一体和京畿文化。京城聚集着诸多衙属官吏、庞大驻军及乐医百工，普通市民、众多民族汇聚于此，形成了五方杂处的局面。饮食的层次性和变化性特别明显，从皇宫御膳、贵族府宴到市井小吃，形成了全国特有的层次性饮食文化。政治经济的影响超过了自然环境对饮食风格的影响，但食料还是以周边地区为主，兼辅以全国各地精华物产。北京菜品种复杂多元，以满汉全席为极致表现。

口味特点：以咸香为主，兼容并包八方风味。

（三）中北地区饮食文化圈

中北地区主要集中在内蒙古，但在东北和西北地区都有较深的文化交叉，是典型的草原文化类型，以游牧和畜牧为主要生产方式。历史上这里曾生活着众多的游牧民族，战事不断，民族势力此消彼长，但社会生活与区域饮食文化总体上保持着自己的草原特色。人们逐水草而居，擅长射猎，君王百姓都爱咸食畜肉，热喝奶茶，畅饮烈酒。由于物产单一，粮食结构不够合理，人们普遍以各种肉食和奶制品为主，几乎不吃蔬菜，通过对中原民族的交换或征掠来获得足够的盐、粮食和酒。自元之后，一些地区发展屯田，汉文化的影响日益明显。农区以粮食为主，奶食为辅；但牧区仍以牛羊和奶食为主，粮食、蔬菜为辅。

口味特点：以咸重为主。

（四）西北地区饮食文化圈

西北地区的饮食文化受自然环境和宗教因素的影响非常明显。西北地区有优良的天然草场，从西汉至清朝中叶，这里基本上以畜牧业为主，农业种植香辛料较多。食物结构较简单，过去基本不吃蔬菜，但人们爱吃烤肉，佐以孜然、辣椒粉等调味品，口味咸重。这里地广人稀，少数民族众多，又使西北地区的饮食文化增添了许多民族风情。伊斯兰教在唐代传入，这使当地人的食物禁忌、进食礼仪等都产生了深刻的变化，具有鲜明的地域特色。中华人民共和国成立后，由于农业比重的增加，现如今粮食蔬菜也成了日常食物，饮食结构有所变化。

口味特点：以咸为主，辅以适当的干辣（椒）和香辛料。

（五）黄河中游地区饮食文化圈

黄河中游地区历史悠久，北宋以前一直是中国文化的中心地带，并且政治中心大致在西安—洛阳—开封一线上移动。这里农业开发最早也最完善，各种牲畜和谷物都有，属于五谷杂粮并食区，家蔬野果等植物性食物也十分丰富。但由于这一地区的过度开发，土地承载力下降，加上各种灾害和战乱，饮食文化除少数上层社会的奢侈消费外，大多数黎民百姓保持着节俭朴素的生活传统。黄河中游地区的面点小吃很有特色，尤以陕西、山西最具代表性。陕西的小吃反映了关中人的厚道和豪放，如油泼辣子、面条像腰带、烙饼像锅盖、羊肉泡馍的海碗如盆等。山西面食品种繁多，素有一面百样吃之誉，用料广泛，制法多样。黄河中游地区口味强调酸辣，味稍重，但又比东北和中北地区稍淡一点。

口味特点：酸辣，味稍重。

（六）黄河下游地区饮食文化圈

黄河下游地区属于齐鲁文化圈，有着丰富的历史文化积淀，以孔孟为代表的儒家思想对中国的传统文化影响至深，因而这一区域饮食的文化味较浓。讲究平和正统"大味必淡"的至味境界，加之受海洋文化和京杭大运河的影响，这里成为南北饮食文化的交汇之地。山东菜在北方的影响很大。山东半岛食料广泛、水陆杂陈，五谷蔬果、鱼盐海味等都很丰富，为其成为四大菜系之一奠定了基础。在山东下层百姓中，人们爱吃煎饼和玉米饼子，卷葱抹酱，或以蒜泥拌生菜，别有风味。山东大葱蘸酱的吃法后来也被上层社会和宫廷所接受，无论富贵贫贱之家，每饭必备葱、蒜，这具有典型的山东特色。

口味特点：咸鲜、味正、（葱、蒜的）辛辣。

（七）长江中游地区饮食文化圈

长江中游地区以低山和平原为主，境内河网交织，湖泊密布，雨水充沛，四季分明，稻米水产和畜禽果蔬都很丰富。这里深受楚文化的影响，但经过两千多年的发展，其内部又形成了江汉文化和湖湘文化。湖南人的口味偏重于酸辣，以辣为主，酸寓其中。湖南多山区和僻湿之地，人们常食酸辣之物，有祛湿祛风、暖胃健脾之功效。而且，由于古代交通不方便，海盐难以运进内地山区，人们爱以酸辣之物来调味，因而养成了偏爱酸辣的饮食习俗。江西与湖南人的饮食口味较为接近。而湖北是"九省通衢"，淡水鱼虾资源丰富，形成了饭稻羹鱼的特色，口味也以咸鲜、微辣为主。平原地区吃辣程度不如山区强烈。

口味特点：酸辣和微辣，但辣的程度不如西南地区。

（八）长江下游地区饮食文化圈

长江下游地区是我国著名的鱼米之乡，河湖密布，稻米水产丰富。战国时期该地区形成地域特色鲜明的吴越文化，并深受其影响。自三国孙吴政权后，人们已有喜爱甜食的习惯。唐宋以后，随着中原经济文化中心向该地区转移，到明清时这里已成为全国最繁荣的地区，发展出扬州、南京、苏州、上海、杭州等许多不同地区的饮食风味。吴越地区饮食的文化味也很浓，强调精致细腻，注重色形味质，讲究饮食环境的韵味，擅长糕点小吃制作，瓜果雕刻技冠全国，多有灵气，给人物质和精神上的双重享受。长江下游的淮扬菜是我国八大菜系之一。淮扬菜清淡适口，强调原料的本味，主料突出，刀工精细，肉类菜肴名目繁多，居各地方菜之首。

口味特点：咸甜适中，清淡，但食甜较其他地区突出。

（九）东南地区饮食文化圈

东南地区多丘陵，临海且雨水充沛。该地区以稻米为主食，蔬菜水果、海产畜禽都很丰饶。这一地区喜食稻米，重鲜活，尚茶饮，蔬果与海产比重高，俗尚食事。清末以来政治经济都发生了很大的变化，无论闽粤还是客家都有海外贸易经商的传统，这使东南地区的饮食文化也带有明显的商业性，讲求高档稀贵，爱食稀奇野味。由于岭南地区天气非常炎热，身体流汗多，人们爱喝汤滋身，口味强调清淡鲜美。粤菜也成为我国八大菜系之一。香港、澳门、台湾地区等长期受欧美食风的浸染，受西方饮食的影响较为明显。

口味特点：清淡、咸鲜。

（十）西南地区饮食文化圈

西南地区除四川盆地等历史上开发较早的发达农业地区外，大部分地区是高山峡谷，地域封闭，交通不便，不同地区的文化联系也很薄弱，中国有一半以上的少数民族都分布于此。西南地区土地贫瘠，产量较低，在坝区和河谷地带多种稻米，山上以种玉米为主。由于种植业不发达，人们在食物原料上的禁忌很少，也吃一些昆虫。这里空气潮湿，瘴气四溢，为了散寒去湿，避辛解毒，调味通阳，人们自古以来就爱饮酒和吃辛香刺激之物，如花椒、茱萸、生姜等，尤其是在辣椒传入西南地区后，这种嗜好迅速普及。

四川盆地自然环境较为独特，物料丰富，巴蜀文化发达，川菜也是我国四大菜系之一。巴蜀人"好滋味"，调味丰富；"尚辛香"，嗜好辛香刺激之味，这一点与西南其他地区的人相似。尽管西南地区不同地方的饮食各有特点，但口味总体上以麻辣、酸辣为主。

口味特点：麻辣、酸辣。

（十一）青藏高原地区饮食文化圈

青藏高原地区为高寒地区，这里社会发展较慢，但到唐代的吐蕃王朝时有了藏文字，形成了藏传佛教，西藏文化充满整个高原地区，成为一个独特的文化地理单元。独特的地域环境中的食料生产与佛教文化决定了青藏高原饮食文化的基本内容和风格。这里以农牧业为主，广泛种植青稞、大麦等作物，蔬菜与水果的比重不大。主食料为糌粑、牛羊肉及各种面食，生冷食物的比重较高，因而人们酷爱喝酥油茶，以适应高原地区的寒冷。由于受宗教文化的影响，人们饮食有些特有的禁忌和仪式，如不吃鱼、餐前诵经等。

口味特点：咸重，微辣，辛香。

（十二）素食文化圈

素食文化圈是中国历史上形成较晚，又于近代基本淡逝了的一种特别的食文化类型。可以把它理解为一个特殊的饮食文化圈，它与其他十一个饮食文化的区域性一道，构成了中华民族饮食文化的大区域特征和民族饮食文化的总体风格。作为一个特殊的饮食文化圈，它不像其他十一个文化圈那样比较长久地（甚至自始至终地）附着在某一特定的地域之上，相反，它既没有上述那些饮食文化圈那种严格固定的地域，也没有它们那种比较清晰的区域界限，它从根本上来说是一个有着相对稳定附着地域和明确稳定的文化主体，并存在了14～15个世纪的一种特别的区域性饮食文化类型。

中国历史上素食文化圈的形成，大约经历了东晋至南北朝三个多世纪的时间过程。其大致地域是黄河中游以下、长江中游以下的广大地区，包括京津、黄河中游、黄河下游、长江中游、长江下游、东南及西南等部分地区。素食文化圈的存在是以释、道教众为主体，包括素食隐士、处士、居士，各种类型的上层社会素食者及整个社会受素食观念与习俗影响而奉行素食主义的食者群，还包括那些介于素食与杂食两者之间定期斋食的更广大的食者群。至于那些经常波动于果腹线上下的广大饿乡之民，他们那种无可选择的糠菜蔬食状态，只能视为"准"素食主义的饮食文化现象。

第三节

中国饮食文化区域性的成因

一、中国主要菜系形成的历史背景

（一）封建社会农业开发和经济重心的南移

任何一个菜系的形成，都有它深远的历史渊源和宏观背景。首先是食料生产基地的开发，提供了基本的物质基础。秦汉以来，国土开发的趋向逐渐转到秦岭以南的广大地区，主要是以水利工程为杠杆，大力开发农业区。历代都不同程度地在全国发展了水利工程。隋唐以后，尤其着重发展了中小型水利工程。隋唐以后重点开发的农业区主要有四大片，即四川盆地、两湖地区、江南和岭南。四川盆地主要为川西平原，那里每年都要把都江堰养护好，大体能保住稳产。川东地区多丘陵地带，隋唐以后开辟了许多梯田，增产了大量杂粮和其他农作物。四川盆地由于土地肥沃，农副业发达，号称天府。两湖地区河流湖泊纵横交错，主要水利工程是对付长江汛期的荆江大堤的培修和云梦平原灌溉的疏浚，农业生产稳步发展，有"两湖熟，天下足"的民谚。四川和两湖都成为中国的富饶地区。发展最显著的是江南和岭南地区。江南是水网地带，有较好的天然水利条件，但丘陵占有很大比例，利用河湖水源灌溉，需要许多分散的蓄水工程；近海地带还要筑堤防御咸潮，才能保证农业生产。唐代在江南东、西两道（包括现在的苏南、浙江和江西、福建地区）开筑的陂塘、沟渠和海堤等，数以百计。有不少著名的工程，如杭州在钱塘江附近开了一个"沙河塘"，沿着海边筑了一条长124里的捍海塘堤，既解决了这一带的灌溉问题，又防止了咸潮对庄稼的威胁，还开辟了一个大盐场。杭州又把城郊的上湖、下湖和北湖连通，在两湖之间修筑了一条平直的交通甬道，这个连湖水面辽阔，既发展了养殖业，附近的农田也得到灌溉，这就是现在西湖的前身。在苏州一带，疏浚了300多条小沟渠，又开了一个"汉塘"，自成一个水利系统，防止了水旱灾害。在福州，也修筑了数百里的海堤，建了10个斗门，既可以防海潮，也可以储水和泄水，使盐卤之地变成了良田。江南道的其他州郡，如常州、温州、越州（会稽）、明州（宁波）等，都开筑了许多陂塘堤堰，为这一地区的种植业和养殖业打下了良好的基础，大大发掘了江南地区农业生产的潜力。历宋、元、明、清各代，这一地区的中小型水利工程都断断续续有所发展，这就使江南成了中国的鱼米之乡。

岭南地区的开发主要是从秦汉开始的，但大规模发展是在唐宋以后。珠江三角洲本来是西、北、东三江汇流的冲积扇，在几千年前逐渐成陆。虽然是一片冲击沃土，但地势低洼，每年洪峰期间大片低洼地带都成了泽国，岭南人民在洪峰威胁最大的西、北汇流地带，即今天的三水、清远、四会、高明、鹤山、顺德、番禺、南海、新会、中山一带，逐年累筑起近千里的堤围来围垦农田；偏低地区则挖池塘养鱼。长期以来，围垦出珠江三角洲的高产、稳产水田约1 000万亩，开挖鱼塘100多万亩。在粤东的韩江、粤西的潭江和鉴江三个较小的三角洲，也围垦出成片良田和鱼塘，又在沿海累筑海堤约2 000里，使珠江的八大出海口稳定通畅，防止了咸潮涌进，疏导了洪水出海，维护了全省的农业生产。

由于南方种植业和养殖业的发达，唐宋以后，中国产粮区南方占了一大半，副食品也特别丰富，封建中央政权的大宗税收来源，如地亩税、盐、糖、茶、酒和丝绢等税源，主要都来自南方；海外贸易基地也转到南方，这些都标志着经济中心的南移，也为南方各菜系的形成提供了丰富的物质基础。

（二）封建社会后期商品经济的发展

隋唐至明清是中国封建经济从全盛走向衰败的时期，随着农业和手工业的发展，水陆交通的发达，邮传的频繁，内地和边疆贸易的发展，中外贸易的发达，原来的王城如隋唐的长安、洛阳，两宋的汴京（开封）、临安（杭州），元、明、清的北京（元代称"大都"）和传统的手工业基地（如苏州、佛山、景德镇、成都、三台等），以及交通要道城镇（如淮安、扬州、汉口、朱仙镇、荆州、襄樊等），都因商业繁盛而逐渐活跃起来。隋唐以前，中国的城市主要是作为封建城堡和贵族乐土而存在，那时商品经济微弱，权贵都有专业家厨。只是交通要道和手工业城镇有少量的邸栈与饮食店档，城镇建设和管理都较简单。从唐代到宋代，由于商品经济的发展，中国城市的管理发生了显著的变化，从封闭型转向了开放型。唐代的"坊"（住宅区）和"市"是分片隔开的，各有门禁坊门，晨启夜闭。日中鸣鼓开市，日落鸣钲收市。宋代打破了坊市分割的界限，住宅区和市区连成一气；又增加了夜市，打破了饮食供应的日夜界限，夜市开到深夜三四点钟，接着就是五点的早市，还出现了走街串巷的小食担。饮食业使整个城市的气氛都活跃起来，为适应五方杂处的需要，出现了南食店、北食店、川食店、羊食店（清真店）、素食店等不同类型的饭馆，形形色色的茶肆和小食摊档不计其数。元代和明清的北京城情况也差不多。

唐宋以后，随着海外贸易的发展和中原与边疆贸易的兴盛，崛起了一批海港城市和边贸城市。海港城市除古老的广州城外，新崛起了泉州、明州（宁波）、扬州、福州等港市。边贸城市则涌现出张家口、包头、库伦、玉门、张掖、酒泉、敦煌、兰州、西宁、伊犁、哈密、阿克苏、叶尔羌、乌鲁木齐、打箭炉、雅安、茂州、昆明、大理等。海港城市和农业区的城市，由于腹地物产丰富，商业繁盛和商旅往来的频繁，各类饮食物资齐备，这类城市逐渐集中了适应各地口味的饭馆和小食店，这就成了酝酿菜系的沃土。

宋代市面上出现了包办筵席的"四司六局"，也反映了城市经济的变化。"四司"即设账司、厨司、茶酒司、抬盘司。"设账司"专管宴饮厅堂的布置事宜，如帷幕、屏风、绣额、书画等的摆设；"厨司"专管备料和烹调；"茶酒司"专管茶茗、酒水和派作迎送；"抬盘司"专管托盘、出食、劝酒、接盏等事宜。"六局"即果子局、蜜饯局、菜蔬局、油烛局、香药局、排办局。"果子局"专管"盘钉"（名菜模型）、"看果"（像生瓜果，这两种是供宾客刚坐下来欣赏的，上菜即撤席）和四时鲜果；"蜜饯局"专管坚果、蜜饯和芥酱、泡菜等；"菜蔬局"专办蔬菜和干菜的泡发；"油烛局"专管灯火照明、调整台灯、壁灯和门饰灯笼等的光照；"香药局"专管香囊及醒酒汤药；"排办局"专管挂画、插花、洒扫、拭抹。"四司六局"原来是官府权贵后院饮食业务班子的职责分工，市面上出现这类专业服务商店是适应市民大规模宴饮的需要，也反映了商品经济对封闭型的权贵垄断专厨的冲决。

饮食业不仅活跃了城市气氛，为适应不同口味需求而冒出来的各类菜品，在竞争中都纷纷成立同业工会，称为"帮口"。为加强竞争实力和拓宽适应面，相近的菜品不断组合，出现了内容更丰富、更具特色的各种膳食类型，这就是菜系的出现。

（三）气候、生态环境和风俗习惯的影响

各地域所处的方位、气候、生态环境，与该地域的食俗是紧密相连的，如岭南人"食杂"和特别钟情于海鲜及野味，是与背山面海的生态环境密切相关的。由于地处亚热地带，天热时间长，流汗使人消耗体力较多，需要及时补充容易吸收的食物，所以岭南人对汤羹和粥品特别讲究，同时偏爱清鲜爽口的菜肴，这种食俗就呈现着亚热带生活的韵味。

四川人重油重味，偏爱麻辣，与四川盆地雾多、阴天多、湿气重有关，因为麻辣使体表湿气容易发散。苏菜味兼南北，河鲜和蟹黄系列脍炙人口，这与其所处的地理位置和生态环境密切相关。鲁菜重厚味，偏爱高热量、高蛋白菜肴，这与华北地区寒冷时间较长有关。多厚味大菜也与周围的食料资源有关，如渤海的海参、鲍鱼和对虾，东北的鹿肉、雪蛤油，内蒙古的蘑菇、驼峰、驼掌等，都是鲁系腹地的特产。

（四）地区、民族、中外之间交流的加强

中国幅员辽阔，自古以来，各地区各民族之间的交流十分频繁，中外交流也同样古老。饮食文化领域的交流，包括食疗中的物种和物产交流、烹调和食品制造技艺交流、饮食科技和饮食风俗的交流等。这里仅对饮食原料、烹调和食品制造技术交流做一个粗略的介绍。

国内饮食原料和烹调技艺的交流自古以来从未间断，如大豆原产于黄河流域，周秦以后，就在东北和华中、岭南各地繁殖开来；茶叶原产于四川，汉唐期间，就在秦岭以南各州郡普遍种植；板栗原产于华北，周秦以后，也逐渐在南方山区繁殖开来。草原地区在牛奶中点醋制成奶酪的技艺，启发了中原人在豆浆中点卤水做成豆腐，繁衍出豆腐脑、杏酪等美食。包子创始于华北，传到华东，衍生出灌汤包和烧麦；传到岭南繁衍出叉烧包、莲蓉包、奶黄包、腊肠卷等品种。饺子创始于华北，传到岭南，把粉皮和馅料加以改进，繁

衍出美味的鲜虾饺和鱼皮水饺等。以上都是交流效应的体现。近年在广州象岗出土了南越第二任国王赵眜墓中的一整套烧烤用具，包括青铜烤炉及其附件，这是迄今为止我国出土最早的一整套烧烤实物，可见秦汉之际，南越人已善于烧乳猪。六个世纪以后，贾思勰在《齐民要术》中对烧乳猪的技艺、乳猪的形象和口感都作了概括的记载，这是介绍烤乳猪的最早文献，可见到了南北朝时，烤乳猪已普及于大江南北。周代八珍的"熬"，就是烘肉脯（先秦"熬"字和"烘"字同义），这种美食创始于黄河流域，后来中原人把这个食品遗忘了，传到岭南，经过改良的广州烘肉脯（牛肉脯和猪肉脯）驰名全国。近代香港、台湾、江苏等地的烘肉脯，都是从广州传过来的。北京烤鸭源自山东，酱牛羊肉和涮羊肉源自西北。很多地方的美食都因地域交流和民族交流而传播开来，在交流中，技艺不断得到提高，或推出新的美食。

中外物种和烹调技艺的交流也丰富了各自的美食。北京鸭早已落户于英国、土耳其等地区；广东四会一带的黑鬃鹅，也落户于南亚和日本等地区。中国近年引进的国外良种也很多，如非洲和澳大利亚的鸵鸟、法国的珍珠鸡、英国樱桃谷鸭（这种鸭是北京鸭的改良种，近年反馈于中国）、美国王鸽、日本白鸡、古巴牛蛙、加利福尼亚鲈鱼、亚马孙河淡水白鲳等，都增益了各菜系的原料库，大大丰富了中国人民的餐桌。国外的调味和烹调技艺也为中国菜增色不少，南亚的胡椒和咖喱，早已成为中国的家常调味品；西方的番茄酱和沙律酱等，常为中国的厨师采用。西方用刀叉在碟中调味来吃的煎牛扒，在中国厨师手里，被改制成适于用筷子夹食的果汁肉脯；西方的奶油菜肴，中国吸收过来，推出了奶油龙虾、奶油蛤蜊等美食；西方和日本的"铁板烧"，传到中国，繁衍出应用更丰富、富含中国原料和调味品的铁板烧，引人入胜。这种例子不胜枚举。又如中国农村用抽风土炉来膨化苞谷和米粒，启发了美国人，他们领悟到膨化食物的原理，运用现代科技制成膨化器，改用不污染的能源，推出了膨化食品，风行于全世界，近年又反馈于中国。改革开放以来，中国引进的各种熟食生产线、电饭煲、微波炉等，大大促进了中国传统厨具的更新，丰富了各菜系的烹调内容并提高了烹调效率。

二、中国饮食文化圈形成的历史背景

中国饮食史上的区位性，可以说是于饮食史的开端即显露出来。原始人类赖以活命的食物原料完全靠大自然的恩赐，即直接向大自然索取。因此，这时的饮食文化特征基本是由人群生息活动范围内的动植物种类、数量、存在与分布状态及水源等因素决定的。饮食文化圈的形成主要取决于"靠山吃山，靠水吃水"的地理环境、气候物产等地域因素；"商贾之所萃集"的政治经济与饮食科技的因素；"求同存异"的民族、信仰与饮食习俗。

（一）地域差异的影响

人们择食多是"靠山吃山，靠水吃水"，就地取材。越是在历史的早期和文化封闭程度高的地区就越是如此。例如，东南沿海地区，人们嗜食鱼虾，且尚生猛；而西北地区与海无缘，当地居民传统上基本不吃海产鱼虾；中北地区，人们离不开牛羊肉和奶制品；长江中下游地区则是"饭稻羹鱼"、时鲜蔬果、点心小炒。一般来说，地域相邻地区的饮食文化差异相对较小，然而西藏高原毗连四川盆地，但地理物候的不同是十分明显的，以至饮食文化形成巨大的反差。黄河下游临海地区鱼盐便利，运河转运物资方便，与黄河中游地区内陆的典型自然经济农业不尽相同，因此在历史上形成了原料、制法、口味及品目等总体风格上的诸多不同：下游地区菜肴中多海味，而中游一带偏畜禽、尚汤煮。当然，饮食的这种地域差异不仅存在于各饮食文化大区之间，即使在文化区内部也会有程度不同的体现。例如，长江下游地区的江南、江北也有食习上的许多不同，江北至徐州一带的苏北风格近鲁，与苏州等地传统的典型江南风格存在着不小的差异。甚至高原雪域也有"西藏江南"（察隅、墨脱、波密、林芝地区），那里依次分布有低山热带雨林、低山准热带雨林，山地亚热带阔叶林，山地亚热带常绿、落叶阔叶混交林，山地温带松林，亚高山寒温带冷杉林，高山灌丛疏林，高山草甸等特异的生态区，所提供的植物性食料显然多于高原的其他地区。如果自然生态相近，同时文化生态也比较接近，一般来说会因其饮食文化特点的基本一致而自然形成同一个饮食文化区；反之则不然。但这只是就一般意义而言，也有自然因素差异。差异虽然较大，但民族、习俗、宗教等原因使人们的饮食文化表现出某种典型的一致性，所以也就结构为一个共同的文化区，藏传佛教盛行的青藏高原区就属于这种情况。

（二）政治、经济与饮食科技的发展

政治、经济及饮食科技也是饮食文化区形成的重要因素。北京自古为中国北方重镇和著名都城，长期作为全国政治、经济、文化的中心，人文荟萃，各地著名风味和名厨高手云集京城，各民族的饮食风尚也在这里相互影响和融合。天津早在明代就成为漕运、盐务、商业繁盛发达的都会。明朝灭亡之后，不少御厨和勋戚府厨流向津门；民国前期，清朝皇族、遗老遗少迁居天津，买办、官僚、军阀、洋商也云集于此，饮食业空前繁荣。京津地处北方少数民族文化与中原文化的交汇之地，形成了具有独特风格的饮食文化。

经济的发展对饮食文化的发展起着十分重要的作用。例如，我国的东北地区，在漫长的古代曾是一个以采集、渔猎和游牧文明为主的地区，但随着大批移民的不断迁入和垦殖、开发，中原地区农业文化渐渐普及于白山黑水之间。到20世纪中叶时，东北地区已经开发成中国最重要的农业地区。然而，尽管如此，这一地区的农业文化仍与中原传统的农业文化不尽相同，其饮食文化仍呈现出独特的地域特点。

饮食文化区处于不间断的动态运动之中，由于经济的发展、科技的进步、历史的变迁而不断地发生变化，对饮食文化区的考察和认识，是将其置于特定的历史时期和所处的经济、科技状态中，并且应从历史的贯通发展过程中来把握。

（三）民族、信仰与饮食习俗的独特

中国西部游牧文化区历史地形成了中北、西北、青藏高原这三个彼此风格差异较大的饮食文化区位。这既有自然地理、气候物产、政治经济的原因，也有民族、信仰与饮食习俗的因素。蒙新草原沙漠地区横亘于祖国的北疆，地形以高原、高山和巨大的山间盆地为主。由于地处内陆，东南季风的影响逐渐减弱以至最后消失。水分的分布自东向西依次减少，因而从大兴安岭到天山地区，在我国北部呈现出典型的温带草原、沙漠草原、荒漠和戈壁这种有规律的自然景观递变。这里分布着蒙古、维吾尔和哈萨克等典型的游牧民族，其饮食具有鲜明的食肉、饮奶的特点。但由于新疆一带居住的维吾尔、哈萨克等民族是信奉伊斯兰教的，而内蒙古主要居住的蒙古、鄂温克、鄂伦春等民族的传统宗教是萨满教，流行的则是藏传佛教，因此形成了特色不同的两大饮食文化区。

同样是游牧文化区，青藏高原上的藏族游牧文化别有风韵。青藏高原是世界上最年轻、最高大的大高原，平均海拔在 4 000 米以上，有"世界屋脊"之称。这里既高且寒，既寒且干，加之弥漫着藏传佛教文化的神秘气氛，形成了别具一格的饮食文化区。而西南地区居住着为数众多的少数民族，虽大都以农耕为主，但其文化风格较为独特，既与藏族饮食有异，也与东部汉族的饮食有所不同，自成一体。

课堂讨论

谈一谈政治、经济和饮食科技是怎样影响饮食文化圈的形成的。

技能操作

描述自己感兴趣的一个菜系，并说出其特色和菜品。

思考练习

一、填空题

1. 中国八大菜系是_____、_____、_____、_____、_____、_____、_____、_____。

2. 鲁菜主要由_____、_____、_____三个地方风味菜组成。

3. 饮食文化圈是由于_____、_____、_____、_____等原因形成的具有独特风格的饮食文化区域。

二、多选题

1. 东北地区饮食文化圈的口味特点主要有（   ）。

   A. 咸重　　　　　B. 辛辣　　　　　C. 生食　　　　　D. 麻辣

2. 徽菜的主要名菜有（   ）。

   A. 火腿炖甲鱼　　B. 毛豆腐　　　　C. 腌鲜鳜鱼　　　D. 黄山炖鸽

3. 福建菜以（   ）为主。

   A. 禽类　　　　　B. 肉类　　　　　C. 海鲜类　　　　D. 蔬菜类

4. 粤菜由（   ）构成。

   A. 广州菜　　　　B. 潮州菜　　　　C. 东江客家菜　　D. 汕头菜

三、判断题

1. 黄河下游地区属于齐鲁文化圈，有着丰富的历史文化积淀。　　　　　（　　）

2. 西南地区不同地方的饮食各有特点，但口味总体上以清淡、甜食为主。（　　）

3. 香港、澳门、台湾地区等长期受欧美食风的浸染，受西方饮食的影响明显。（　　）

4. 西北的饮食文化受自然环境和宗教因素的影响非常明显。

四、简答题

1. 中国饮食文化的演变包括哪些时期？

2. 中国八大菜系包括哪些？

3. 饮食文化圈的含义是什么？具体包括哪些？

第三章

中国饮食烹调文化

学习导读

本章从中国烹调文化的起源特点及历史发展等方面对中国烹调文化进行了深入的阐述。本章的学习重点是理解中国烹调文化的起源，学习难点是分析中国烹调文化的特点。

学习目标

（1）掌握中国烹调文化的起源。

（2）了解中国烹调文化的历史发展脉络。

（3）熟悉中国烹调文化的特点。

学习案例

我国古人有关调味的讨论，在三千多年前就有记载了。翻开古籍，我们会发现"调味"总是与"和"这个字一起出现，如枚乘的《七发》里就说："伊尹煎熬，易牙调和。"这里面提到了一个人，叫伊尹。他是商朝初期的大臣，也是厨师们的祖师爷，人称烹调之圣。他是古代一名非常出色的食品研究专家，擅长烹调和调味。

在司马迁的《史记》中记载着这样一个故事，说伊尹非常想接近成汤（商朝开国君主），帮助他成就大业，却苦于没有门路。后来成汤娶了有莘氏的女儿，伊尹作为陪嫁用人，顺利成为成汤的奴隶，在厨房里帮忙。有一天，他背着一个砧板和一口大锅来见成汤，还呈上了提前做好的一份天鹅羹，结果大受欢迎。见成汤享用美味很高兴，伊尹趁热打铁，借烹调的事情讲了一大通治国的道理，说治理国家和做菜一样，只有恰到好处，才能把事情办好。成汤听完惊讶地发现，这个厨子很不简单，就解除了伊尹的奴隶身份，封他为宰相。

在《吕氏春秋·本味篇》里，记载了伊尹有关调味的论断。伊尹认为，烹调首先要认识原料的天然属性，水产动物、食肉动物和食草动物是美味的主要来源；烹调的火候要适度，要注意鼎中食物的变化；最后的美味应该达到这样的要求："久而不弊，熟而不烂，甘而不哝，酸而不酷，咸而不减，辛而不烈，淡而不薄，肥而不腻。"

这样一系列理论成果，使伊尹成为中国调味的创始人，《吕氏春秋·本味篇》也成为世界上第一篇烹调理论著作。

案例思考：

如何理解人类发展过程中，烹调与饮食的关系？

案例解析：

食物是人类赖以生存和发展的基础；而烹调则是制作食物的核心，也是社会生产力发展和社会文明程度的反映，烹调通过各种手段丰富食物的口味和层次，烹调技术的演进直接推动了饮食文化的不断发展。

第一节

中国烹调的起源与发展

在远古时代，祖先采集野果，狩猎野兽，茹毛饮血之后从生食向熟食转化，用火加工食物，也可说是中国多年饮食文化的起点。其后就是作为炊具、食具的陶器的诞生，标志着中国烹调时代的开端。及至宋代，饮食市场发展空前繁荣，从中国著名的风俗画《清明上河图》的景象和饮食元素便可知一二。从两宋到明清，我国烹调理论已达到甚高的水平，清代袁枚的《随园食单》更是中国饮食文化和烹调理论的重要记录与展示。

时至今天，中国烹调不仅是技术，还是一种艺术和文化，是珍贵的中华民族传统文化的一个重要组成部分。我国历史悠久，幅员辽阔，又是多民族国家，各地区的自然环境、物产、气候、历史、生活方式和风俗都有很大差异，衍生出各地饮食文化中的不同风味，以及不同体系的烹调技艺，构成中国菜的多个菜系，各有特色。拥有如此丰富多样的菜系，也造就了别具特色的中国饮食文化。

一、中国烹调的含义

烹调，是通过加热和调制，将加工、切配好的烹调原料熟制成菜肴的操作过程，其包含两个主要内容：一个是烹，另一个是调。烹就是加热，通过加热的方法将烹调原料制成菜肴；调就是调味，通过调制，菜肴滋味可口、色泽诱人、形态美观。

我们人类的祖先在从猿进化成为原始人以后，长期过着"茹毛饮血、生吞活嚼"的生活，这样经过了若干万年。在遥远的太古时代，原始人的住所森林，常常因雷电而引起火灾，当火熄灭后，原始人偶然食用了被烧死的野兽的尸体，觉得这种烧熟的兽肉远较生的兽肉鲜美芳香。这种情况经过无数次的重复，使原始人渐渐懂得利用火来烧熟食物了，就开始留下火种，后来又渐渐地发明了取火的方法，于是正式开始了熟食。所谓"烹"，就是用火煮，也就是说，"烹"起源于火的利用。

人们开始熟食，仅仅是把食物烧熟，还谈不上调味。不知经过了多少万年，生活于海滨的原始人，偶然把猎得的食物放在海滩上，而沾上了一些盐的晶粒。当把这些沾上盐的食物烧熟食用时，感觉到滋味特别鲜美。这种情况经过数次的重复，使原始人渐渐懂得了这些白色小晶粒能够起提升食物美味的作用，就开始收集盐粒，进而又渐渐地发明烧煮海水以提取食盐的方法，于是最简单的调味也就正式开始了。所谓"调"，就是加上各种调料。也就是说，"调"起源于盐的利用。

二、中国烹调的形成条件

烹调起源于先民学会用火进行熟食时期，距今 50 多万年。诞生于发明陶器并开始用盐调味的陶器时代，距今约 1 万年。烹调的产生离不开用火熟食，但人类开始用火熟食时，只能说进入了准烹调时代。完备意义上的烹调必须具备火、炊具、调味品、烹调原料、烹调技术五个形成条件。

（一）用火熟食

火是烹调之源，火的发现与运用加速了人类进化，从此结束了茹毛饮血的时代，进入了人类文明的新时期。火化熟食，使人类扩大了食物来源，减少了疾病，有利于人类有效地吸取营养，增强体质。火的掌握和使用是人类烹调发展史上的一个里程碑。

（二）盐的产生

东部海滨宿沙氏部落发明了"煮海为盐"。食盐可以促进人体胃液分泌，提高消化功能。人们食盐后，体质增强了、智力提高了。盐是基本的调味品，有了盐才产生了完整的烹调及烹调概念。

（三）陶器的产生

人类根据自己在长期实践中，从被火烧过的陶土变得坚硬的现象得到启示，并模仿自然物外形，用陶土烧制成粗陶器。陶器发明及制陶业兴起，使真正意义上的烹调器具应运而生，伴随着这些烹调器具的运用，新烹调技法应运而出。"水熟"成了烹调工艺的基本特点。

（四）烹调原料的利用

人类在长期的生活、生产过程中，认识了各种各样可供烹调的原料，使烹调有了丰富的物质资料。在新石器时代晚期，人们已经发现了一些调味品，如粗盐、梅子等。

（五）烹调技术

原始社会主要的烹调技术有火烹、石烹、陶烹三种。

1. 火烹

人类自从用火熟食，就意味着烹调的开始。最初，人们把食物直接放在火上进行熟制烧烤使其成熟，这被后人称为"火烹法"。

2. 石烹

把石板架在火上，可以缓和火势，进行间接烧烤，石板是人类最早发明的重要炊具。今天云南怒族仍用一种石板烤制粑粑。这种粑粑味道香酥、久放不霉，已成为民族风味食品。陕西的石子馍、山西的莺莺饼也都是以古老的石燔法制成的。

3. 陶烹

陶烹可以直接理解成以水为传热介质的食物加热成熟法。水在炊具中直接与食物原料混合，通过不断吸收火的热能达到沸点或一定温度，将食物煮熟的方法称"水煮法"。陶烹的另一种基本方法是"汽蒸法"，即以水蒸气为传热介质加热食物的方法。

三、中国烹调的历史发展进程

中国烹调的发展，从时间划分，大体上可以划分为先秦、汉魏六朝、隋唐宋元和明清四个时期。

（一）先秦时期

先秦时期在这里是指秦朝以前的历史时期，即从烹调诞生之日起，到公元前221年秦始皇统一中国止，共约 7 800 年。此乃中国烹调的草创时期，其中包括新石器时代（约 6 000 年），夏、商、西周（约 1 300 年），春秋战国（约 500 年）三个各有特色的发展阶段。

先秦时期是我国烹调技术的初步形成时期。夏商周三代，青铜的发明和青铜器的大量供用，有了加热炊具和锋锐的切割刀具，调味也已成为厨师的又一大技能，中国烹调的技术要素已经产生。"断割（刀工）""煎熬（火候）""齐和（调味）"三者成为当时的中国烹调技术要素。

1. 新石器时代

新石器时代没有文字，烹调演变的概况只能依靠出土文物、神话传说及后世史籍的追记进行推断。它的大致轮廓有以下几点。

（1）食物原料多系渔猎的水鲜和野兽，间有驯化的禽畜、采集草果试种的五谷，不是很充裕。调味品主要是粗盐，也用梅子、苦果、香草和野蜜，各地食源不同。

（2）炊具是陶制的鼎、甑、鬲、釜、罐和地灶、砖灶、石灶；燃料仍系柴草；还有粗制的钵、碗、盘、盆作为食具，烹调方法是火炙、石燔、汽蒸并重，较为粗放。至于菜品，也相当简陋，最好的美味也不过是传说中的彭祖为尧帝烧制的"雉羹"（野鸡汤）。

（3）此时先民进行烹调，仅仅出自求生需要；关于食饮和健康的关系，他们的认识是朦胧的。但是从燧人氏教民用火、有巢氏教民筑房、伏羲氏教民驯兽、神农氏教民务农、轩辕氏教民文化等神话传说来看，先民烹调活动具有文明启迪的性质。

（4）在食礼方面，祭祀频繁，常常以饮食取悦于鬼神，求其荫庇。此时期开始有了原始的饮食审美意识，如食器的美化，欢宴时的歌呼跳跃等。这是后世筵宴的前驱，也是他们社交娱乐生活的重要组成部分。

总之，新石器时代的烹调好似初出娘胎的婴儿，既虚弱、幼稚，又充满生命活力，为夏商周三代饮食文明的兴盛奠定了良好的基石。

2. 夏、商、西周时期

夏、商、西周在社会发展史中属于奴隶制社会，它在烹调发展的许多方面都有突破，对后世影响深远。

（1）烹调原料显著增加，习惯于以"五"命名。如"五谷"（稷、黍、稻、麦、菽）、"五菜"（韭、薤、葵、葱、藿）、"五畜"（牛、羊、猪、犬、鸡）、"五果"（枣、李、栗、杏、桃）、"五味"（米醋、米酒、饴糖、姜、盐）之类。总之，原料能够以"五"命名，说明了当时食物资源已比较丰富，人工栽培的原料成了主体，这些原料是其中的佼佼者，在选料方面积累了一些经验。

（2）炊饮器皿革新，轻薄精巧的青铜食具登上了烹调舞台。我国现已出土的商周青铜器物有 4 000 余件，其中多为炊餐具。青铜食器的问世，不仅利于传热，提高了烹调工效和菜品质量，还显示礼仪、装饰筵席，展现出奴隶主贵族饮食文化的特殊气质。

（3）菜品质量飞速提高，推出著名的"周代八珍"。由于原料充实和炊具改进，这时的烹调技术有了长足进步。一方面，饭、粥、糕、点等饭食品种初具雏形，肉酱制品和羹汤菜品多达百种，花色品种大大增加；另一方面，可以较好运用烘、煨、烤、烧、煮、蒸、渍糟等十多种方法，烹出乳猪、大龟、天鹅之类高档菜式。

（4）在饮食制度等方面有新的建树。例如，从夏朝起，宫中首设食官，配置御厨，迈出食医结合的第一步，重视帝后的饮食保健，这一制度一直延续到清末。再如，筵宴也按尊卑分级划类。另外，在民间，屠宰、酿造、炊制相结合的早期饮食业也应运而生，大梁、燕城、邯郸、咸阳、临淄、郢都等都邑的酒肆兴盛。

所以，夏商周三代在中国烹调史上开了一个好头，后人有"百世相传三代艺，烹坛奠基开新篇"的评语。

3. 春秋战国时期

春秋战国是奴隶制社会向封建制社会过渡的动荡时期。连年征战，群雄并立。战争造成人口频繁迁徙，刺激农业生产技术迅速发展，学术思想异常活跃。此时烹调中也出现了许多新的因素，为后世所瞩目。

（1）以人工培育的农产品为主要食源。这时由于大量垦荒，兴修水利，使用牛耕和铁制农具，农产品的数量增多，质量也提高了。不仅家畜野味共登盘餐，蔬果五谷俱列食谱，而且注意水产资源的开发，在南方的许多地区鱼虾龟蚌与猪狗牛羊同处于重要的位置，这是前所未有的。

（2）在一些经济发达地区，铁质锅釜（古炊具，敛口圜底带二耳，置于灶上，上放蒸笼，用于蒸或煮）崭露头角。它较之青铜炊具更为先进，为油烹法的问世准备了条件。与此同时，动物性油脂（猪油、牛油、羊油、狗油、鸡油、鱼油等）和调味品（主要是肉酱和米醋）也日渐增多，花椒、生姜、桂皮、小蒜运用普遍，菜肴制法和味型也有新的变化，并且出现了简单的冷饮制品和蜜渍、油炸点心。

（3）出现南北风味的分化，地方菜种初露苗头。北菜以现今的豫、秦、晋、鲁一带为中心，活跃在黄河流域，它以猪犬牛羊为主料，注重烧烤煮烩，崇尚鲜咸，汤汁醇浓。南菜以现今的鄂、湘、吴、越一带为中心，遍及长江中下游，它是淡水鱼鲜辅以野味，鲜蔬拼配佳果，注重蒸酿煨炖，酸辣中调以滑甘，还喜爱冷食。这一分化到汉魏六朝时继续演进，由二变四，逐步显示出四大菜系的雏形。

（4）烹调理论初有建树，推出《吕氏春秋·本味》和《黄帝内经》。

《吕氏春秋·本味》被后世尊为"厨艺界的圣经"，由战国末年秦国相国吕不韦组织门客编著。其贡献主要是：正确指出动物原料的性味与其生活环境和食源相关；强调火候和调味在制菜中的作用，并介绍了一些方法，归纳出菜品质量检测的8条标准，主张"适口者珍"，开列出当时各地著名的土特原料，以供厨师择用。

《黄帝内经》是这时期的医家总结劳动人民同疾病做斗争的经验，托名黄帝与歧伯臣之间的对话而陆续写成的。它由《素问》和《灵枢》组成，共18卷，162篇。该书除系统阐述中医学术理论、人体生理活动及病理变化规律外，对食养食治方面，依据自然环境与健康的关系，提出饮食不当、劳倦内伤等病因说，告诫人们注意饮膳和生理功能的自我调适。在2200年前可列为世界级的科研成果，它们为先秦时期的烹调画上了圆满的句号。

（二）秦汉魏晋南北朝

秦汉魏晋南北朝起自公元前221年秦始皇吞并六国，止于公元589年隋文帝统一南北，共809年。这一时期是我国封建社会的早期，农业、手工业、商业和城镇都有较大的发展。民族之间的沟通与对外交往也日益频繁。在专制主义中央集权的封建国家里，烹调文化不断出现新的特色。这一时期的后半段，战争频繁，诸侯割据，改朝换代快，统治阶级醉生梦死，奢侈腐化，在饮食中寻求新奇的刺激。由此，烹调就在这种社会大变革中演化，博采各地区各民族饮馔的精华，蓄势待变，焕发出新的生机。

1. 烹调原料的扩充

在先秦五谷、五畜、五菜、五果、五味的基础上，汉魏六朝的食料进一步扩充。张骞通西域后，相继从西域等地引进了茄子、大蒜、西瓜、黄瓜、扁豆、刀豆等新蔬菜，增加了素食的品种，《盐铁论》记载，西汉时期的冬季，市场上仍有葵菜、韭黄、簟菜、紫苏、木耳、辛菜等供应，而且货源充足。《齐民要术》记载了黄河流域的 31 种蔬菜，以及小盆温室育苗，韭菜种子发芽和韭菜挑根复土等生产技术。杨雄的《蜀都赋》中还介绍了天府之国出产的菱根、茱萸、竹笋、莲藕、瓜、椒、茄，以及果品中的枇杷、樱梅、甜柿与榛仁。有"植物肉"之誉的豆腐，相传也出自汉代，是淮南王刘安的方士发明的，不久，豆腐干、腐竹、千张、豆腐乳等也相继问世。

这时的调味品生产规模不断扩大，《史记》记述了汉代大商人酿制酒、醋、豆腐各 1 000 多缸的盛况。《齐民要术》还汇集了白饧糖、黑饧糖稀、煮脯、作饴等糖制品的生产方法。特别重要的是，从西域引进芝麻后，人们学会了用它榨油。从此，植物油（包括稍后出现的豆油、菜油等），开始登上中国烹调的大舞台，促使油烹法的诞生。

在动物原料方面，这时猪的饲养量已占世界首位，取代牛、羊、狗的位置而成为肉食品中的主角。其他肉食品利用率也在提高，例如，牛奶就可提炼出酪、生酥、熟酥。汉武帝在长安挖昆明池养鱼，周长达 20 千米，水产品上市量很多。再如岭南的蛇虫、江浙的虾蟹、西南的山鸡、东北的鹿，都摆上餐桌。《齐民要术》记载的肉酱品，就分别是用牛、羊、獐、兔、鱼、虾、蚌、蟹等 10 多种原料制成的。另外，在主食中，水稻跃居粮食作物的首位，米制品开始多于面制品。菌耳、花卉、药材、香料、蜜饯等也都引起厨师的重视。

2. 筵席格局的变化

汉魏六朝，筵宴昌盛。《史记》的鸿门宴，《汉书》的游猎宴，都写得有声有色。特别是枚乘在《七发》中为生病的楚太子设计的一桌精美的宴席达到了相当高的水平："煮熟小牛腹部的嫩肉，加上笋蒲；用肥狗肉烧羹，盖上石花菜；熊掌炖得烂烂的，调点芍药酱；鹿的里脊肉切得薄薄的，用小火烤着吃，取鲜活的鲤鱼制鱼片，配上紫苏和鲜菜；兰花酒上席，再加上野鸡和豹胎。"它与战国时的《楚宫宴》相比，在原料选配、烹调技法与上菜程序上，都有长足的进步。

至于汉高祖刘邦的《大风宴》、汉武帝刘彻的《析梁宴》、孙权的《钓台宴》、曹操的《求贤宴》等，在格局和编排上都不无新意。其中最突出的是，突出筵席主旨，因时因地因人因事而设，重视环境气氛的烘托。这些后来都成为中国筵宴的指导思想，并被发扬光大。

3. 炊饮器皿的革新

炊饮器皿的革新突出表现为锅釜由厚重趋向轻薄。战国以来，铁的开采和冶炼技术逐步推广，铁制工具应用到社会生活的各个方面。西汉实行盐铁专卖，说明盐与铁同国计民生关系密切。铁比铜价贱，耐烧，传热快，更便于制菜，因此，铁制锅釜此时推广开来，如可供煎炒的小釜，多种用途的"五熟釜"，大口宽腹的铜，以及"造饭少倾即熟"的"诸葛亮锅"（类似后来的行军灶，相传是诸葛亮发明的），都系锅具中的新秀，深受好评。与此同时，还广泛使用锋利轻巧的铁质刀具，改进了刀工刀法，使菜形日趋美观。

4. 饮食市场的活跃

西汉经过"文景之治"，经济发展，府库充盈，民间较为富足，为饮食市场注入了活力，形成了"熟食遍列，肴旅城市"的红火景象，并开始呈现三个特色：网点设置有相对集中的趋势；公务人员的食宿多由驿站提供；出现了一些专为权贵服务的特供店。至此，黄河、长江、珠江三大流域的肴馔差异已经很明显了，说明鲁、扬、川、粤四大菜系正在酝酿发育之中。

5. 烹调技法的进步

在烹调技法上，汉魏六朝也比先秦精细。据《齐民要术》记载，当时的烹调有齑（用酱调拌细切的肉）、鲊（用盐与米粉腌鱼）、脯腊（腌熏腊禽畜肉）、饧脯（熬糖与做甜菜）等大类；每大类又有若干小类，合计近百种。特别是在铁刀、铁锅、大炉灶、煤、植物油五大要素激活下，油烹法（图3-1）脱颖而出，制出不少名菜、使中国烹调更上一层楼。现今常用的30多种烹调法中，油烹法占60%以上；从中不难看出，汉魏六朝发明油烹，其影响是何等深远。

图3-1　临沂五里堡汉画像石——《庖厨图》

我国自古就有素食的传统，但未形成专门的菜品。汉魏六朝佛、道两教大兴，风姿特异的素菜这时才应运而生。素菜的基地是寺观，早期以羹汤为主，辅以面点，是款待施主的小吃，后来充实菜品，才形成体系。面点工艺也是成就巨大。其表现是：面点品种增多，技法迅速发展，出现专门著作。如《饼赋》对面点有生动的描述。我国的市食面点、年节面点、民族面点、筵席面点等，都是在这一时期初奠基石的。特别是"胡饼"（即今烧饼），流传千载仍有活力。

总之，汉魏六朝上承先秦，下启唐宋，是中国烹调发展史上重要的过渡时期。引进了众多外来原料，提高了农副产品的养殖技术，食源进一步扩大；改进了炉灶和炊具，以漆器为代表的餐具轻盈秀美；调味品显著增加，开始使用植物油，油煎法问世；菜肴花色品种增多，质量有所提高，素菜发展较快，出现不少面点小吃新品种，节令食品与乡风民俗逐步融合；筵宴升级，菜系正在孕育之中；医学理论逐步形成，膳补食疗渐受重视；出现了一批食书，《齐民要术》贡献卓著。

（三）隋唐宋元时期

隋唐宋元时期属于中国封建社会的中期，先后经历过隋、唐、五代十国、北宋、辽、西夏、南宋、金、元等众多朝代，统一局面长，分裂时间短，政局较稳定，经济发展快，饮食文化成就斐然，是中国烹调发展史上的第二个高峰期。

1. 食源继续扩充

隋唐宋元时期，烹调原料进一步增加，通过陆上丝绸之路和海上丝绸之路，从西域和西洋引进一批新的蔬菜，如菠菜、莴苣、胡萝卜、丝瓜等。还由于近海捕捞业的昌盛，海蜇、乌贼、鱼唇、鱼肚、玳瑁、肉、对虾、海蟹相继入馔，大大提高了海鲜的利用率。另据《新唐书·地理志》记载，各地向朝廷进贡的食品多得难以计数，其中，香粳、紫杆粟、白麦、华豆、葛粉、文蛤、糟白鱼、橄榄、槟榔、凤栖梨、酸枣仁、高良姜、白蜜、生春酒和茶，都为食中上品。

此时厨师选料仍以家禽、家畜、粮豆、蔬果为大宗，也不乏蜜饯、花卉之类的"特味原料"。同一原料中还有不同的品种可供选择，如鸡，便有骁勇狠斗的竞技鸡、啼声洪亮的司晨鸡、专制汤菜的肉用鸡，以及形貌怪诞、可治风湿诸病的乌骨鸡等。

此时在油、茶、酒方面，也是琳琅满目。如唐代的植物油，有芝麻油、豆油、菜籽油、茶油等类别；宋代的茶，有龙、凤、石乳、胜雪、蜜云龙、石岩白、御苑报春等珍品；元代的酒，则包括阿剌吉酒、金澜酒、羊羔酒、米酒、葡萄酒、香药酒、马奶酒、蜂蜜酒等数十种。

由于生产发展和生活提高，这时烹调原料的需求量更大，《东京梦华录》介绍，北宋的汴京（今河南开封），从南熏门进猪，"每群万数"；从新郑门等处进鱼，"常达千担"。元代，为了满足大都（今北京市）的粮食供应，海运、漕运（旧时指国家从内河水道运输粮食，供应京城和接济军需）每年两次，有时国内基本种原料不足，还需进口。北宋有种"香料胡椒船"，就是专门到印度尼西亚等地区运载辛香类调料和其他物品的。与元代有贸易关系的国家和地区有 140 余个，进口货物 220 余种，其中最多的胡椒、茴香、豆蔻、丁香等。

2. 炊饮器具进步

从燃料看，这时较多使用煤炭，部分地区还使用天然气和石油；有了耐烧的"金刚炭"（焦煤）、类似蜂窝煤的"黑太阳"，以及相当于火柴的"火寸"；还认识到"温酒及炙肉用石炭"，"柴火、竹火、草火、麻核火气味各不同"。隋唐宋元时期的火功菜甚多，与能较好地掌握不同燃料的性能有直接关系。

这时炉和灶也有变化，当时流行泥风灶、小缸炉和小红炉，还发明了一种"镣炉"。它是在小炉外镶上框架，能够自由移动，利用炉门拔风，火力很旺。河南偃师出土的宋代妇女切脍画像砖上，便绘有此炉。因其别致，《中国烹调》创刊号即以之作为封面。

这时还有六格大蒸笼、精致铜火锅，以及与现代锅近似的金代双耳铁锅。尤为引人注目的是，《资暇录》中介绍了"刀机"，《辍耕录》中介绍了"机磨"，这都是我国较早的食品加工机械。另外，唐代还出现专门记载刀工刀法的《砍脍书》，这说明刀功经验也较成熟了。

在餐具中，最主要的是风姿特异的瓷质餐具逐步取代了陶质、铜铁质和漆质餐具。唐代，有邢窑白瓷和越窑青瓷。宋代，北方有定窑刻花印花白瓷，官窑纹片青釉细，钧窑黑釉白花斑瓷，海棠红瓷，以及独树一帜的汝窑瓷、耀州瓷、磁州瓷；南方有越窑和龙泉窑刻花印花青瓷，景德镇窑影青瓷，哥窑水裂纹黑胎青瓷，以及吉州窑和建窑黑釉瓷。元代，式样新颖的釉里红瓷驰誉中原，釉下彩瓷和青花瓷名播江南。其中，青花瓷 700 多年来一直被当作高级餐具使用；1949 年后国宴上使用的"建国瓷"，就是在它基础上改进的。

3. 工艺菜式勃兴

在烹调技法方面，隋唐宋元时期的突出成就是工艺菜式（包括食雕冷拼和造型大菜）的勃兴。

中国的食品雕刻技术源于先秦的雕卵（鸡蛋），到了汉魏有雕酥油，进入唐宋则是雕瓜果、雕蜜饯，还有用金纸刻出龙凤盖在醉蟹上的镂金龙凤蟹，尤其是雕花蜜饯，12色一组，用于盛筵，相当漂亮。

食雕的发展推动了冷菜造型。拼碟的前身是商周时祭祖所用的"钉"（整齐堆成图案的祭神食品），后来演化成将五色小饼做成花果、禽兽、珍宝的形状，在盘中摆成图案。唐宋时期的冷拼又进一步，先用荤素原料镶摆，如五生盘、九霄云外食之类，刀工精妙。特别是五代时期著名女厨梵正创制的"辋川小样"，更是一绝。这种大型组合式风景冷盘，依照唐代诗人王维所画的《辋川图二十景》仿制而成；用料为脯、酱瓜、蔬笋之类，每客一份，一份一景，如果座满，共20人，便合成《辋川图全景》。

这一时期造型热菜也多。例如，用鱼片拼作牡丹花蒸制的"玲珑牡丹"，一尺多长的"羊皮花丝"，点缀蛋花的"汤浴绣丸"，以及花形馅料各异的二十四节气馄饨等，再加上著名的"蟹酿橙""过厅羊""云林鹅""暖寒花酿驴蒸"，更是使人眼花缭乱。它们说明隋唐宋元时期的烹调工艺已有全新的突破。

这一时期还创造出不少奇绝的食品。陶谷《清异录》所载的"建康（南京的古称）七妙"即为一例：捣烂的酸腌菜，平得像镜子可以照见人影；馄饨汤清澈明净，可以磨墨写字；春饼薄如蝉翼，能够映出字影；饭粒油糯光滑，落在桌上不沾；面条柔韧像裙带，可以打成结子；陈醋醇美香浓，能当酒喝；馓子焦脆酥香，嚼起来声响惊动数里。其中虽有夸饰之词，但不完全失真。

4. 风味大宴纷呈

隋唐元筵宴水平甚高。其菜点之精，名目之巧，规模之大，铺陈之美，远远超过汉魏六朝，现能见到的唐代《烧尾宴》菜单中主要菜点就有58道，大臣张俊接待宋高宗时菜品竟有250款，元太宗窝阔台在和林大宴群臣时，酒水与奶汁都由特制的银树喷泉喷出。

地方风味演化到唐宋初现花蕾。不少餐馆首次挂出胡食、北食、南食、川味、素食的招牌，供应相应的名馔。其中，胡食主要是指西北等地区的少数民族菜品和阿拉伯菜品，与现如今的清真菜有一定的渊源；北食主要是指豫菜、鲁菜，雄居中原；南食主要是指苏菜、杭菜，活跃在长江中下游地区；川味主要是指巴蜀菜，波及云贵；素食主要是指佛、道斋菜，逐步由"花素"向"清素"过渡。这些菜式在《食经》《酉阳杂俎》《中馈妇女主持家政之意录》《山家清供》《饮膳正要》《居家必用事类全集》《本心斋蔬食谱》和《云林堂饮食制度集》中，均见记载。

5. 饮食市场繁华

唐宋的饮食市场已经相当完善。它具有几大特色，基本上反映了封建时代餐饮业经营方式的轮廓。

（1）饮食网点相对集中，名牌酒楼多在闹市。唐代长安（今西安）有108坊，呈棋盘式布局。各坊经营项目大体上有分工，如长兴坊卖包子之类的食品，辅兴坊卖胡饼，胜业坊卖蒸糕，长安坊卖稠酒（米酒）。北宋汴京的名店多集中在御街两侧和大相国寺一带。

（2）茶楼酒肆分级划类，高低贵贱应客所需。像宋代的高级酒楼叫作"正店"，中小型酒家叫作"柏户"或"分茶"，建筑格局与布置装潢差别明显，价格也分档次。

（3）适应城镇起居特点，早市夜市买卖兴隆。饮食业的早市，古已有之；夜市普遍开放，则是宋太祖撤销宵禁（夜间戒严）之后。如汴京，"夜市直至三更尽，才五更又复开张，如耍闹去处（热闹地方），通宵不绝。"夜市以名店为主，众多食摊参加，好似长藤牵瓜，遍及大街小巷。其特点是规模大、时间长、摊点多、品类全，以大众化食品为主，并且送货上门，可以记账、预约。

（4）接待顾客礼貌周全，主动承揽服务项目。唐宋酒楼的服务人员众多，态度谦恭，技艺精熟。那时还有承办筵席的机构"四司六局"。四司是指布置厅堂、设计席机的帐设司，迎送宾客、供应茶酒的茶酒司，安排菜单、烹制看馔的厨司，端茶上酒、清洗盘碗的台盘司；六局是指筹办果品的果子局，供应蜜饯的蜜煎局，采购蔬菜的蔬菜局，掌管照明的油烛局，提供醒酒料物的香药局，负责桌椅家具的排办局。他们承揽业务，"主人欲就园馆、亭榭、寺院游赏命客（请客）之类，举意便函办"，只出钱，不出力，自在洒脱。

（5）食贩挑担深入街巷，居民购食方便迅速。当时是"市食点心，四时皆有，任便索唤，不误主顾"。食贩很会做生意，以儿童的零食为主体，节令食品提前推销，不分冷热晴雨，全天叫卖，态度热情主动，不辞辛劳。《梦粱录》说，临安的男女食贩都是高声吟叫，唱着小曲，戴着面具跳舞，并且"装饰车担盘盒器皿，新洁精巧，以耀人耳目"，可谓心思用尽。

6. 烹调著述丰收

由隋至元，烹调研究也有新的收获。

（1）在食疗补治方面，巢元方的《诸病源候论》论及食与医的关系。"药王"孙思邈的《千金食治》，收集药用食物150种，一一详加阐述。他的另一著述《养老食疗》设计出长寿食方17组，开老年医学中食物疗法的先河。

另外，昝殷的《食医心鉴》、孟诜的《食疗本草》、陈士良的《食性本草》、都辑录了众多的饮食偏方及四时调养方法，如紫苏粥治腹痛、鲤鱼脍治痔疮等，皆有疗效。金元四大医学家刘完素、张从正、李杲、朱震亨积极探讨饮食宜忌，深化了食物补治理论。元代医学家邹铉的《寿亲养老新书》附有妇女和儿童食方256个，很受时人重视。元末的贾铭在《饮食须知》中，专选历史本草中360多种食物的相反相忌，附载食物中毒解救法，又是一个发展。

特别是元代饮膳太医忽思慧，集毕生精力写成了我国第一部较为系统的饮食营养学专著《饮膳正要》（图3-2）。该书将历朝宫中的奇珍异馔、汤膏煎造、诸家本草、名医方术、日常食料汇集起来，重点论述了饮食避忌和进补、食疗偏方及卫生、原料性能与药理等问题。其主要贡献：总结前代饮食养生经验，强调药补不如食补，重视粗茶淡饭的滋养调配；从平衡膳食的角度提出健身益寿原则，主张饮食季节化和多样化，重视原料药用性能的鉴别，防止食物中毒；倡导食饮水思源有节（节制），起居有常（规律），不妄作劳（不要过度玩乐和劳累），"薄滋味（不追求华美的饭食），省思虑，节嗜欲，戒喜怒"的养生观；要求培养良好的卫生习惯，如"酒要少饮为佳""莫吃空心茶"；汇集了众多宫廷食谱，保留了许多少数民族饮食资料，可供后人研究。

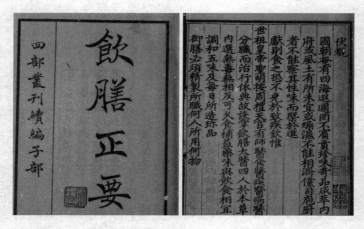

图 3-2 《饮膳正要》——元忽思慧所撰营养学专著

（2）在食书方面，有 10 多部专著问世。其中，欧阳询等人奉唐高祖之命编撰的《艺文类聚》，专设"饮馔部"，共 72 卷，分为食、饼、肉、脯等类，汇集了 1 300 年前的众多烹调资料。李主等人奉宋太祖之命编撰的《太平御览》，也设有"饮食部"，共 25 卷，分为酒、茶、馔、酱等 70 多类对古菜品（如脍、脯）的来龙去脉进行了翔实考证，很有参阅价值。再如林洪的《山家清供》，记录了两宋江浙名食 102 种，山林风味浓，乡土气息重，颇具特色。

总之，隋唐五代宋金元时期，扩大了食源，出现一批烹调原料专著；燃料质量提高，革新了炉灶炊具，推出食品加工机械，瓷质餐具风姿绰约，金银玉制品完美；食品雕刻和花碟拼摆突飞猛进，造型热菜日见发展，涌现出一批名厨；菜式花色丰富，小吃精品层出不穷，首次出现地方风味的正式提法，菜系正在孕育之中，筵宴升级，铺陈华美，展示出饮食文化的丰采；饮食市场活跃，总结出不少生财之道；烹调著述丰收，《饮膳正要》和《千金食治》建树卓著。

（四）明清时期

明清时期属于中国封建社会的晚期，仅经历两朝，政局稳定，经济上升，物资充裕，饮食文化发达，是中国烹调史上第三个高峰，硕果累累。

1. 飞潜动植争相入馔

明人宋诩记载，弘治年间可上食谱的原料已近千种；到了清末，现代能吃的飞潜动植大都得到了利用。据《农政全书》记载，此时又从国外引起笋瓜、洋葱、四季豆、苦瓜、甘蓝、油果花生、马铃薯、玉米、番薯等蔬菜已达 100 种以上，并且全面掌握露地种植、保护地种植、沙田种植及利用真菌寄生培植茭白的技术。进入清代后又引进辣椒、番茄、芦笋、花菜、凤尾菇、朝鲜蓟、西兰花等蔬菜品种达到 130 种左右（现今我国的蔬菜品种约 160 种）。

在动物原料方面，养猪业和养鸡业更为发达。海鲜原料进一步开发，燕窝、海参、鱼肚也上了餐桌。与此同时，满、蒙古、维吾尔、藏等少数民族地区的特异原料，也介绍到内地，如林蛙、黄鼠、雪鸡、虫草等。由于食源充裕，人们将同类原料的精品筛选出来，借用古时"八珍"一词，分别归类命名。如水八珍为鱼肚、鲍鱼、鱼唇、海参、鳖裙、干贝、鱼脆、蛤士蟆；草八珍为猴头蘑、银耳、竹荪、驴窝菌、羊肚菌、花菇、黄花菜、云香等，精品原料已系列化。

2. 全席餐具流光溢彩

这一时期瓷质餐具仍占绝对优势。明朝有白釉、彩瓷、青花、红釉等精品，成龙配套，富丽堂皇。《明史·食货志》记载，皇帝专用的餐具就有 307 000 多件。当时有御窑 58 座，日夜开工，专烧宫瓷；以制瓷为主业的景德镇，一跃成为"天下四大镇"之一，清瓷更上一层楼。像康熙年间的郎窑瓷，型制多样，并有多色混合的"窑变"（指在窑炉的高温中釉彩产生的奇妙变化），也是一奇。

3. 工艺规程日益规范

明清 500 多年间，菜点制作经验经过积累、提炼和升华，已形成比较高超的烹调工艺。李调元在《醒园录》中总结了川菜烹调规程，蒲松龄的《饮食章》对鲁菜工艺也有评述。特别是袁枚在《随园食单》的"须知单"和"戒单"里，对工艺规程提出具体要求。如"凡物各有先天，如人各有资禀"，因此选料要切合四时之序，专料戊用，不可暴殄。袁枚还提倡"清者配清，浓者配浓，柔者配柔，刚者配刚"。只有求其一致，方"和合之妙"。"味太浓重者，只宜独用，不可搭配"，须"五味调和，全力治之"。他也主张火候应因菜而异，"有须武火者，煎炒是也，火弱则物疲矣；有须文火者，煨煮是也，火猛则物枯矣；有先用武火而后用文火者，收汤之物是也，性急则皮焦而里不熟矣"。另外，调味要"相物而施""一物各献一性，一碗各成一味"。"味要浓厚不可油腻，味要清鲜不可淡薄"，只有"咸淡合宜，老嫩如式"，方能称作烹调高手。袁枚还提出烹调中的六戒：一戒"外加油"，二戒"同锅熟"，三戒"穿凿"，四戒"走油"，五戒"混浊"，六戒"苟且（敷衍了事）"。凡此种种，都使烹调工艺跃升到新的高度。

4. 名厨巧师灿若群星

工艺是劳动的结晶，它来自名厨巧师的辛勤创造。明代，御厨、官厨、肆厨（酒楼餐馆的厨师）、俗厨（民间厨师）、家厨和僧厨众多，并且常见记述《宋氏养生部》是一部重要的官府食书。其作者宋诩回忆说：他的母亲从小到老跟着当官的外祖父和父亲到过许多地方，学会不少名菜，特别会做烤鸭。她将一身的厨艺传给儿子，宋诩整理出 1 010 种菜品。

再如南通的抗倭英雄曹顶，原系白案师傅，在刀切面上有一手绝活。湖南还有位能写的名师潘清渠，他将 412 种名菜编成了《饕餮谱》一书。

清初名厨更多。江南名厨王小余，曾在烹调鉴赏家袁枚家中掌厨近 10 年。他选料"必亲市场"，掌火时"雀立不转目"，调味"未尝见染指之试"（不用手指去尝）。他有"作厨如作医"的名言，认真做到了"谨审其水火之齐"（准确地掌握施水量与加热量），深得袁枚的器重。他死后，袁枚思念不已，"每食必为之泣"，写下情深意长的《厨者王小余传》。这也是古代留下的唯一的厨师传记。

到了晚清，又涌现出"狗不理包子"创始人高贵友，"佛跳墙"创始人郑春发，"叫化鸡"创始人米阿二，"义兴张烧鸡"创始人张炳，"散烩八宝"创始人肖代，鲁菜大师周进臣、刘桂祥，川菜大师关正兴、黄晋龄，粤菜大师梁贤，苏菜大师孙春阳，京菜大师刘海泉、赵润斋等。

5. 名菜美点五光十色

丰富多彩的陆海原料和调味品，配套齐全的全席餐具，变化万千的烹调技法，勇于创新的名厨巧师，带来了佳肴丰收的金秋。

其中，成就最为突出的是宫廷菜、官府菜、寺观菜和市场菜。从宫廷菜看，明代是汉菜为主，偏于苏皖风味；清代是满汉合璧，偏重于京辽风味。尤其是清宫菜，选料精，规法严，厨务分工精细，盛器华美珍贵，堪称"中菜的骄子"。从官府菜看，有宫保（丁宝桢）菜、鸿章（李鸿章）菜、梁家（梁启超）菜、谭家（谭宗浚）菜等，以孔府菜最为知名。其取料以山东特产为主，海陆珍品并容；其菜式以齐鲁风味为主，兼收各地之长；其情韵以儒家文化为主，广泛反映清代的社会岁月风貌，故有"圣人菜"之称。从寺观菜看，分为大乘佛教菜和全真道观菜两支，大同小异。北京法源寺、杭州灵隐寺、镇江金山寺、上海玉佛寺、成都宝光寺、湖北武当山等调制精细。从市场看，这时已形成风味流派。鲁、苏、川、粤四大菜系已成气候；古老的鄂、京、湘、徽、豫、闽、浙、滇诸菜稳步发展；新兴的满族菜、朝鲜族菜、蒙古族菜和回族菜等也纷纷打入市场，出现"百花齐放"的局面。

6. 华美大宴推陈出新

筵宴发展到明清，已日趋成熟，展示出中国封建社会晚期的饮食民俗风情。

（1）餐室富丽堂皇，环境雅致舒适。红木家具问世后，八仙桌、大圆台、太师椅、鼓形凳都被用到酒席上。桌披椅套讲究，多用锦绣成。为了便于调排菜点、宾主攀谈和祝酒布菜，此时多为6～10人席的格局。席位讲究，明代有对号入座的席图，设席地点大多是"春在花榭，夏在乔林，秋在高阁，冬在温室"，追求"开琼筵以坐花，飞羽觞而醉月"的情趣。在台面装饰上，已由摆设饰物发展成为"看席"（专供观赏的花台）。

（2）筵席设计注重套路、气势和命名。明代的乡试（在省城选拔举人的考试）大典，席面分为"上马宴"和"下马宴"，各有上、中、下之别。清宫光禄寺置办的酒筵，有祀席、奠席、燕席、围席四类，每类再分若干等级。市场筵宴也以碗碟之多少区分档次，各有侧重。在筵宴结构上，一般分为酒水冷碟、热炒大菜、饭点茶果三大层次，统由头菜率领；头菜是何规格，筵宴便是何等档次。命名也巧；如《盖州（今辽宁盖县一带）三套碗》《巩昌（今甘肃陇西县一带）十二体》《三蒸九扣席》《五福六寿席》之类，寄寓诗情画意。

（3）各式全席脱颖而出，制作工艺美轮美奂。全席包括主料全席（如全藕席）、系列原料全席（如野味全席）、技法全席（如烧烤全席）、风味全席（如谭家菜席）四类；具体有全龙席（多指蛇席、鱼席、白马席之类）、全凤席（多指鸡席、鸭席、鹌鹑席等）、全麟席（指全鹿席）、全虎席（指全猪席）、全羊席、全牛席、全鱼席、全蛋席、全鸭席、全素席等。其中，全羊席誉满南北，满汉全席被称为"无上上品"。前者用羊20头左右，可以制出108道食馔；后者以燕窝、烧猪、烤鸭等名珍领衔，汇集四方异馔和各族美味，菜式多达一两百道，一般要分3日9餐吃完。因其技法偏重烧烤，主要由满族茶点与汉族大菜组成，因此又称"满汉燕翅烧烤全席"。

7. 饮食市红火兴盛

依循唐宋饮食网点相对集中的老例，明清的茶楼酒肆进一步向水陆码头、繁华闹市和风景胜迹区集中，逐步形成各有特色的食街，如北京大栅栏、上海城隍庙、南京夫子庙、苏州玄妙观、杭州西湖、汉口汉正街、重庆朝天门、西安钟鼓楼、广州珠江岸、开封相国寺等地。这些地段，"酒商食凤，蜂攒蚁聚，茶楼饭庄，鳞次栉比""一客已开十丈筵，客客对列成肆市"，生意红火，财宝盈门。

8. 烹调研究成果突出

明清两朝大量刊印膳补食疗著述，如《日用本草》《救荒本草》《食物八类本草》《食鉴本草》《养生食忌》《养生随笔》《随息居饮食谱》《沈氏养生书》等，弘扬了医食同源传统。

在各类医籍中，影响最大的是李时珍的《本草纲目》。此书52卷，190万字，分作16部、60类，收药1 892种，载方11 096个，附图1 110幅。它系统总结了我国16世纪以前药物学的成就，是古代最完备的药物学专著、世界最早的植物分类学。它还集保健食品之大成，是古代最好的食疗著述，也可作为烹调原料纲目使用。现今人们研究豆腐、酒品和不少烹调方法、食治方法的源流，常以此书作为依据。

这500多年间，烹调研究更有重要突破，古典烹调学体系基本形成。关于珍馔佳肴的介绍，有《群物奇制》和《天厨聚珍妙馔集》；关于居家饮膳的指导，有《醒园录》和《中馈录》；关于养生之道的研究，有《遵生八笺》和《素食说略》。此时出现袁枚、李渔两烹调评论家，以及《调鼎集》这部集古食珍之大成的辉煌巨著。

总之，明清两朝的烹调成就可以归纳为：努力开辟新食源，引进辣椒和马铃薯，扩大肴馔品种；炉灶、燃料、炊具均较前代先进，出现配套的全席餐具；烹调术语增加，工艺规程严格，烹调技术升华；名厨巧师如林，一批以名师命名的美食广为流传；珍馐佳肴丰收，清宫菜和孔府菜影响深远；四大菜系形成，地方风味蓬勃发展；大宴华美、礼仪隆重，全羊席和满汉全席破土而出；饮食市场蒸蒸日上，出现繁华的食街，经营方式灵活多样；普遍重视养生食疗，《本草纲目》成就巨大；烹调理论有重大突破，产生了烹调评论家李渔和袁枚，编制出古食珍大全《调鼎集》。

第二节

中国烹调文化的形成与发展

烹调产生的同时，烹调文化也应运而生。烹调发展的阶段性和烹调文化发展的阶段性有相适应的关系，但两者不一定完全同步。烹调文化中的物质文化因素和精神文化因素同时产生，但是发展过程不是完全平衡的，精神文化的发展有时滞后于烹调物质文化的发展。

一、远古阶段

中国烹调文化的远古阶段始于北京猿人时期，结束于传说中的尧舜禹时代。其主要特点是以物质文化生产为主要内容。

新石器时代是远古阶段烹调物质文化大发展时期，如仰韶文化、河姆渡文化、大汶口文化、龙山文化等，陶器和灶的发明、原始农业和畜牧业的分工、弓箭的发明与改进等都说明了这一点。半坡氏族陶盆上的人面鱼纹图案，反映了半坡文化时期人与鱼的关系十分密切，有了象征性的意识形态上的作用和性质。在新石器时期，食物原料多系渔猎所获的水鲜和野味，间有驯化的禽兽、采集的草果和试种的五谷；炊具是陶制的器皿；烹调方法是火炙、石燔与水煮、汽蒸并重；调料主要是盐。

古代传说中燧人氏发明人工取火、神农氏发明农业、伏羲氏教民熟食、黄帝发明釜甑"蒸谷为饭"、仪狄发明酿酒等是对高度发展的烹调实践做出的一定总结及一定程度的抽象，说明烹调精神文化已在原始社会末期（远古阶段末期）随烹调物质文化的大发展而有了较大的进步。

二、中期阶段

烹调文化的中期阶段始于夏，终于秦统一中国。该阶段所表现出的特点：烹调物质文化和精神文化都出现蓬勃发展的局面，奠定了传统烹调文化的基础。

烹饪的演变过程

（一）物质文化进步的表现

（1）青铜炊器等烹调工具的使用。

（2）青铜农具的使用，耕作技术的进步，畜牧业和渔猎的长足发展，商业交换的繁荣，使烹调原料的种类和数量空前增加。

（3）私有财产的出现和等级制度的不断完善，使一部分人有条件集中人力和物力，专门致力于提高烹调水平，从而造就了大批高级烹调人才，生产出大量高质量的食物。

（二）精神文化进步的表现

（1）在烹调专业领域内，对很多方面的实践进行了概括。

（2）超出烹调专业领域的范围，很多与烹调相关的思想观念成为社会意识形态的组成部分。

在夏商周三代，食品原料开始增加，出现了"五谷""五菜""五畜""五果""五味"；炊具更新，有了青铜器皿；出现了烘、烤、烧、煮、煨、蒸等烹调方法。

三、繁荣阶段

烹调传统文化的繁荣阶段始于秦统一中国，终于清统治灭亡。这个阶段的特点：烹调物质文化和精神文化都得到全面的、深入的、高度的发展，进入了鼎盛时期。

在春秋战国时期，食源进一步扩大，家畜、野味、蔬果、五谷广泛应用；炊具出现了铁质器皿；动物性油脂和调料日见增多。据《吕氏春秋·本味篇》中记载，当时人们已学会了运用火候与调和滋味的一般原则，提出了成品菜点在质、色、味、形上的基本要求。

汉魏六朝时期，在烹调原料方面，国外的一些烹调原料陆续传入我国，如胡瓜、胡豆、菠菜等蔬菜及油料、调料等；在烹调用具方面，铁器取代了铜器，已逐步向轻薄小巧的方向发展；在烹调方法方面已广泛应用油煎法，这对后世影响很大；在烹调理论方面，《黄帝内经》《齐民要术》等都对食疗、原料、食品酿造等方面进行了论述。

隋唐宋元时期，在烹调原料方面，从西域、印度、南洋引进的品种更多，如丝瓜、莴苣等。同时，国内食物资源也进一步开发，尤其是海产品用量激增；炊饮器皿向小巧、轻薄、实用方向发展；加工工艺开始变得精细，出现了剔刀技术和爆炒技术；菜点品种显著增多，宴席华贵丰盛，工艺菜勃兴，菜肴外观美更为时人所重视；餐饮市场繁荣，风味菜点相继问世；在烹调理论方面，出现了一批颇有价值的食谱，如《千金要方·食治》《食疗本草》等，特别是《饮膳正要》堪称我国第一部营养卫生学专著。

明清时期，国外烹调原料不断传入我国，如马铃薯、花生等；烹调方法已达到 100 余种，我国现存的 1 000 多种历史名菜大都产生于这一历史时期；酒宴进入了大发展的黄金时代，满汉全席登峰造极；在烹调理论方面，以《本草纲目》和《随息居饮食谱》为代表，更有《随园食单》和《调鼎集》被称作中国食经的扛鼎之作。

（1）烹调物质文化的高度繁荣表现在以下三个方面。

1）铁制烹调工具使烹调工艺又发生了一次巨大飞跃，"炒"成为中国烹调中最有特色、最普遍使用的方法之一。铁制刀具为中国烹调的刀工工艺达到炉火纯青提供了物质条件。

2）由于社会生产力的空前发展，烹调原料在种类数量上比前一个阶段更为丰富和扩大，传统烹调工艺水平在各方面都发展到最高阶段。

3）烹调原料传统体系、烹调工具传统体系、烹调工艺传统体系、烹调流派传统体系至此完全确立。

（2）烹调精神文化高度繁荣表现在以下两个方面。

1）有关烹调的专业性论著数量巨大，理论总结涉及的专业领域比较全面，形成了一些别具特色的理论体系。

2）烹调文化和其他文化形成全面联系渗透、水乳交融的格局，从深层次上体现出传统的思想观念。

四、现代阶段

烹调的传统文化向现代文化转变的时代始于清灭亡以后，其主要特征：在现代科学、生产力迅猛发展、世界文化交流大潮冲击下，传统烹调文化存在的基础发生了变化，由传统型向现代型过渡。

人们饮食需求发生了改变，促使烹调物质文化生产出现了不同于传统时代的因素，如烹调工具的机械化、自动化，原料的人工合成和品种优化，生产的规范化和产品的规格化，人员培训的集团化和标准化等，自然经济条件下的烹调方式越来越多地被现代经济条件下的烹调方式所替代。烹调精神文化也出现了变化，旧制度下的"饮食之礼"进入了历史博物馆；传统的"重食"观念逐渐减退，"重味"习惯也逐渐被重营养取代。

中国烹调文化为什么能够在数十万年的时间里一脉相承地稳步前进呢？其根本的动力为烹调文化内部的物质文化因素和精神文化因素两者的矛盾，即其对立统一。物质文化因素是客观因素，是起决定性作用的第一要素，对精神文化因素有着根本的制约作用，如传统的重食思想就是在中国古代乏食的客观物质基础上产生的。精神文化因素是第二要素，它以物质文化因素为基础，对物质文化因素的发展具有一定的反作用，促进或阻碍物质文化的发展。例如，中国客观环境和历史上人为因素造成的食源不足，形成了中国烹调"博食"的食俗，鼓励人们勇于尝试，开辟新的食源，促使工具和工艺向"博"的方向发展。

物质文化要素受当时社会生产力发展水平的制约，精神文化要素受社会意识形态（如社会制度、宗教、文学、艺术等）方面的影响。当我国历史进入文明时代后，烹调文化形成两个系统。

（1）统治阶级的烹调文化，统称贵族烹调文化，包括宫廷、官府烹调文化和寺院、市肆中以高级僧侣、达官贵人、富商巨贾等为消费对象的那一部分烹调文化。其多表现为"雅"文化，以大众烹调文化为基础。

（2）大众烹调文化，包括民间烹调文化和寺院、寺市中以普通僧侣、普通人为消费对象的那一部分烹调文化，多表现为"俗"文化，是烹调文化发展的主流，同时，也从贵族烹调文化中得到借鉴和提高。

中国烹调在近代、现代历史阶段进入了创新开拓的繁荣时期，主要体现在以下几个方面。

（1）构建了现代中国烹调体系。经过近百年的实践发展和理论探索，一个与传统烹调不同的现代烹调体系开始建立。现代科学的中国烹调体系以广义的烹调科学为总目，第一类包括生产消费的原料、原料加工工艺、食品、营养、卫生等学科；第二类包括烹调与自然科学形成的烹调化学、烹调物理、医疗保健等交叉学科，以及烹调历史、烹调心理、烹调美学、烹调文学、烹调艺术、烹调民俗、烹调语言等交叉学科；第三类包括烹调研究方法的谱系、比较、分类等学科。

（2）发展了现代烹调实践。科学技术的进步给中国烹调实践发展创造了条件。其集中表现是在烹调原料、工具、加工工艺等方面都出现了与传统烹调不同的因素，从而一步步将传统中国烹调转变为现代中国烹调。现代生物工程学的产生和迅速发展，利用人工杂交、人工诱变等技术培育新的植物品种，各种人工饲料的使用使养殖物出现了变异等，不仅产生了越来越多的新品种，而且使原有品种的质量得到改良。科技进步对中国烹调工具的影响也很明显，电能、太阳能、沼气、天然气等能源的利用，促使灶具现代化的步伐加快。

在传统的烹调工艺中，原料加工的粗加工部分手艺已逐渐被机械工艺所替代，精加工部分有的也采用了机械化生产（尤其在社会集团形式的批量生产中最为明显）。更值得注意的是，越来越多的食品采用了大批量、机械化、自动化的生产方式，特别是一些风味名菜、名小吃。

（3）形成了现代风味流派。随着社会的变迁，风味流派从内容到形式上也相应发生了变化。在现代社会中，宫廷和官府风味已变成纯粹的"仿制"类型风味；市肆、民间风味得到了极大的发展；食疗保健风味得到特别的重视；地方、民族风味空前兴盛。

现代中国风味流派主要包括地方风味，民族风味，家族风味，美容、保健、医疗风味，荤食风味，素食风味，仿宫廷、官府、红楼风味等。与传统风味流派相比，既有继承，也有创新发展。新的生产消费主体的产生和旧的生产消费主体的消失使其结构发生了变化，出现了不同格局的组合。

（4）创造了现代饮食文明。首先，传统观念中烹调是"宵小之人为之"的意识已被逐渐否定，烹调作为生活科学、创造饮食艺术的学科的观念，现已逐渐为全社会所接受和认同。烹调作为一种提高生活质量的方式，已走进千家万户，文明饮食、科学饮食的现代饮食观念逐渐形成。其次，烹调现已受到全社会的重视，其从业人员也受到社会的尊重。再次，烹调作为一种文化，承担着与世界各国人民交流的任务，其性质得到全社会的承认。因而，中国烹调在生产规模的广度和深度、从业人员教育培训的数量及涉及范围、国外与国内烹调的交流、各种刊物著述的大量出版，以及有关知识的普及等方面，发展之迅猛、成绩之巨大，都是前所未有的。中国烹调的现代时期是一个繁荣的全新时期，是一个由传统烹调向现代烹调转变的时期，它通过不断地创新和开拓，为中国烹调走向新的未来开辟出一条康庄大道。

五、中国烹调文化的内涵

中国是东方饮食文化的代表，纵观大江南北，无论文人雅士，还是市井百姓，人们对吃都倾注了无数的热情。烹调在中国早已超越了维持生存的作用，它的目的不仅是维持肉体的存在，而且是满足人的精神需求。它是人们积极充实人生的表现，与美术、音乐等有着同样的提高人生境界的意义。人们称烹调为艺术是毫不过分的。

在中国，因为祖先圣贤都提倡保守的传统，所以人们便把人生的宣泄导向于饮食。由于这个原因，不仅使烹调艺术高度发展，而且赋予烹调以丰富的社会意义。首先，在人们的风俗习惯中，婚丧嫁娶这类大事，总是以吃作为其重要内容甚至高潮部分；其次，它是中国人最重要的社交手段之一，在农村，"认识"这个词常常为"在一个桌上吃过饭"所替代；同时，烹调也是表达民族感情的重要方式。

中国哲学作为东方哲学的代表，其显著特点是宏观、深邃，同时，又很模糊、不可明确界定，这对中国烹调的指导意义是非同一般的。中国菜的制作方法是调和鼎鼐，它的原料可以是一种或多种，调料可以是一样或多样，步骤可以是一步或多步，最终是要调和出一种美好的滋味。这一切讲究的就是分寸及整体的配合。它包含了中国哲学丰富的辩证法思想，一切以菜的色香味形的美好、谐调为度，度之内的千变万化决定了中国菜的富于变化，决定了中国菜系特点乃至每位厨师的特点。在中国烹调的体系中，不仅讲究菜肴的整体性，而且餐具、餐厅、摆台、上菜顺序，乃至天气、政治形势、食客等的不同，婚宴、丧宴、寿宴、国宴、家宴等的区别，都能纳入烹调的整体考虑之中。可以说，这种对客观事物整体性的把握就是中国哲学的一大特点，像中国文化中的中医药学就与烹调有着极其相似之处。这种哲学思想的不同使西方烹调倾向于科学，中国烹调倾向于艺术。在烹调不发达的时代，这两种倾向都只有一个目的——保命充饥，而在烹调充分发展之后，这种不同的倾向就表现在目的上了：前者发展为对营养的考虑，后者则表现为对味道的讲究。

中国烹调的特点还有随意性。在不同条件下做同一道菜，如在冬天和夏天，用煤火和炭火、铝锅和铁锅等，所做出的菜的味道是不同的。一个优秀的厨师就要根据这些情况随机而变，这是操作的随意性。中国烹调在用料上也显出极大的随意性。许多西方视为弃物的东西在中国都是极好的原料。例如，西方人因鸡脚食之无肉，故将其与鸡骨、鸡毛视为同类而弃之；而在中国，鸡脚则为很好的食材。另外，还有技巧的随意性，例如，一个优秀的厨师，固然要能做复杂烦琐的大菜，但是用简单的原料和作料也往往能信手制出可口的美味，这就是技巧的随意性。同一道菜，由不同的厨师烹调，会有不同的风味。正因为有中国深厚的文化背景，才会有烹调文化在中国的高度发展。

第三节

中国烹调文化的特色

一、中国烹调文化的基本特点

（一）历史漫长，继承完整，传统悠久，结构稳定

我国具有 50 多万年的烹调文化史，这是世界各国所没有的，从烹调文化的产生到现在，烹调文化发展的各个环节都很完整，没有中断，这也是世界唯一的。中国烹调文化中的传统部分就形成时间来看，最迟在春秋战国时期。其主要的内容可归结为以下几个方面。

1. 重食

从某种意义上说，我国历史是一部不断解决吃饭问题的历史。重食最主要的原因是食物材料生产条件相对恶劣、人口比例失调引起长期缺乏食物。传统"国问"是"吃饭了没有"；国家代名词是"社稷"，社是土地，稷是粮食，农为立国之本，"农用八政，首政在食"。重食是基点与核心，重养、重味等传统观念均为重食的引申和扩展。

2. 重养

养即养生，是运用养的手段使身体保持健康状态，从而使寿命达到自然赋予的最高限度。最基本的养生是食养，包含一套完整的食养理论体系。借用阴阳五行理论，以臊、焦、香、腥、腐为五气，甘、酸、辛、苦、咸为五味，五气和五味寓于五谷、五果、五畜、五菜之中，并通过食用进入人体脏腑而发生作用。五气、五味、五谷、五果、五畜、五菜、脏腑等均具有金、木、水、火、土的五行性质，五气为阳，五味为阴，谷果畜菜之中所含之气为阳，所具之味为阴。人体内也有阴阳之气和五行的运行，五行之间有相生相克的关系，阴阳之间有平衡与否的关系。如果阴阳在五行生克中达到平衡，人体就健康，否则就会患病。

3. 重味

视食物之味为核心，为衡量食品质量的第一标准。传统上，往往无论食品的营养如何，先看其味道怎样。在某种意义上，烹调风味流派的区别就是味的不同。与重食相比，有食不必重味，但重味必须有食；故食为味之体，味为食之魂。重养必然重味，味至则养得，故味为养之先导。重味是超出生存需要的高一级需求，即享受需求。

4. 重利

利是指"功利"，重食、重养、重味都含有重利因素。在中国烹调文化中，重利最突出、最具特色的表现是求"喜""吉";从功利的目的来说,其获得的是物质和精神审美享受的双重满足。

5. 重理

理即道理,是千百年来人们认同并加以继承的思想观念;重食有理,重养有理,重味有理,重利有理。

(二)涉及领域广,内涵博大精深,层面丰富多彩

中国烹调文化内涵的博大,从物质文化方面来说,是指烹调原料的无所不取、工具的复杂繁多、工艺技巧的丰富多样、风味流派的众多纷繁;从精神文化方面来说,是指烹调理论概括的领域全面、涉及的学科非常广泛、包含的思想观念相当广阔。

中国烹调文化内涵的精深反映在以下几点。

(1)物质文化内容的精华荟萃和精巧、微妙。

(2)理论归纳、概括的深刻。

(3)所反映的社会思想观念的精奥、深邃。

中国烹调文化层面丰富,其中包含着中国历史上各个社会阶层、集团所创造的烹调生产和消费文化的每个部分,有雅、俗之分。

(三)民族特色鲜明,兼容量大,融合力强,生命力旺盛

在中国烹调文化中的物质文化要素中,食源文化中的博食为人类食源的广泛开辟做出了突出贡献。蒸和炒(包括爆、熘)是我国烹调独有的工艺,其中也包含最为复杂多样的烹调方法。在精神文化要素中,烹调与传统思想观念渗透结合而产生了"国粹"性文化现象,在最深层面上反映的是宇宙观、社会观、人生观与审美观等。

中国烹调文化在很大程度上表现出兼收并蓄的气魄和极强的融合力。在历史上,中原烹调文化一直处在同周边"胡""蕃"烹调文化相互影响和吸收的状态。中国烹调文化是一个以汉族烹调文化为主体的、与其他民族烹调文化相互兼容的大体系。清代虽然闭关锁国,但西餐却在当时得到流传。

二、中国烹调文化的艺术性

(一)味觉艺术

人对于食物的选择早已摆脱了对先天本能的依赖,主要以通过教养获得的后天经验为基础,包括自然的、生理的、心理的、习俗的诸多因素,其核心则是对味的实用和审美的选择。烹调艺术所指的味觉艺术,是指审美对象广义的味觉。广义的味觉错综复杂。人们感受的馔肴的滋味、气味,包括单纯的咸、甜、酸、苦、辛和千变万化的复合味,属化学味觉;馔肴的软硬度、黏性、弹性、凝结性及粉状、粒状、块状、片状、泡沫状等外观形态和馔肴的含水量、油性、脂性等触觉特性,属物理味觉;由人的年龄、健康、情绪、职业及进餐环境、色彩、音响、光线和饮食习俗而形成的对馔肴的感觉,属心理味觉。中国烹调的烹与调,正是面对错综复杂的味感现象,运用调味物质材料,以烹调原料和水为载体,表现味的个性,进行味的组合,并结合人们心理味觉的需要,巧妙地反映味外之味和乡情乡味,来满足人们生理和心理的需要,展示实用与审美相结合的烹调艺术核心的味觉艺术。烹调技术是实现味觉艺术的手段,其主旨是"有味使之出,无味

使之人"。

（二）筵席艺术

筵席艺术是中国烹调艺术的又一表现形式。一份精心设计编制的筵席菜单，对菜点色、形、香、味、滋的组合，餐具饮器的配置，烹调技法的运用，菜肴、羹汤、点心的排列，馔肴总体风味特色的表现，都有周密的安排。它是时代、地区、饭店本身的烹调技术水平和烹调艺术水平的综合反映。审美主体——与筵者的食欲、情绪、心理，均被筵席菜单设计的烹调艺术效果所左右。

筵席艺术遵循现实美（包括社会环境、社会事物的美和自然事物的美）与艺术美的一般原理进行艺术创作。传承筵席艺术进行创作活动，应主要注意以下两点。

（1）筵席格局以菜肴为中心，体现艺术形式上的多样统一。筵席菜肴的多样化，通过炸、熘、爆、炒、烧等多种技法，荤素原料多种选配，丁、丝、块、条、片等多种形态，黄、红、白、绿等多种色彩，酥、脆、嫩、软等多种口感，咸、甜、鲜、香等多种味觉表现其艺术性。

（2）菜点组合排列，表现艺术节奏与旋律感。筵席菜点的这种味的起伏变化，如音乐旋律中的节奏强弱、速度快慢、旋律高低，使审美主体——与筵者越吃越有兴趣，越吃越有味道。

三、中国烹调文化的科学性

中国烹调文化的科学内涵十分丰富，其中心内容在于符合营养要求，以达到具有养生效果的烹调与饮食的终极目的。

（一）五味调和的美食观

《黄帝内经》记载："天食人以五气，地食人以五味""谨和五味，骨正筋柔，气血以流，腠理以密。如是则骨气以精，谨道如法，长有天命"。味是饮食五味的泛称，和是饮食之美的最佳境界。这种和由调制而得，既能满足人的生理需要，又能满足人的心理需要，使身心的需要能在五味调和中得到统一。美食的调和是对饮食性质、关系深刻认识的结果。味是调和的基础。阴阳平衡是人体健康的必要条件。饮食五味的调和以合乎时序为美食的一项原则。中国烹调科学依据调顺四时的原则，调和与配菜都讲究时令得当，应时而制作肴馔，追求肴馔适口。

（二）养生食治的营养观

《黄帝内经》还记有："味归形，形归气，气归精，精归化""五味入口，藏于肠胃，味有所藏，以养五气，气和而生，津液相成，神乃自主"。这个观念认为，人的饮食目的是使人体气足、精充、神旺、健康长寿。围绕着这个目的，逐渐形成了中国式的传统养生食治学说。"五谷为养，五果为助，五畜为益，五菜为充"这一膳食结构不仅使中华民族得以生存与发展，而且避免了许多"文明病"的困扰，为海外营养学家所称道。还有一个收获是药膳，可收无病养生、有病食治的效果。中国烹调与法国烹调、土耳其烹调齐名，并称为世界烹调的三大风味体系。

课堂讨论

谈一谈古代烹调器具的发展。

技能操作

组织辩论赛，对中国烹调的艺术性进行辩论。

思考练习

一、填空题

1. 烹调在中国已经超越了维持生存的作用，它的目的不仅是_____，而且是_____。
2. 中国烹调倾向于_____，特点是_____。
3. 烹调的开端是_____。

二、多选题

1. 五味是指（　　）。
   A. 辛香　　　　　　B. 辣味　　　　　　C. 酸味　　　　　　D. 甜味　　　　E. 咸味
2. 古代盐的制作品有（　　）。
   A. 醢　　　　　　　B. 酱　　　　　　　C. 豉　　　　　　　D. 盐
3. 《诗经》记录的烹调原料包括（　　）。
   A. 谷物　　　　　　B. 蔬菜　　　　　　C. 果类　　　　　　D. 渔猎

三、判断题

1. 饼是用面粉做的，面粉又是磨的加工产品，因此磨是面粉的加工设备。　　　　（　　）
2. 烹调发展的阶段性和烹调文化发展的阶段性有相适应的关系，但两者不一定完全同步。　　　　（　　）
3. 烹调文化的中期阶段始于夏，终于秦统一中国。　　　　（　　）
4. 烹调传统文化的繁荣阶段始于秦统一中国，终于清统治灭亡。　　　　（　　）

四、简答题

1. 中国烹调文化的基本特点是什么？
2. 中国烹调文化的艺术性体现在哪些方面？
3. 简述中国烹调文化的科学性。

第四章

中国饮食筵宴文化

学习导读

本章首先介绍了筵宴的含义和中国筵宴的历史发展，然后介绍中国饮食筵宴文化的特征与艺术之美，最后介绍了中国历史上著名的几种筵宴品类及其文化特色。通过对中国饮食筵宴文化的学习，感受筵宴文化作为中国饮食文化的重要组成部分，以及蕴含的具体内容和深刻含义。本章的学习重点是掌握筵宴的含义和熟悉中国饮食筵宴文化的特征，学习难点是中国筵宴的历史发展。

学习目标

（1）了解中国筵宴的历史发展。
（2）掌握筵宴的含义。
（3）熟悉中国饮食筵宴文化的特征。
（4）掌握中国历史上著名的八种筵宴品类。

学习案例

我国素来有"民以食为天"的经典，在温饱尚是一个大问题的时代，人们见面寒暄往往不是"您好"，而是"您吃了吗"。由此可见中国人对吃饭的重视，吃饭在中国不仅是填饱肚子的流程，还是一种生活上的仪式。根据吃饭衍生出了许多特有的文化现象，饭局就是其中最典型的一个，即以饭为局，通过吃饭来达到社交、政治、经济等方面的目的。古时上到天子、下到平民，饭局种类花样繁多，士子登科开宴庆祝，富豪大夫宴请宾朋，文人墨客出游雅集，都常以宴会为名。

"坐而论道，醉而忘忧"。中国历史上的饭局数不胜数，不同的饭局有着不同的意味，有些饭局上甚至充斥着血雨腥风，表面上一团和气，笑谈间隐藏着明争暗斗。春秋战国时期，齐景公手下有三员大将，各自手握兵权，齐景公担心他们功高盖主，今后威胁到自己这个主公的地位，便让上大夫晏子设了一个饭局。这里的饭局用处就十分耐人寻味，如果齐景公在明面上因为这种尚未发生的担忧而贸然杀掉三员大将，必定会引发恐慌与动乱，其他人甚至会趁机造反。但是晏子通过一个饭局，将三人全部请过来，再设计杀死他们，就显得更为恰当。

宴席上，齐景公表示，为了奖赏三人的功绩，赐下两颗桃子，让三人论功绩决定谁能吃桃。前面两人先后说了自己的功绩，并且吃掉了一颗桃子，最后一个人心中郁郁不平，竟当场拔剑自刎，剩下两人于心有愧，也自杀了。"二桃杀三士"的典故流传至今，依旧是一个饭局的经典案例。在这个饭局里，晏子作为设局者，利用三人的好胜心和自尊心，分裂他们的阵容，最后兵不血刃。

案例思考：

中国的饭局都涵盖了哪些功能？

案例解析：

饭局是中国筵宴文化的一个缩影，中国人讲吃，不仅是为了解渴充饥，它还蕴含着中国人认识事物、理解事物的哲理，婚丧嫁娶、升职乔迁等都可以通过宴席的方式来表达东道主的情感，这种模式在古时就有，随着朝代的更迭一直在演变，每个朝代都会注入不同的文化元素，形成符合当时的文化背景。筵宴文化是中国传统文化重要的组成部分，对当下传承传统文化有着十分重要的意义。

中国筵宴的含义与历史发展

一、筵宴的含义

筵宴又称酒席，是专为人们聚餐而设置的，是按一定原则组合成的成套肴馔及茶酒等。最初，古人席地而坐，筵和席都是指宴饮时铺在地上的坐具，筵长、席短，随着时间的推移逐渐将筵、席二字合用，变为酒席的专称沿用至今。宴会又称燕会、酒会，是人们因习俗、礼仪或其他需要而举行的以饮食活动为主要内容的聚会。宴会的核心内容是筵宴，筵宴是宴会上供人们饮食使用的成套肴馔及茶酒，两者虽有一定的区别，却又密不可分，古人合称为"宴飨""宴享"，今人称"筵宴"。中国筵宴文化历史悠久，内容丰富多彩。

二、中国筵宴的历史发展

中国筵宴起源于原始聚餐和祭祀等活动，经历了新石器时代的孕育萌芽时期，夏商周的初步形成时期，秦汉到唐宋的蓬勃发展时期，而在明清成熟、持续兴旺，然后进入现代繁荣创新时期。

1. 中国筵宴的孕育萌芽时期

中国筵宴是在新石器时代生产初步发展的基础上，因习俗、礼仪和祭祀等活动的产生而由原始聚餐演变出现的。此时聚餐的食品比平时多，且有一定的进餐程序；并且当时的人不了解自然现象和灾异产生的真正原因，便产生了原始宗教及其祭祀活动，人们认为食物是神灵所赐，祭祀神灵必须用食物，一是感恩，二是祈求神灵的消灾降福，获得更好的收成，祭祀仪式后往往有聚餐活动，共同享用作为祭品的丰盛食物。人工酿酒出现后，这种原始的聚餐发生了质的转化，产生了筵宴。

中国有文字记载的最早的筵宴是虞舜时代的养老宴。《礼记·王制》中记载："凡养老，有虞氏以燕礼。"燕即宴，这种养老宴是先祭祖，后围坐在一起，吃狗肉、饮米酒，较为简朴、随意。

2. 筵宴的初步形成时期

夏商周三代，筵宴的规模有所扩大，名目逐渐增多，在礼仪、内容上有了详细规定，筵宴进入初步形成时期。

夏启即位后曾在钧台（今河南禹县北门外）举行盛大宴会，宴请各部落酋长；夏桀追逐四方珍奇之品，开筵宴奢靡之风的先河。殷商时期，筵宴随祭祀的兴盛而延续。周朝由于生产发展，食物原料逐渐丰富，筵宴发展到国家政事及生活的各个方面，如朝会、朝聘、游猎、出兵、班师等，民间往来也有宴会，筵宴名目很多。周人对鬼神多敬而远之，筵宴的祭祀色彩弱化，在礼仪和内容上有详细而严格的规定，通称为礼。

3. 筵宴的蓬勃发展时期

在汉代，丝绸之路的开辟，促进了中原和西域的交流，引进了茄子、黄瓜、扁豆、大蒜等新菜；植物油得到应用，豆瓣酱和各地奇珍异味都成了人民的口福；再加上漆器、青瓷、金器、玉器的使用，整个筵宴席面型佳色丽，赏心悦目。

唐朝宴会形式多样，数人相聚即可成宴，每逢良辰、佳节喜庆之际，人们总要摆设酒席，还有很多人把宴会当作娱乐消遣的一种特有模式，通过传觞聚饮去寻求生活的趣味。

宋代时期的筵宴与盛唐时期进行对比，宋代宴席不像唐朝时期那般热闹，无论是皇亲国戚，还是朝廷官员，都必须恪守规范礼仪，甚至国家通过下诏书的形式进行约束和规范。通过这一系列的操作，宋代帝王对筵宴制度的重视地步是前所未有的。在当时由于清新淡雅文化的深入，宋朝宫廷宴席特别注重环境氛围的布置，如花卉树木摆设、用一些名贵的檀香等，这是唐朝未曾出现的。筵宴在制度上分为国宴、君臣宴及君民宴。

4. 筵宴的成熟兴盛时期

元明清时期，随着社会经济的繁荣及各民族的大融合等，中国筵宴日趋成熟，并逐渐走向鼎盛。

筵宴设计有了较固定的格局。设宴地点则常根据不同季节进行选择。筵宴品类、礼仪更加繁多。清宫廷改元建号有定鼎宴，过新年有元日宴，庆胜利有凯旋宴，皇帝大婚有大婚宴，过生日有万寿宴，太后生日有圣寿宴，另有冬至宴、宗室宴、乡试宴、恩荣宴、千叟宴等，影响最大的是满汉全席，清中叶有110种菜，清末有200多种。

5. 筵宴的繁荣创新时期

20世纪特别是改革开放后，中国人的生活条件和消费观念发生了很大的变化，在饮食上追求新、奇、特、营养、卫生，促进了筵宴向更高境界发展，进入了筵宴的繁荣创新时期。

（1）传统筵宴不断改良。由于时代的变革和人们消费观念的变化，传统筵宴越来越显示出它的不足，如菜点过多、时间过长、过分讲究排场、营养比例失调、忽视卫生等问题，造成人、财、物和时间的严重浪费，损害了身体健康。20世纪80年代开始尝试改革，力求在保持其独有饮食文化特色的同时更加营养、卫生、科学、合理。

（2）创新筵宴大量涌现。如姑苏茶肴宴、青春健美宴、西安饺子宴、杜甫诗意宴、秦淮景点宴等。可以原料开发、食疗养生见长，或以人文典故、地方风情见长。

（3）引进西方宴会形式，中西结合。随着西方饮食文化的大量涌入，中国出现了冷餐酒会、鸡尾酒会。冷餐酒会因其自在随意、不受拘束、适宜广泛交际等特点，受到许多中国人的喜欢，被用于中国宴会上，只是菜点选择上使用中式菜点。

中国筵宴的特征与艺术之美

筵宴技术含量高、艺术性强，是烹饪艺术的最高表现形式。技术是艺术的基础、实现方法与手段，而艺术是技术的升华，两者紧密联系，不可分割。筵宴是时代、地区、企业、厨师烹饪技术水平和烹饪艺术水平的综合反映。

一、中国筵宴的特征

（一）聚餐式

聚餐式是中国传统筵宴的重要特征。筵宴是隆重的餐饮聚会，重在聚而餐。主人是办宴的东道主，负责筵宴的安排、调度；宾客包括主宾和一般宾客，主宾是筵宴的中心人物，筵宴的一切活动围绕主宾进行。多人共同进餐，有主人与客人、随从与陪客、长辈与晚辈之分，但大家会就一个共同主题，欢聚一堂，推杯换盏。

（二）规格化

筵宴上的饮食品、服务与礼仪等都有一定的规范、标准和程式。根据档次的高低、标准的差异，菜品组合有序、仪式程序井然，服务周到全面；食品要求品种丰富、营养合理、制作精细、形态多样、味道多变等，按一定的原则成龙配套。例如，四川筵席一般为三段式格局，即冷菜与酒水，热菜与小吃、点心，饭菜与水果。筵宴的各种服务与礼仪还包括环境

宴文化之宴席座位的安排

装饰、台面布置、座位安排、迎宾、安坐、祝酒、奏乐、上菜、送客等方面。台面布置上餐具和布件的选择与摆放讲究一物多用，如筷子、餐巾的摆放和使用体现出对意趣美的追求。

（三）社交性

筵宴上的语言、行为体现出社交性。《礼记》记载："酒食所以合欢也。"合欢是指亲和、欢乐。从筵宴开始到结束，欢声笑语贯穿其中，通过相互交谈、夹菜、敬酒等言行，结交朋友、疏通关系、增进了解、表达情意以获取帮助、解决问题，使其有很强的亲和力和社交性。

（四）娱乐性

筵宴上的娱乐活动体现了其娱乐性。历史最悠久的"以乐侑（劝食之意）食"始于商周。《周礼·天官·膳夫》记载："以乐侑食，膳夫授祭，品尝食，王乃食。卒食，以乐彻于造。"由此可见，周人君王在进餐时，要奏乐助兴。餐毕，还要在音乐声中，将未吃完的食物收进厨房。《诗经》的《宾之初筵》描绘了人们在筵宴上翩翩起舞："舍其坐迁，屡舞仙仙"。周代以后观赏音乐和歌舞表演，或自娱自乐、自歌自舞成为宴会上的风俗。

正因为这样，古往今来，我国筵宴隆重、典雅、精美、热烈。无论国宴还是家宴，专宴或便宴都强调突出主旨和统筹规划，注重拟定席谱和接待礼仪，讲究餐室美化和台面点缀，重视选任主厨和烹调工艺。久而久之，筵宴便形成一套传统规范，作为礼俗相传，成为中华饮食文化的组成部分。

二、中国筵宴菜品的组成

筵宴菜品是经过精心设计组合起来的综合性整体，不是各类菜点的简单拼凑。筵宴菜品的配置，各类菜点之间要协调，每种菜点的配置都要从整体着眼，从相互间的数量、质量、色泽、形态、口味等对比关系出发，精心配置，均衡、协调和多样化，是筵宴菜品配置的总体要求。

筵宴菜品一般由冷菜、热炒菜、大菜、甜菜、点心、汤菜、水果 7 个方面内容组成。

（一）冷菜

筵宴冷盘一般有两种形式：其一，单碟形式。单碟可以是一个盘中只有 1 种原料，也可以是一个盘中有两种不同的原料。一般一桌筵宴上有 6 个、8 个或 10 个这样的单碟。其二，围盘形式。围盘就是一个大的主盘周围围上 4 只、6 只、8 只小的围碟（单碟），主盘和围碟要协调好，如主盘是什锦拼盘（属实惠型），则围碟就应该是瓢形（观赏性为主）；反之也一样，主盘是瓢形，其围碟就应该是实惠型的。如主盘围碟采用一种类型，就会出现情况数量过多或数量不足的现象。

（二）热炒菜

热炒菜并非单纯是炒的菜，还包括爆、熘、烩、蒸、煎等烹制的菜肴。热炒菜习惯是指形态较小、多用平盘盛放、加热时间较快的菜肴。

（三）大菜

大菜通常是指形态较大、整只、整条、大块，加热时间较长，口味比较浓厚，盛装在大盘中的菜肴，是一般多用烧、烤、炸、熘、扒、焖等烹制的菜肴。大菜中价格最高的往往称为"头菜"，如海参、鱼肚、鲤鱼、燕窝等。

（四）甜菜

甜菜一般采用蜜汁、拔丝、挂霜、煸炒、蒸、炸等烹饪方法制作而成，口味以甜为主。甜菜可分为干甜和湿甜两种。干甜菜即没有卤汁的菜肴；湿甜菜即带甜卤或甜汤的菜肴。

（五）点心

筵宴中的点心，常由糕、团、面包、饺、饼等品种组成。席中的点心比日常供应的品种要精致，当然，点心的精致程度和品种主要取决于筵宴规格的高低。

（六）汤菜

汤菜是筵宴中不可缺少的组成部分。随着筵宴档次的高低，对汤的讲究程度有明显的不同。一般筵宴，根据各地的饮食习惯，有开席汤和收口汤之分，即开席时先上一碗汤，后上热炒菜，在筵宴菜全部上完后再上一碗汤（收口汤）；高档筵宴中有开口汤、过口汤和收口汤之分，即开席上一碗汤为开口汤，中途某一个菜味比较浓烈，上一碗汤为过口汤，最后再上一碗汤为收口汤。

（七）水果

水果也是筵宴中不可缺少的组成部分。常用各种时令水果，在高档筵宴上还组成水果拼盘。

三、中国筵宴的艺术之美

（一）整体美

筵宴以菜点的美味主体，形成包括环境、灯光、音乐、席面摆设、餐具、服务规范等在内的综合性整体美感。在设计整桌筵宴时，不仅需要考虑菜肴本身的美味，还要兼顾到菜肴与菜肴之间可能产生的叠加功能和结构功能，统一于一定的风格和旨趣，给人以完整的味觉审美享受。菜肴要围绕筵宴的形式、内容来安排，同时做到与整席其他内容合拍。筵宴的整体美要能够完成和体现筵宴的目的与宗旨，如寿宴、婚宴、毕业宴。

（二）节奏美

一桌丰盛的筵宴，从冷菜到热菜通常由多道菜组成，其构成形式是丰富多彩的，主要表现在原料的使用、调味的变化、加工形态的多样、色彩的搭配、烹调的区别、质感的差异、器皿的交错、品类的衔接等方面，只有这样，宴会才会有节奏美和动态美，既灵活多样、充满生气，又增加美感、促进食欲。由菜肴的色、香、味、形等要素变化引起的节奏感，要求有起有伏、抑扬顿挫。上菜顺序与间隔同样有讲究。

（三）变化美

只有浓淡相宜的菜肴，才能真正受到宾客的好评。菜肴的设置应体现本地传统特色和发展变化，力求新颖别致，展现独有的魅力。在用料、刀法、烹调技法、口味、质感、色泽等方面有所变化。在风格统一的基础上，避免菜式的单调和工艺的雷同，努力体现变化美。在器皿的选择上做好杯、盘、碗、筷、盅的合理搭配。

（四）和谐美

设计一桌宴会菜要分清主次、突出重点，绝不可宾主不分，甚至喧宾夺主。许多菜肴设计命名都与筵宴主题相契合，形成一种独特而和谐的风格。筵宴是吃的艺术、吃的礼仪，需要处理好美食、美景与档次、参加人员的关系。不同的地区、不同的场景、不同的人群，筵宴的设计要求是不同的。

（五）意境美

中国筵宴中的菜点，不仅可以使人一饱口福，而且可以使人在情感上得到一种艺术享受。筵宴的意境美主要体现在菜点的高雅不俗，另外，还包括餐具、环境、服务等因素与筵宴档次的协调上。以漂亮餐盘为画布，食材自带颜色为画笔涂鸦，用果蔬进行勾勒，透过美食艺术的味、韵、形、美，传达出古典意境之美。

中国历史上的著名筵宴

一、周八珍——中华宴席开篇之作

我国早在奴隶制社会的周代，其烹饪技术已经达到相当高的水平。古人们已懂得选用动物不同部位的肉来烹制不同的食品，制作过程讲究刀功、刀法、卫生等。《礼记·内则》中，对八种食品的原料、调料、烹制工艺乃至炊具及注意事项都有具体的记载，被后世称为"周八珍"。根据史学家的考证，周八珍的八道菜指的是淳熬、淳母、炮豚、炮羊、捣珍、渍、熬、肝膋。

（1）淳熬：将熬制好的肉酱浇在稻米饭之上，并且淋上热油。

（2）淳母：将肉酱淋在黍米饭上，基本的做法与淳熬相同。

（3）炮豚：用完整的乳猪，在其腹中塞进调料和枣果等食材，再用苇子捆扎，涂上草泥，放在火上烤。表皮烤干之后，将肉撕下来，涂抹上稻米粉，放在油锅之中煎熟。最后将肉和调料全部放在小鼎之中连续煮三天三夜，中途不能关火。

（4）炮羊：与炮豚的制作方式相同，将乳猪换成全羊。

（5）捣珍：将牛、羊、鹿等动物的里脊嫩肉反复捶打之后，烹熟调味。

（6）渍：将鲜牛肉切成薄片，以酒津之，蘸上调料之后就可以直接生吃。

（7）熬：将牛、羊、鹿等动物的里脊嫩肉反复捶打之后拌上调味料放在苇草上面晾晒，风干之后就可以直接吃。

（8）肝膋：狗的肝脏，烤熟后既可以佐餐，也可以熬成粥。

周八珍从准备食材到烹饪手段，一直到宴席之中的礼仪，都成了后代宴席的典范，这些看起来极为烦琐的珍稀菜肴，也逐渐流传到了民间，到了春秋战国时期，周八珍已经不仅是王室专用的宴席，贵族们孝敬老人之时，也会用上"八珍"。

隋唐时期，市井之中流行"御黄王母饭"，将肉丝、鸡蛋加上调味料煮成酱汁，将它浇在米饭上，这是"淳熬"的做法，流传到今日，就是人们常吃的盖浇饭了。杜甫《丽人行》之中记载了唐朝的"八珍"，但菜肴的品种已经完全不同。到了清代，依旧有"八珍"存在。饮食文化相当发达的清朝，已经将八珍延伸出"上八珍""下八珍""山八珍""海八珍"等新的说法。周八珍也被人们视为中国饮食筵宴文化的开篇之作。

二、鹿鸣宴——科举时代的盛宴

"呦呦鹿鸣，食野之苹。我有嘉宾，鼓瑟吹笙。"鹿鸣宴是古代为新科举人而设的宴会，它起源于唐代，至明清两朝还在沿用。据《新唐书》记载，鹿鸣宴的举办时间一般在放榜的次日，因在宴席上演奏《诗经》中的《小雅·鹿鸣》而得名，是由周代的礼仪演变而来的一种聚会形式，主要由各个地方官或著名乡绅出钱，一是为了鼓励学子们上进，二是为了践行。

唐朝的鹿鸣宴具备了儒家特有的长幼尊卑、教化天下的功能，特别受当时的统治者及儒家知识分子所喜爱。鹿鸣宴在宋朝尤为盛行，文人墨客在宴会上所做的诗都会被记录下来，在士林中广为流传。甚至到后来，宴会上还真的出现了鹿肉，使鹿鸣宴成为真正的"鹿鸣宴"。

鹿鸣宴上主要的活动是喝酒、唱歌、奏乐、吟诗作对，还会跳魁星舞。魁星在神话中掌管着文笔兴衰，长得丑但有才华，一手拿着朱笔，一手拿着墨斗，朱笔一点，文采斐然，脚下一登，独占鳌头，这就是"魁星点斗，独占鳌头"的由来。

鹿是"禄"的谐音，古人认为，鹿有一种美德，就是不吃独食，遇到好吃的就招呼同伴来吃，所以，鹿鸣宴也有期待学子们将来互相帮助的意思。于是除了新科举人，举人们的师哥也能来参加，北宋大文豪苏东坡为此还写了一首《鹿鸣宴》，诗中感慨无限："他日曾陪探禹穴，白头重见赋南山。何时共乐升平事，风月笙箫一夜间。"

鹿鸣宴是科举时代的盛宴，是千千万万读书人平生最想参加的一次宴会。

三、孔府宴——古代官府筵宴的高峰

孔府宴作为中国历史上最著名的官府宴，位居中国官府宴之首，它既体现了古中国宴席高度的政治性，也体现了中国古代最高的烹饪水平。

孔府又被称为衍圣公府，是孔子及其后裔居住的地方，兼具家庭和官府两大职能。孔府宴，是指历代衍圣公府内的宴席，是接待王公贵族、加封晋爵、生辰、婚丧等特备的高档宴席，经数百年发展，现已成为一种独具风格的家宴。另外，孔府的内眷均来自各地官宦的大家闺秀，她们也会从娘家带着厨师到孔府来。因此，孔府宴又吸取了全国各地的烹调技艺，可谓集中国宴席之大成。

孔府宴席名目繁多，等级森严，具体的接待规则和宴会格局都有严格的规定。一般来说，掌事人会根据事务大小、参宴者官阶高低、眷属亲疏、礼杖轻重，决定设宴的规模、菜肴的珍贵、精细、多少和餐具盛器的贵重程度。孔府宴主要可分为寿宴、花宴、喜宴、丧宴、迎宾宴、家常宴等。

（一）寿宴

寿宴是孔府内给"衍圣公"及其夫人、长辈等祝寿的特定宴席，席面布置富丽堂皇，一般要先上"高摆"，高摆为孔府高级宴席特有装饰品，以江米和各种细干果构成图案，呈圆柱形置于四个银盘中间，内嵌"福寿绵长""喜庆延年""寿比南山"等祝词。寿宴的仪式进程：献"一品寿桃"—平辈祝寿—晚辈拜寿—撤寿桃—上热菜。整个过程庄重典雅，颇为壮观。

（二）喜宴

喜宴是孔府内受封、袭封、得子等喜庆之时所设的宴席。这类宴席的要求是在席面布置方面须突出喜庆的气氛。菜名多取美好、吉祥之意，如"阳关三叠""四喜丸子"等。

（三）迎宾宴

迎宾宴是孔府内最重要的高档宴席，也是现今影响最为深远的宫廷宴席。在古代，迎

宾宴一般是在迎接圣驾、款待达官贵人时所设的高级宴席。由于衍圣公府自古以来的特殊政治地位，各朝帝王均尊崇儒教，有时皇帝会亲自来曲阜祭孔，有时是派王公大臣前来祭孔，府内在接待这些官员时所设的宴席要求一般较高，山珍海味，一应俱全。

其中最为华贵是"满汉宴"，宴席沿用的是满、汉国宴的规格和标准。一席宴，光餐具就规定要采用 404 件，而且大部分要求采用象形餐具，满汉宴的菜品数量是 196 道，据说十个人需吃整整四天，才能将 196 道菜品全部品尝完成。为了保持菜肴的温度，对餐具还有额外的特殊要求，每件餐具均分为上中下三层，上层是盖，中层置菜，下层放热水。"满汉宴"汇集了满族和汉族的名菜佳肴，如满族的"全羊带烧烤"，汉族的燕窝、驼蹄等。

（四）家常宴

家常宴（图 4-1）是孔府内用于接待亲友时所设的宴席，菜肴种类没有严格的规定，可随季节选用时令食材。当今的孔府宴在继承孔府烹调技术的基础上，结合儒家思想精华，创新出新派孔府宴——孔子六艺精华宴，即以礼、乐、射、御、书、数命名的宴席，另外，还创新出夫子圣笔、圣书香、列国行、文龙观水、带子上朝、一品豆腐、地久天长、尼山踏青、鲁壁藏书、孔融让梨、麒麟玉书、鸿运通宝、百子来福等孔府菜，寓意深刻，造型大气，使孔府宴更加精美，韵味悠长。

图 4-1　孔府家常宴

四、诈马宴——蒙古族的第一盛宴

诈马宴（图 4-2）是蒙古族特有的庆典，宴飨整牛席或整羊席，被誉为蒙古族的第一盛宴，是蒙古族的满汉全席。诈马意指"整畜"，也就是把整牛、羊等家畜烤制或煮制上席，并将牛羊肉、奶食品等蒙古族御膳珍肴一并呈上。诈马宴始于元代，是古代蒙古民族最为隆重的宫廷宴会，也是融宴饮、歌舞、游戏和竞技于一体的娱乐形式。

《蒙古风俗录》记载，诈马宴中最为贵重的膳食是整牛、整羊。传统烤制方法是将全牛用盐和五香调料长时间入味，再放入烤窑内，用果木烘烤两天两夜才能出窑。现代的烤制过程保留了其原有的形态，但在烤制方法上进行了改良，用烤箱烘烤八个小时就能上桌。

诈马宴上的蒙古族传统食品分为红食、白食两类。以奶为原料制成的奶皮子、奶豆腐、奶酪、奶油等食品，蒙古语称"查干伊德"，意为圣洁、纯净的食品，即白食；以牛、羊、驼等肉类为原料制成的食品，蒙古语称"乌兰伊德"，即红食。这种对食物的称呼极为生动，富有色彩感和寓意。

诈马宴饮品主要有奶茶、马奶酒、葡萄酒、白酒四种。奶茶和马奶酒历史悠久。蒙古人喝奶茶的习惯可以追溯到唐代，茶叶从中原传到草原后，蒙古人在煮茶时偶然加入牛奶，发现茶叶没有了苦涩，牛奶也没有了腥味，于是奶茶成为内蒙古各族人民喜爱的饮品，饮用奶茶的习惯流传至今。

诈马宴集中展示了蒙古王公重武备、重衣饰、重宴飨的习俗。它对于赴宴者的身份、服饰均有严格规定，赴宴者要身穿做工精细、用料名贵、华美考究的质孙服，一日一换，颜色一致。历史上的诈马宴规模宏大、内容丰富，包括宣读祖训、商议国事、宴饮庆典、歌舞器乐、百戏竞技等丰富多彩的一系列活动。每当酒酣兴浓时，诸王百官也要献歌献舞，常常通宵达旦。可以说，诈马宴不仅是一个宴会或单一的饮食文化，更是一种融饮食、礼仪、服饰、音乐、舞蹈等于一体的民族文化遗产。

图 4-2　盛大的诈马宴

五、烧尾宴——唐代宴席的鼎盛之作

烧尾宴，古代名宴，专指士子登科或官位升迁而举行的宴会，盛行于唐代，是中国欢庆宴的典型代表。当时的文人初登第或升官之时，家中的亲朋好友，还有官场之中的同僚都要前来家中祝贺，主人不仅要摆宴席招待，还要准备歌舞助兴。这种宴席被当时的人们称为"烧尾"。

史籍中仅仅留存下韦巨源设"烧尾宴"时留下的一份不完全的清单，这份包含着 58 道菜品的食单，有主食，有羹汤，有山珍海味，也有家畜飞禽，还有 20 多道糕饼点心，在每道菜点之下还注有用料及制作方法，是历史上最有名的菜单之一。从取材看，有北方的熊、鹿，南方的狸、虾、蟹、青蛙、鳖，还有鱼、鸡、鸭、鹅、鹌鹑、猪、牛、羊、兔等，真是山珍海味，水陆杂陈。至于所使用到的烹调技术，更是新奇别致，令现代的厨师难以想象。例如，食单中的"金铃炙"，要求在食料中加酥油，烤成金铃的形状；"红羊枝杖"，要求用四只羊蹄支撑羊的躯体，可能是"烤全羊"；"光明虾炙"，则是把活虾放在火上烤炙，而不减其光泽及透明度；"水炼犊"，就是清炖整只小牛，要求"炙尽火力"，即火候到家，把肉炖烂，从这里可以看出唐朝人对火候的重视。羹汤最能体现调味技术，食单中的羹汤都是匠心独运的特色菜。例如，"冷蟾儿羹"，即蛤蜊羹，要冷却后凉食；"白龙"，是用鳜鱼肉做成汤羹；"清凉碎"，是用狸肉做成汤羹，冷却后切碎凉食，类似肉冻；"汤浴秀丸"，则是用肉末和鸡蛋做成肉丸子，如绣球状，很像"狮子头"，然后加汤煨成。

"烧尾宴"融合盛唐时期丰富的饮食资源和高超的烹调技艺，汇集前代各朝烹饪艺术的精华，囊括胡汉食俗、南北菜系，反映了中外饮食文明相互交融与相互影响的时代风貌，代表了唐前期餐饮发展的最高水平，对后世饮食烹饪的发展有重要的影响，起到继往开来的作用。

六、千叟宴——紫禁城里的传世筵宴

千叟宴是清朝宫廷的大型筵宴之一。康熙第一次举行千人大宴，在席间赋《千叟宴》诗一首，故而得名。千叟宴最早始于康熙时期，盛于乾隆时期，是清宫中的规模最大、与宴者最多的盛大皇家御宴，在清代共举办过 4 次，旨在践行孝德。

康熙五十二年（1713 年）农历三月，60 寿诞的康熙皇帝举办了第一次千叟宴，宴请从天下来京城为自己祝寿的老人。年 65 岁以上年长者，官民不论，均可按时到京城参加阳春园的聚宴。当时赴宴者有千余人，社会各阶层次人物皆有。康熙六十一年（1722 年），又举办了第二次千叟宴。千叟宴宏大的场面给年幼的弘历（乾隆皇帝）留下了深刻印象，他继位后，效法其祖父，也举办了两次千叟宴。

《啸亭续录·千叟宴》中记录了康熙、乾隆时期千叟宴的盛况："圣寿跻登九旬，适逢内禅礼成，开千叟宴于皇极殿，六十以上预宴者凡五千九百余人，百岁老民至以十数计，皆赐酒联句。"在典礼上，按辈分尊老，排序座位，皇帝亲自为老人祝酒、赠诗，宴席上诗句联句频出。

根据记载，宴会开始前，在外膳房总理指挥下，依照赴宴者官职品级的高低，预先摆设饮食席面和品类，盛器和看馔都有显著的区别。

宴桌分一等、二等。一等为王公、一二品大臣及外国使节等，膳品为火锅两个，"银、锡火锅各一个"，猪肉片一盘，羊肉片一盘，鹿尾烧鹿肉一盘，煺羊肉乌叉一盘，荤菜四碗，蒸食寿意一盘，炉食寿意一盘，螺蛳盒小菜两盘，乌木箸两只，另备肉丝汤饭。二等为三至九品官员及无官品的兵民人等，每桌摆"铜制"火锅两个，猪肉片一盘，煺羊肉片一盘，烧狍肉一盘，蒸食寿意一盘，炉食寿意一盘，螺蛳盒小菜两盘，乌木箸两只，同备肉丝汤饭。

宴桌全部摆完后，用宴幕一一盖好，以保持饮宴食品卫生，摆桌席八百张，仅参加传菜服役的人员就有 156 人之多，耗用猪肉 1 700 斤，菜鸡 850 只，菜鸭 850 只，肘子 1 700 个，各类菜肴种类几百种。千叟宴也促进了南北饮食文化的互通与交流。

在当代，各地为了传扬敬老、爱老的优秀传统，建设和谐社会环境，也以不同的形式组织"千叟宴"，为老少亲情之间搭建沟通的温馨平台，营造了欢乐祥和的节日气氛。

七、满汉全席——中华筵宴文化的瑰宝

满汉全席兴起于清代，是满族先民传统饮食风俗习惯经300余年的创新发展，在融合宫廷满席与南方汉席基础上形成的，集满族与汉族菜点之精华，是历史上最为著名的中华大宴。乾隆年间李斗所著《扬州画舫录》中记有一份满汉全席食单，是关于满汉全席的最早记载。

最初清朝举行大型筵宴时，满汉是不同席的，但随着时间的推移，汉族人在宫内做官的人越来越多，当时的朝廷不得不考虑汉族人的饮食需求，所以后来发展为先吃满席再吃汉席，这种吃法在当时被称为"翻台"。久而久之，两者开始吸收对方的长处，把两族的菜肴去粗存精，融为一席，称为"满汉全席"，这便是满汉全席名字的由来。

满汉全席取料广而精，菜肴既有宫廷特色，又有地方风味，菜点精美，礼仪讲究，形成了独特风格。其最有代表性的当属山、海、草、禽"四八珍"。大致可分为蒙古亲藩宴、廷臣宴、万寿宴、千叟宴、九白宴、节令宴。突出满族菜点风味，如烧烤、火锅，同时展示汉族烹调特色，扒、炸、炒、熘、烧等兼备。其中，体现满族传统风味的"饽饽"是主食，芙蓉糕、萨其玛、绿豆糕、五花糕、凉糕、风糕、卷切糕、驴打滚等满族食品，如今都在国内外市场上驰名。

"满汉全席"的器具也很讲究，多用铜制，雕制考究，餐中用粉彩万寿餐具，大件瓷器仿鸡、鸭、鱼、猪等造型，设有火家具（火锅），上层放菜，下层以酒点火。载水家具则用锡制，分内外两层，内层放汤，外层放沸水，便于保温。

满汉全席上菜一般有108种，分为南菜54道和北菜54道，分三天吃完。宾客进入席宴大厅先奏乐，坐下后先用点心；宾客到齐后，把四整鲜撤下来，行敬酒礼，大菜才会奉上，整个过程先后共换桌面四次，调换满、汉菜式，俗称"翻桌"；用席时，一般先吃满菜，再吃汉菜，其间需换桌面，此谓"翻台"。

"满汉全席"被誉为国粹，是中餐的顶级代表，作为满汉两民族饮食文化多元互融的产物，以礼仪讲究、肴馔繁多、技艺精湛而驰誉中外。

课堂讨论

中国筵宴文化体现了哪些中国文化的特征？

技能操作

尝试介绍满汉全席的特色。

思考练习

一、填空题

1. _____是古代为新科举人而设的宴会，它起源于唐代，至明清两朝还在沿用。

2. 中国有文字记载的最早的筵宴是虞舜时代的_____。

3. 《蒙古风俗录》记载，诈马宴中最为贵重的膳食是_____。

4. 中国饮食筵宴文化的开篇之作是_____。

5. _____最早始于康熙，盛于乾隆时期，是清宫中的规模最大、与宴者最多的盛大皇家御宴。

二、多选题

1. 中国筵宴的特征包括（　　　）。
   A. 聚餐式　　　B. 规格化　　　C. 社交性　　　D. 娱乐性

2. 孔府宴主要分为（　　　）。
   A. 寿宴　　　B. 花宴　　　C. 喜宴　　　D. 迎宾宴　　　E. 家常宴

3. 诈马宴饮品主要有（　　　）。
   A. 奶茶　　　B. 马奶酒　　　C. 葡萄酒　　　D. 白酒　　　E. 黄酒

三、判断题

1. 满汉全席上菜一般有 108 种，分为南菜 54 道和北菜 54 道，分三天吃完。　　（　　　）

2. 鹿鸣宴在明朝尤为盛行，文人墨客在宴会上所做的诗都会被记录下来，在士林中广为流传。　　（　　　）

3. 迎宾宴是孔府内最重要的高档宴席，也是现今影响最为深远的宫廷宴席。　　（　　　）

四、简答题

1. 中国筵宴的菜品由哪些部分组成？

2. 中国历史上著名的筵宴都有哪些？

第五章

中国茶文化

本章首先介绍了茶和茶文化的起源，然后阐述了茶文化的发展历程，最后从人文主义的角度介绍了中国的茶品及其精髓。本章的学习重点是掌握茶叶的分类和中国名茶，难点是理解中国茶文化蕴含的国学精髓。

（1）了解茶和茶文化的起源。
（2）熟悉茶文化的发展。
（3）掌握茶叶的分类。
（4）能够介绍中国名茶。
（5）学习茶人精神，从茶文化中吸取营养，掌握正确的为人处事原则。
（6）领悟茶道精神，提升思想、品德修养，关注人与人之间的诚信。

千年前的"古丝绸之路"是连接中国与亚欧国家的贸易通道，五彩缤纷的丝绸、瓷器和茶叶源源不断地通行，为古代东西方的经济和文化交流做出了重要贡献。中国是最早的茶叶生产国，在漫长的历史中，中国茶为世界文明发展做出了巨大的贡献。中国茶通过丝绸之路传到日本，形成了对日本社会影响很大的日本茶道；中国茶传到欧洲，在欧洲人中形成了饮下午茶的习惯；中国茶传到美洲，带来了新的食物文明和创造财富的机会。历史事实表明，中国茶给世界各地的人们带来了健康和幸福，世界因茶而改变。

2022 年 11 月 29 日，在摩洛哥首都拉巴特召开的联合国教科文组织保护非物质文化遗产政府间委员会第 17 届常会上，我国申报的"中国传统制茶技艺及其相关习俗"通过评审，被列入联合国教科文组织人类非物质文化遗产代表作名录。人类需要和谐共处，需要优雅诗意的栖居，而中国茶文化讲究"茶和天下"，其"清静和雅"的理念正契合了当今世界的发展理念。

中国是茶的故乡，制茶、饮茶已有几千年历史。中国茶名品荟萃，主要品种有绿茶、红茶、乌龙茶、花茶、白茶、黄茶。茶有健身、治疾之药物疗效，又富欣赏情趣，可陶冶情操。品茶、待客是中国人高雅的娱乐和社交活动，坐茶馆、茶话会则是中国人社会性群体茶艺活动。

中国是文明古国、礼仪之邦，很重礼节，凡来了客人，沏茶、敬茶的礼仪是必不可少的。当有客来访，可征求意见，选用最合客人口味的茶和最佳茶具待客。以茶敬客时，对茶叶进行适当拼配也是必要的。主人在陪伴客人饮茶时，要注意客人杯、壶中的茶水残留量，一般用茶杯泡茶，如已喝去一半，就要添加开水，随喝随添，使茶水浓度基本保持前后一致，水温适宜。在饮茶时也可适当佐以茶食、糖果、菜肴等，以达到调节口味和点心的功效。

案例思考：

中国茶文化是如何影响世界的？

案例解析：

中国茶已经传播到世界各地，茶的功效、茶的文化、茶的精神及"清、静、和、雅"的茶道观念，深刻地影响了各国的饮茶者，从而丰富了世界人民的物质和文化生活。

第一节

茶史溯源

一、茶的起源

中国有很长的饮茶历史，虽然已经无法确切查明到底是始于什么年代，但是大致的时代是有说法的；也可以找到证据证明，世界上很多地方的饮茶习惯是从中国传过去的。所以，很多人认为饮茶就是中国人首创的，世界上其他地方的饮茶习惯、种植茶叶的习惯都是直接或间接地从中国传过去的。但是也有证据指出，饮茶的习惯不仅是起源于中国，世界上的其他一些地方也是饮茶的发源地，如印度、非洲等。1823 年，一个英国侵略军的少校在印度发现了野生的大茶树，从而有人认定茶的发源地在印度。中国当然也有野生大茶树的记载，都集中在西南地区，记载中也包含了甘肃、湖南的个别地区。茶树是一种很古老的双子叶植物，与人们的生活密切相关。

在国内，关于茶树的最早原产地的争论有好几种说法，不少人认为在云南。有一学者在认真研究考证以后断言，云南的西双版纳是茶树的原产地。人工栽培茶树的最早文字记载的是西汉的蒙山茶，见《四川通志》。

二、茶文化的起源

茶文化是以茶为载体形成的一种茶俗文化现象。随着饮茶习俗的普及和茶事的频繁与升级，茶文化也得到了很好的发展。

茶文化的起源与茶的起源有着时间和性质的区别。茶叶作为植物的一种，本身是不具备文化发展这一特征的，但作为一种文化现象的载体，它又具有了文化的内涵。人类因植物而形成的文化现象很多，但具有普及性、代表性的却很少。人类的多种文化现象大多是从饮食文化蔓延而出，最后形成自己独有的文化特征。古老的稻作文化是延伸各种文化的母本。酒文化、蜜饯文化、干果文化、工具文化、器皿文化等，都是稻作文化的延伸。无论哪种形式的文化现象，当这种文化发展到一定程度时，就会向艺术方面发展。艺术需要以技术为基础，技术需要积累实践与理论上的经验。各种文化相互渗透、借鉴，构成了人类的文明，促进了人类文明的发展，茶文化也是一样。

茶文化是野耕文化的一部分，与医药文化息息相关。文化的特征为可传播性，人们口口相传，这就是文化的内涵。不同的文化有不同的表现特征，不同的表现有不同的程度，这就是文化差异。茶道是对茶的认识与运用，茶艺是对茶事活动的一种艺术表现。茶道与茶艺是形成茶文化、茶艺术的两个要素，茶文化以茶道为基础，以茶艺为表现，属饮食文化这一大类中的奇葩。

中国历史上初始的茶、饮茶均可追溯到周代以前，饮茶的习惯源于西南（云南、贵州、四川），特别是川西南。在汉代即有茶叶贸易，有专门的饮茶工具。茶文化最先形成于西南地区，云贵川一带就是中华茶文化的发源地和发祥地，至今也是茶文化的中心地带。成都茶风茶俗、云南的普洱茶，再度将中华茶文化推向了高峰。福建、潮汕、赣南等地客家人对茶的孜孜不倦也是值得肯定的。

三、饮茶的起源

追溯中国人饮茶的起源，有的认为起于上古，有的认为起于周，起于秦汉、三国、南北朝、唐代的说法也都有。众说纷纭的主要原因是因唐代以前无"茶"字，而有"荼"字的记载，直到茶经的作者陆羽将"荼"字减一画才写成"茶"，因此有茶起源于唐代的说法。其他还有起源于神农、起源于秦汉等说法。

（一）神农说

唐代陆羽《茶经》中说："茶之为饮，发乎神农氏。"在中国的文化发展史上，往往是把一切与农业、植物相关的事物起源最终都归结于神农氏。而中国饮茶起源于神农的说法也因民间传说而衍生出不同的观点。有人认为茶是神农在野外以釜锅煮水时，刚好有几片叶子飘进锅中，煮好的水其色微黄，喝入口中生津止渴、提神醒脑，神农以过去尝百草的经验，判断它是一种药而发现的，这是有关中国饮茶起源最普遍的说法。

另外一种说法则是从语音上加以附会，说是神农有个水晶肚子，由外观可见食物在胃肠中蠕动的情形，当他尝茶时，发现茶在肚内到处流动，查来查去，把肠胃洗涤得干干净净，因此神农称这种植物为"查"，再转成"茶"字，而成为茶的起源。

（二）西周说

晋朝常璩《华阳国志·巴志》中记载："周武王伐纣，实得巴蜀之师，……茶蜜……皆纳贡之。"这一记载表明在周朝的武王伐纣时，巴国就已经以茶与其他珍贵产品纳贡于周武王了。《华阳国志》中还记载，那时已有了人工栽培的茶园。

（三）秦汉说

西汉王褒所著《僮约》是现存最早且较可靠的茶学资料。此文撰于汉宣帝三年（前59年）正月十五日，是在茶经之前茶学史上最重要的文献，说明了当时茶文化的发展状况，内容如下："舍中有客，提壶行酤，汲水作餔。涤杯整案。园中拔蒜，断苏切脯，筑肉臛芋，脍鱼炰鳖。烹茶尽具，已而盖藏。舍后有树，当裁作船。上至江州，下到湔主。为府掾求用钱，推访恶败棕索。绵亭买席，往来都洛。当为妇女求脂泽，贩于小市。归都担枲，转出旁蹉。牵犬贩鹅。武阳买茶，杨氏池中担荷。往市聚，慎护奸偷。"其中"烹茶尽具""武阳买茶"，经考核，"茶"即今"茶"。由文中可知，茶已成为当时社会饮食的一环，且为待客以礼的珍稀之物，由此可见茶在当时社会的重要地位。

（四）六朝说

有人认为茶起于"孙皓以茶代酒"，有人认为茶系"王肃茗饮"而始，日本、印度则流传饮茶系起于"达摩禅定"的说法。然而秦汉说有史料证据，确凿可考，因而削弱了六朝说的正确性。

（五）达摩禅定

传说菩提达摩自印度东行中国，誓言以九年时间停止睡眠进行禅定，前三年达摩如愿成功，但后来渐不支终于熟睡，达摩醒来后羞愤交加，遂割下眼皮，掷于地上。不久后掷眼皮处生出小树，枝叶扶疏，生意盎然。此后五年，达摩相当清醒，然还差一年又遭睡魔侵入，达摩采食了身旁的树叶，食后立刻脑清目明，心志清楚，方得以完成九年禅定的誓言。达摩采食的树叶即后代的茶，此乃饮茶起于六朝达摩的说法。

（六）孙皓以茶代酒

根据《三国志·韦曜传》的记载，吴国皇帝孙皓率群臣饮酒，规定赴宴的人至少得喝七升，而韦曜酒力不胜，只能喝二升，孙皓便常私下赐茶以代酒。由此可知三国时代上层社会饮茶风气甚盛，同时已有"以茶代酒"的先例了。

（七）王肃茗饮

唐代以前人们称饮茶为"茗饮"，就和煮菜而饮汤一样，是用来解渴或佐餐的。这种说法可由北魏杨衒之所著《洛阳伽蓝记》中的描写窥得。书中记载当时喜欢"茗饮"的主要是南方人，北方人日常则多饮用酪浆，书中尚记载了一则故事：北魏时，南方齐朝的一位官员王肃向北魏称降，刚来时不习惯北方吃羊肉、酪浆的饮食，便常以鲫鱼羹为饭，渴则饮茗汁，一饮便是一斗，北魏首都洛阳的人均称王肃为"漏卮"，就是永远装不满的容器。几年后，北魏孝文帝设宴，宴席上王肃食羊肉、酪浆甚多，孝文帝便问王肃："卿中国之味也。羊肉何如鱼羹？茗饮何如酪浆？"王肃回答道："羊者是陆产之最，鱼者乃水族之长。所好不同，并各称珍。以味言之，甚是优劣。羊比齐鲁大邦，鱼比邾莒小国。唯茗不中与酪作奴。"这个典故一传开，茗汁方有"酪奴"的别名。这段记载说明了茗饮是南人时尚，上至贵族朝士，下至平民均有好者，甚至是日常生活之必需品，而北人则歧视茗饮。当时的人饮茶属牛饮，甚至有人饮至一斛二升，这与后来细酌慢品的饮茶大异其趣。

四、饮茶的起因

茶在中国很早就被认识和利用，也很早就有茶树的种植和茶叶的采制。但是人类最早为什么要饮茶呢？是怎样形成饮茶习惯的呢？

（一）祭品说

祭品说认为茶与一些其他植物最早是作为祭品用的，后来有人尝食后发现食而无害，便"由祭品，而菜食，而药用"，最终成为饮料。

茶叶作为祭品，在尊天敬地或拜佛祭祖时，比一般以茶为礼要更虔诚、讲究一些。君王用于祭典的，全部是进贡的上好茶叶，就是一般寺庙中用于祭佛的，也总是想法选留最好的茶叶。如《蛮瓯志》记称："《觉林院志》崇收茶三等：待客以惊雷荚，自奉以萱草带，供佛以紫茸香。盖最上以供佛，而最下以自奉也。"我国南方很多寺庙都种茶，所收茶叶一飨香客，二以供佛，三堪自用，一般都是作如上三用，但最重视的，还是为敬佛之用。

我国古代用茶作祭，一般有这样三种形式：在茶碗、茶盏中注以茶水；不煮泡只放以干茶；不放茶，只置茶壶、茶盅作为象征。但也有例外者，如明徐献忠《吴兴掌故集》载："我朝太祖皇帝喜顾渚茶，今定制，岁贡奉三十二斤，清明年（前）二日，县官亲诣采造，进南京奉先殿焚香而已。"在宜兴的县志中，也有类似的记载。这就是说，在明永乐迁都北京以后，宜兴、长兴除向北京进贡芽茶外，还要在清明前二日，各贡几十斤茶叶供奉先殿祭祖焚化。

茶叶作为祭品后，进一步被发掘出其菜食和药用的功用，最终才慢慢成为古人必备的日常饮品。

（二）药物说

药物说认为茶"最初是作为药用进入人类社会的"。《神农百草经》中写道："神农尝百草，日遇七十二毒，得茶而解之。"茶的药用价值很早就得到过认可，最早记载药茶方剂的是三国时期张揖所著的《广雅》："荆巴间采茶作饼成米膏出之。若饮，先炙令赤，……其饮醒酒。"992 年，在宋代朝廷组织编著的大型方书《太平圣惠方》中就有药茶一节，收录了药茶方剂 8 首。在宋代的《和剂局方》中，也有药茶的专篇介绍，其中的"川芎茶调散"一方可称得上是较早出现的成品药茶。宋政和年间的大型方书《圣济总录》中，也有应用药茶的经验。元代邹铉增编的《寿亲养老新书》中载有防治老年病的药茶方两首，一是槐茶，二是苍耳茶。元代饮膳太医忽思慧在《饮膳正要》中较为集中地记载了各地多种药茶的制作和功效。元代沙图穆苏撰著的《瑞竹堂经验方》一书中，则载有治痰喘病的药茶方。

明代茶疗之风盛行，药茶的内容、应用范围和制作方法等不断被更新与充实，如午时茶、天中茶、八仙茶、枸杞茶、五虎茶、姜茶、莲花峰茶等。药茶的适用范围遍及内科、外科、儿科、妇科、五官科、皮肤科、骨伤科和养生保健等方面，药茶的剂型也由单一的汤剂发展为散剂、丸剂等多种剂型，使用方法变得更加多样化。

到了清代，药茶干脆成为清代宫廷医学的重要组成部分。慈禧太后就常饮用生津、滋胃、清热、化湿、理气的药茶，而光绪皇帝也会饮用安神、利咽、平胃、和脾、清肝、聪耳的药茶。

（三）食物说

茶集防病、治病、药食功效于一身，有"茶为万病之药"之说，从《神农本草》《神农食经》到李时珍的《本草纲目》，历代古籍对此都有不少记载。以茶入菜，则是中国人民发挥聪明才智，把茶的营养价值和博大精深的饮食文化融会贯通后创造出来的又一养生保健之道。《晏子春秋》云："婴相齐景公时，食脱粟之饭，炙三弋五卵，茗菜而已。"《晋书》则说"吴人采茶煮之，曰茗粥。"由此可见，以茶入菜，在中国有着悠久的历史。

（四）同步说

最初茶可能是作为口嚼的食料，也可能作为烤煮的食物，后来逐渐为药料饮用。茶叶的功用多种多样，古人在长期生产生活的积累中发现茶叶的多种用途是极有可能的事情。茶叶的多种功效在最初就被同步发掘出来，但是作为饮品的生活意义更为凸显一些，于是逐渐得到发展。这几种方式的比较和积累最终发展成为饮茶的习惯。但是也可以考证，茶在社会中各阶层被广泛普及，大致还是在唐代陆羽的《茶经》传世以后。所以宋代有诗云："自从陆羽生人间，人间相学事春茶。"也就是说，茶发明以后，有一千年以上的时间并不为大众所熟知。

第二节

茶文化的发展

中国茶文化源远流长，巴蜀常被称为中国茶业和茶文化的摇篮。六朝以前的茶史资料表明，中国的茶业最初兴起于巴蜀。茶文化的形成与巴蜀地区早期的政治、风俗及茶叶饮用有着密切的关系。

一、三国以前的茶文化启蒙

很多书籍把茶的发现时间定为前 2737—前 2697 年，其历史可推到三皇五帝。西汉已将茶的产地县命名为"荼陵"，即湖南的茶陵。东汉华佗《食论》记录了茶的医学价值。三国魏《广雅》中最早记载了饼茶的制法和饮用："荆巴间采叶作饼，叶老者饼成，以米膏出之。"茶开始以物质形式出现而渗透至其他人文科学而形成茶文化。

神农时期说见唐陆羽《茶经》："茶之为饮，发乎神农氏。"在中国的文化发展史上，往往是将一切与农业、植物相关的事物起源都归结于神农氏的功劳。归到这里以后就再也不能向上推了。也正因为如此，神农才成为农之神。

西周时期说见晋常璩《华阳国志·巴志》："周武王伐纣，实得巴蜀之师，茶蜜皆纳贡之。"这一记载表明在周朝的武王伐纣时，巴国就已经将茶与其他珍贵产品纳贡周武王了。《华阳国志》中还记载，那时已经有了人工栽培的茶园。

秦汉时期说见西汉王褒《僮约》："烹茶尽具""武阳买茶"，经考查，荼即今茶。近年长沙马王堆西汉墓中，发现陪葬清册中有"一笥"竹简文和"一笥"木刻文，经查证为"槚"的异体字，说明当时湖南饮茶颇广。

在我国文学史上，西汉的司马相如与扬雄都是辞赋大家，他们都是巴蜀人，又都是早期著名的茶人。司马相如曾作《凡将篇》，扬雄曾作《方言》，分别从药用角度和文学角度谈到了茶。西汉末期王褒的《僮约》中有"烹茶尽具"一句。王褒是西汉成帝时四川资中人，赋中所提的武阳为现在成都附近的彭山。"烹茶尽具"说明在当时武阳一带，文人雅士们不仅饮茶成风，而且还出现了专门的饮茶用具。

中国西南地区是世界茶树源中心，更确切地说是在云南省，但茶文化的起点却在四川，这是由于当时四川巴蜀的经济、文化要比云南发达。茶原产于以大娄山为中心的云贵高原，后传入蜀。周武王伐纣时，西南诸夷从征，蜀人将茶带入中原地区。大约在商末周初，巴蜀人已经饮茶，前 1066 年，周武王伐纣时，巴蜀人已用所产之茶作为"纳贡"珍品；西汉初期（甘露元年前 53 年），蒙顶山甘露寺普慧禅师（俗名吴理真）便开始人工种植茶树。4 世纪末以前，由于对茶叶的崇拜，巴蜀已出现以茶命人名、以茶命地名的情况。可以说，我国的巴蜀地区是人类饮茶、种植茶最早的地方。古代巴蜀喜好饮茶的多是文人、雅士、隐士和僧人，这些人的共同点是"逸"和"闲"，正是这些茶的"知音"为茶文化的形成奠定了基础。

二、晋代、南北朝的茶文化萌芽

茶以文化的面貌出现是在两晋南北朝时期。在这一时期，随着封建社会的发展，茶叶已成为商品在全国流通，并作为食料、药料、饮品、贡品、祭品等被广泛使用。茶叶从原来珍贵的奢侈品逐渐成为普通饮品。

两晋时期，江南一带"坐席竟下饮"，文人士大夫间流行饮茶，民间也有饮茶。到了南北朝时期，茶风比晋更浓。而南朝因为接近茶叶产地的关系，饮茶更见普及，几乎是"日常茶饭事"。后来随着南北文化的逐渐融合，饮茶风气也渐渐由南向北推广开。茶文化最初是由儒家积极入世的思想开始的。两晋南北朝时期，一些有眼光的政治家提出"以茶养廉"，以对抗当时的奢侈之风。魏晋以来，天下骚乱，文人无以匡时救世，渐兴清谈之风。这些人终日高谈阔论，多兴饮宴，助兴之物必不可少，所以最初的清谈家多酒徒，如竹林七贤。后来清谈之风转移到一般文人身上，但能豪饮的毕竟不多，而茶则可长饮且始终让人保持清醒，于是清谈家们就转向好茶。随着文人饮茶的兴起，有关茶的诗词歌赋日渐增多，茶逐渐脱离作为一般形态的饮食走入了文化圈。

两晋时期，饮茶由上层社会逐渐向中下层传播。晋干宝《搜神记》中说："夏侯恺字万仁，因病死，……如坐生时西壁大床，就人觅茶饮。"这虽是虚构的神异故事，但也反映了普通人家的饮茶事实。《广陵耆老传》中有："晋元帝时有老姥，每旦独提一器茗，往市鬻之，市人竞买。"老姥每天早晨到街市卖茶，市民争相购买，这反映了平民的饮茶风尚。

南朝宋人山谦之《吴兴记》记载："乌程县西二十里，有温山，出御荈""长兴啄木岭，每岁吴兴、毗陵二郡太守采茶宴会于此，有境会亭。"乌程温山产贡茶，长兴县有境会亭，两郡太守在此宴集，督造茶叶。江南一带不仅饮茶，茶叶生产也有一定的规模。《南齐书·武帝本纪》："我灵上慎勿以牲为祭，唯设饼、茶饮、干饭、酒脯而已，天下贵贱，咸同此制。"南朝齐武帝诏告天下，灵前祭品设茶等四样，无论贵贱，一概如此。可见茶已进入寻常百姓家中。

魏晋南北朝时期，是中国固有的宗教——道教的形成和发展时期，同时也是起源于印度的佛教在中国的传播和发展时期，茶以其清淡、虚静的本性和提神疗病的功能广受宗教徒的青睐。在政治家那里，茶是提倡廉洁、对抗奢侈之风的工具；在词赋家那里，茶是引发思维以助清醒的手段；在佛家看来，茶是禅定入境的必备之物。这样，茶的文化、社会功用已超出了它的自然使用功能，使中国茶文化初现端倪。

三、唐代茶文化的形成

"自从陆羽生人间，人间相学事新茶。"中唐时，陆羽《茶经》的问世使茶文化发展到一个空前的高度，标志着唐代茶文化的形成。《茶经》概括了茶的自然和人文科学双重内容，探讨了饮茶艺术，把儒、道、佛三教融入饮茶中，首创中国茶道精神。以后又出现大量茶书、茶诗，有《茶述》《煎茶水记》《采茶记》《十六汤品》等。唐代茶文化的形成与禅宗的兴起有关，因茶有提神益思、生津止渴的功能，故寺庙崇尚饮茶，在寺院周围植茶树，制定茶礼、设茶堂、选茶头，专呈茶事活动。在唐代形成的中国茶道分宫廷茶道、寺院茶礼、文人茶道。《茶经》是个里程碑，千百年来，历代茶人对茶文化的各个方面进行了无数次的尝试和探索，直至《茶经》诞生后茶方大行其道，因此它具有划时代的意义。

唐代，中国茶文化已基本形成，具体表现在以下几个方面。

（1）有了较丰富的茶叶物质，茶叶生产、加工有了一定的规模。

（2）茶叶科学已形成了较为完整的体系，茶事活动由实践开始上升到理论。

（3）饮茶在精神领域有了较完美的体现，如茶道、茶礼、茶文化与中国的儒、释、道哲学思想紧密结合。

（4）有较多的茶文化著作和茶诗茶画作品产生。

（5）作为上层建筑的茶政开始出现。

中唐封演《封氏闻见记》卷六饮茶载："南人好饮之，北人初不多饮。开元中，泰山灵岩寺有降魔师，大兴禅教。学禅务于不寐，又不夕食，皆许其饮茶。人自怀狭，到处煮饮，从此转相仿效，遂成风俗。……于是茶道大行，王公朝士无不饮者。……穷日竟夜，殆成风俗。始自中地，流于塞外。"封演认为禅宗促进了北方饮茶的形成。唐代开元以后，中国的"茶道"盛行，饮茶之风弥漫朝野，"穷日竟夜""遂成风俗"，且"流于塞外"。晚唐杨华《膳夫经手录》载："至开元、天宝之间，稍稍有茶；至德、大历遂多，建中以后盛矣。"杨华认为茶始兴于玄宗朝，肃宗、代宗时渐多，德宗以后盛行。《茶经》《封氏闻见记》《膳夫经手录》关于饮茶发展和普及的观点基本一致。开元以前，饮茶不多，开元以后，特别是建中（780年）以后，举凡王公朝士、三教九流、士农工商，无不饮茶。不仅中原广大地区饮茶，而且边疆少数民族地区也饮茶，甚至出现了茶铺，"自邹、齐、沧、棣，渐至京邑城市，多开店铺，煎茶卖之。不问道俗，投钱取饮。"

知识链接

茶经

《茶经》（图5-1）是中国乃至世界现存最早、最完整、最全面地介绍茶的第一部专著，被誉为"茶叶百科全书"，由中国茶道的奠基人陆羽所著。此书是一部关于茶叶生产的历史、源流、现状、生产技术，以及饮茶技艺、茶道原理的综合性论著，是一部划时代的茶学专著。它既是一部精辟的农学著作，又是一本阐述茶文化的书。它将普通茶事升格为一种美妙的文化艺能。它是中国古代专门论述茶叶的一类重要著作，推动了中国茶文化的发展。自唐代陆羽《茶经》到清末程雨亭的《整饬皖茶文牍》，茶方面的专著共计100多种，包括茶法、杂记、茶谱、茶录、茶经、煎茶、品茶、水品、茶税、茶论、茶史、茶记、茶集、茶书、茶疏、茶考、茶述、茶辩、茶事、茶诀、茶约、茶衡、茶堂、茶乘、茶话、茶英、茗谭等。绝大多数都是大文豪或大官吏所作，可惜大部分已经失传。另外，在书中有关茶叶的诗歌、散文、记事也有几百篇。

《茶经》的问世是中国茶文化发展到一定阶段的重要标志，是唐代茶业发展的需要和产物，是当时中国人民关于茶的经验的总结。作者详细收集历代茶叶史料、记述亲身调查和实践的经验，对唐代及唐代以前的茶叶历史、产地、茶的功效、栽培、采制、煎煮、饮用的知识和技术都作了阐述，是中国古代最完备的一部茶书，使茶叶生产从此有了比较完整的科学依据，对茶叶生产的发展起到一定的推动作用。《茶经》一问世，就成为人之至爱，被盛赞为茶业的开创之功。

《茶经》成为世界上第一部茶学专著，是陆羽对人类的一大贡献。全书分上、中、下三卷共 10 个部分。其主要内容和结构包括一之源、二之具、三之造、四之器、五之煮、六之饮、七之事、八之出、九之略、十之图。

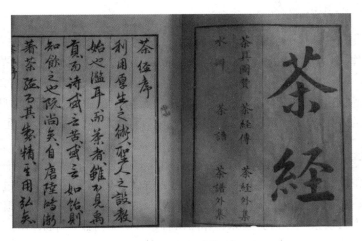

图 5-1　陆羽《茶经》

四、宋代茶文化的兴盛

宋代茶业已有很大发展，在文人中出现了专业品茶社团，有官员组成的"汤社"、佛教徒的"千人社"等。宋太祖赵匡胤是位嗜茶之士，在宫廷中设立茶事机关，宫廷用茶已分等级。茶仪已成礼制，赐茶成为皇帝笼络大臣、眷怀亲族的重要手段，还赐茶给国外使节。至于下层社会，茶文化更是丰富多彩。有人迁徙，邻里要"献茶"；有客来，要敬"元宝茶"；订婚时要"下茶"；结婚时要"定茶"；同房时要"合茶"。民间斗茶风起，带来了采制烹点的一系列变化。

宋承唐代饮茶之风，日益普及。宋梅尧臣《南有嘉茗赋》云："华夷蛮貊，固日饮而无厌，富贵贫贱，亦时啜无厌不宁。"宋吴自牧《梦粱录》卷十六"鳌铺"载："盖人家每日不可阙者，柴米油盐酱醋茶。"自宋代始，茶就成为开门"七件事"之一。宋徽宗赵佶《大观茶论》序云："缙绅之士，韦布之流，沐浴膏泽，薰陶德化，盛以雅尚相推，从事茗饮。故近岁以来，采择之精，制作之工，品第之胜，烹点之妙，莫不咸造其极。"

唐宋时期，我国城市经济有了很大发展。在日益繁荣的城市中，产生了这样一个市民阶层，他们既不是经常调动岗位的文人、官吏、士卒，也不是完全老死乡里的农民，而是活跃在各城镇的商人、工匠、挑夫、贩夫，以及为城镇上层服务的各色人等。这些人较之乡民见识广，而比上层社会的人更重人情友谊，生活在城市中，比邻而居，街市相见，却又不像乡里以血缘、族亲为纽带，他们需要彼此沟通，彼此照应，茶坊便是他们常聚的场所。

宋代茶文化的发展是劳动人民智慧的结晶，同时也与当时统治阶级大力提倡茶文化有一定关系。宋朝历代皇帝都有嗜茶之好。中国唯有宋代有一位皇帝为茶著书立说，这就是宋徽宗赵佶的《大观茶论》。宋代茶文化的兴盛发达跟一批热心茶文化事业的文人、茶人也是分不开的。共有 370 多位爱茶人写过有关茶叶的诗词、散文和专著。据统计，宋代的茶诗已达千首，大诗人陆游还获得"茶状元"的雅号。

五、明清茶文化的普及

明清时期已出现蒸青、炒青、烘青等各茶类，茶的饮用已改成"撮泡法"，明代不少文人雅士留有传世之作，如唐伯虎的《烹茶画卷》《品茶图》，文徵明的《惠山茶会记》《陆羽烹茶图》《品茶图》等。茶类增多，泡茶的技艺有别，茶具的款式、质地、花纹千姿百态。晚明时期，文士们对品饮之境又有了新的突破，讲究"至精至美"之境。在那些文人墨客看来，事物的至精至美的极致就是"道"，而"道"存在于事物之中。张源首先在其《茶录》一书中提出了自己的"茶道"之说："造时精，藏时燥，泡时洁。精、燥、洁，茶道尽矣。"他认为茶中有"内蕴之神"即"元神"，发抒于外者叫作"元体"，两者互依互存，互为表里，不可分割。元神是茶的精气，元体是精粹外观的色、香、味。只要在事茶的过程中，做到淳朴自然、质朴求真、玄微适度、中正冲和，便能求得茶之真谛。张源的茶道追求茶汤之美、茶味之真，力求进入目视茶色、口尝茶味、鼻闻茶香、耳听茶涛、手摩茶器的完美之境。

张大复则在此基础上更进一层，他说："世人品茶而不味其性，爱山水而不会其情，读书而不得其意，学佛而不破其宗。"他想告诉人们的是，品茶不必斤斤计较其水其味之表象，而要求得其真谛，即通过饮茶达到一种精神上的愉悦，一种清心悦神、超凡脱俗的心境，以此达到超然物外、情致高洁的仙境，一种天、地、人融通一体的境界，这可以说是明人对中国茶道精神的发展与超越。到清朝时，茶叶出口已成一种重要行业，茶书、茶事、茶诗不计其数。

明清时期，中国茶业出现了较大的变化，唐宋茶业的辉煌，主要表现在茶学的深入及茶叶加工，特别是贡茶加工技术的精深。而明清时期，这种传统的茶学、茶业及茶文化因为经过宋元的社会动荡，而发生了很大的变化，也形成了自己的特色。

六、现代茶文化的发展

中华人民共和国成立后，我国茶叶从 1949 年的年产 7 500 吨发展到 1998 年的 60 余万吨。茶物质财富的大量增加为我国茶文化的发展提供了坚实的基础，1982 年，在杭州成立了第一个以弘扬茶文化为宗旨的社会团体——"茶人之家"；1983 年湖北成立"陆羽茶文化研究会"；1990 年，"中国茶人联谊会"在北京成立；1991 年，中国茶叶博物馆在杭州西湖乡正式开放；1993 年，"中国国际茶文化研究会"在湖州成立；1998 年，中国国际和平茶文化交流馆建成。随着茶文化的兴起，各地茶艺馆越办越多。国际茶文化研讨会吸引了世界各地的人纷纷参加。各省各市及主产茶县纷纷主办"茶叶节"，如福建武夷市的岩茶节，云南的普洱茶节，浙江新昌、泰顺和湖北英山及河南信阳的茶叶节等，都以茶为载体，促进全面的经济贸易发展。

现代社会依靠高科技和信息，创造更多的社会财富，物质财富将越来越多，生活也将更加富裕。社会发展的经验表明，现代化不是唯一目标，现代化社会需要与之相适应的精神文明，需要发掘优秀传统文化的精神资源。茶文化所具有的历史性、时代性的文化因素及合理因素，在现代社会中正在发挥其自身的积极作用。茶文化是高雅文化，社会名流和知名人士乐意参加；茶文化也是大众文化，民众广为参与。茶文化覆盖全民，影响到整个社会。

茶文化对现代社会的作用主要有以下五个方面。

（1）茶文化以德为中心，重视人的群体价值，倡导无私奉献，反对见利忘义和唯利是图。主张义重于利，注重协调人与人之间的相互关系，提倡对人尊敬，重视修生养德，有利于人的心态平衡，解决现代人的精神困惑，提高人的文化素质。

（2）茶文化是应对人生挑战的益友。在激烈的社会竞争、市场竞争下，由于紧张的工作、应酬、复杂的人际关系，人们身上的压力较大。参与茶文化，可以放松身心，以应对人生的挑战，香港茶楼就是典型的例证。

（3）茶文化有利于社区文明建设。经济发展了，但文化不能落后，社会风气不能污浊，道德不能沦丧。改革开放后，茶文化的传播表明，茶文化有改变社会不正当消费活动、创建精神文明、促进社会进步的作用。

（4）茶文化对提高人们生活质量、丰富文化生活的作用明显。茶文化具有知识性、趣味性和康乐性，品尝名茶、茶点，观看茶具、茶俗、茶艺，都给人一种美的享受。

（5）茶文化促进开放，推进国际文化交流。上海市闸北区连续举办四届国际茶文化节，扩大了闸北区对内对外的知名度，且决心将茶文化节一直办下去，并在闸北公园投资兴建茶文化景点，以期建成茶文化大观园。

七、中国的茶道精神

中国的茶道精神以静心为基础，包含了对事物的审美，容纳了文人对雅致的追求，并且处处显示着和谐之美，"清""静""和""雅"是当代茶文化的核心价值理念。在中国茶文化的发展史上，陆羽的"精行俭德"、庄晚芳的"廉美和敬"、日本茶道的"和敬清寂"及海内外相关茶道茶艺流派的"理""融""静""正""真"等，都是有关茶文化精神实质或是茶道精神的深刻阐述。"静""美""雅""和"既是对传统茶文化精神的继承发展，也是对当代茶文化核心价值理念的高度概括和提炼升华。

（一）静

静是指入静和静心，品茶最好能寻一静处，约几个茶友共饮，或一个人独饮，喧嚣中寻一份宁静，杂乱的内心便可清净。繁忙的工作需要放松，生活的压力需要缓解，觅得一静处，燃一炷清香，泡一杯清茶，然后细细地品味，便会发现人们品的是茶，静的是心，悟的是人生，涤的是灵魂。

独在幽处品茶，常在静室听雨，也是人生中的快事。品茶寻觅外在的静处是表象，使内心静下来才是追求。寻闲觅静，择一尘埃落定处，拂拭内心，喧嚣归静，一盏茶，一缕风，一炷香，静谧的时光最是宁静和祥和。

（二）美

茶之美，在茶叶冲泡时的美，茶叶在水中的绽放体现了茶的生命之美，茶叶的起起落落体现了茶的灵秀之美，茶叶的浮浮沉沉体现了茶如人生的跌宕之美。茶的美还在于它吸收了天地云雾的精华，也吸收了日夜星辰的寄托。

茶之美，还在器具的美，或是一个普通的玻璃杯，或是一只素雅的瓷质盖碗，或是一把古朴雅致的紫砂壶，不同的茶用不同质地的容器，方能品味出不同的滋味和韵味，合适的器具可以使人们更好地品味茶的香味，也可以使人们欣赏不同器具本身的美和韵味。

茶之美，还在泡茶人的动作和神韵之美，其行云流水的手法和优雅的动作，以及从容的内心和恬淡的气质都是风景，所以泡茶的整个过程都是美的享受。

（三）雅

茶之雅，在于茶本身的致清导和、韵高致静，茶文化本身就是雅文化的代表，古代文人雅客都以饮茶为雅事，其中有的人还给茶起了很多雅致的名字，其一为"云华"，皮日休《寒日书斋即事》有云："深夜数瓯唯柏叶，清晨一器是云华。"还有一名为"碧霞"，元代耶律楚材有诗云："红炉石鼎烹团月，一碗和香吸碧霞。"碧霞与云华一样，都是天上才有的东西，令人无限向往。

茶之雅还在茶烟，煮茶之处，必有茶烟，茶烟之美令人陶醉。故茶烟也是古代文人墨客经常赞美的东西，如唐代杜牧《题禅院》中云："今日鬓丝禅榻畔，茶烟轻飏落花风。"朱熹《武夷精舍杂咏茶灶》中云："饮罢方舟去，茶烟袅细香。"

茶之雅，还在饮茶之人，爱茶之人多是文人墨客或高雅隐士，他们或在朝堂上，或藏于名山大川，或在市井之间，他们都以饮茶为雅事，品茶也体现了他们超脱闲逸的雅致追求。

（四）和

茶道精神的核心是"和"，"和"是指天和、地和、人和。"天和"是指采茶时需要天时，即采收的时间要合适；"地和"是指茶树要在某一特定的位置，才能出好茶，茶叶的质量对海拔和气候的要求非常严格；"人和"是指制茶师傅的手艺要高超，若制茶工序中有一项没有掌握好，就会功亏一篑；泡茶时，泡茶人手艺也要纯熟，投茶量、选水、水温等都要适中。"和"是一切恰到好处，无过也无不及；"和"是以茶为媒介，实现天地人及自然的和谐之道；"和"还指喝茶需要一种平和的心境，一种淡然、朴实的超脱，持一颗安然平和之心，从容面对生活的起起落落。

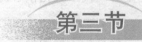

第三节
中国茶叶的种类

一、茶叶的分类

中国的茶叶种类很多，分类也自然很多，但被大家熟知和广泛认同的就是按照茶的色泽与加工方法分类，即六大茶类分类法：绿茶、红茶、乌龙茶、黄茶、白茶、黑茶。

中国茶叶的
分类及特点

（一）绿茶

绿茶，是中国的主要茶类之一。绿茶是采用茶树的新叶或芽，经杀青、揉捻、干燥三个主要步骤而制成的茶，保留了鲜叶的天然物质，是不发酵茶。也正是因为未经过发酵，其制成品的色泽和冲泡后的茶汤较多地保存了鲜茶叶的绿色格调，这也是绿茶名称的由来。

绿茶是历史最早的茶类。古代人类采集野生茶树芽叶晒干收藏，可以看作广义上的绿茶加工的开始，距今至少有三千多年。但真正意义上的绿茶加工，是从 8 世纪发明蒸青制法开始，到 12 世纪又发明炒青制法，绿茶加工技术已比较成熟，一直沿用至今，并不断完善。

绿茶为我国产量最大的茶类，产区分布于各产茶省、市、自治区。其中以浙江、安徽、江西三省产量最高、质量最优，是我国绿茶生产的主要基地。在国际市场上，我国绿茶占国际贸易量的 70% 以上。在国际市场上绿茶销量占内销总量的 1/3 以上。同时，绿茶又是生产花茶的主要原料。

绿茶不仅"绿"在其色彩，更代表着健康。绿茶是未经发酵制成的茶，保留了大量的鲜叶的天然物质，含有的茶多酚、儿茶素、叶绿素、咖啡碱、氨基酸、维生素等营养成分也较多。常饮绿茶能防癌，降脂和减肥，对吸烟者也可减轻其受到的尼古丁伤害。

杀青对绿茶品质起着决定性的作用。通过高温，破坏鲜叶中酶的特性，制止多酚类物质氧化，以防止叶子红变，同时蒸发叶内的部分水分，使叶子变软，为揉捻造形创造条件。随着水分的蒸发，鲜叶中具有青草气的低沸点芳香物质挥发消失，从而使茶叶香气得到改善。绿茶一般按其杀青方式分类，可分为炒青绿茶、烘青绿茶、晒青绿茶和蒸青绿茶四种。

1. 炒青绿茶

炒青绿茶最早源于明代，由蒸变炒而来，目前是我国最常见，也是产量最多的一种茶类。其主要通过杀青、揉捻（有些茶不揉捻，直接锅中塑形）、炒干而成。炒青绿茶大多色泽绿润，香气上以栗香居多，也有清香型。炒青绿茶滋味浓醇爽口，叶底黄绿明亮。

炒青绿茶在杀青后会用不同的手法来造型，按照形状来分，又可分为以下 4 种。

（1）长形炒青，也就是常说的眉茶。其主要有安徽屯溪、休宁的屯绿炒青；江西的婺绿炒青等。

（2）圆形炒青，也就是珠茶。其外形浑圆紧结、香高味浓。

（3）扁形炒青。其最具代表性的就是浙江龙井，以及安徽的大方茶。

（4）卷曲形炒青，如江苏洞庭碧螺春。

2. 烘青绿茶

烘青一般是用烘笼进行烘干。烘青绿茶的特点是外形完整稍弯曲、锋苗显露、干色墨绿、香清味醇、汤色叶底黄绿明亮。

烘青绿茶大部分用于熏制花茶，称为茶坯。花茶又名香片，利用茶善于吸收异味的特点，将有香味的鲜花和新茶一起闷，茶将香味吸收后再把干花筛除，制成的花茶香味浓郁，茶汤色深。也有许多名茶属于烘青绿茶，如黄山毛峰、太平猴魁、六安瓜片等都属于烘青绿茶。

3. 晒青绿茶

晒青绿茶是用日光进行晒干的。由于太阳晒的温度较低，时间较长，较多地保留了鲜叶的天然物质，制出的茶叶滋味浓重，且带有一股日晒特有的味道，喜欢的茶人谓之"浓浓的太阳味"。

晒青茶中质量以云南大叶种所制的滇青最好。滇青生产已有千年历史，是制造沱茶和普洱茶的优质原料。

4. 蒸青绿茶

蒸青绿茶是指利用蒸汽来杀青的制茶工艺而获得的成品绿茶，具有"三绿一爽"的品质特征，即色泽翠绿、汤色嫩绿、叶底青绿、茶汤滋味鲜爽甘醇。

恩施玉露、仙人掌茶等是国内仅存不多的两种蒸青绿茶。日式抹茶也属于蒸青绿茶。南宋时期，日本僧人来访中国，将抹茶带回日本，启发了日本茶道的兴起。如今，日本的蒸青茶，除抹茶外，还有玉露、煎茶、碾茶、番茶等。但蒸青绿茶的故乡是中国。它是我国古代最早发明的一种茶类，比炒青的历史更悠久。

我国著名的绿茶品种包括西湖龙井、太湖碧螺春、黄山毛峰、六安瓜片、君山银针、信阳毛尖、太平猴魁、庐山云雾、四川蒙顶等。

（二）红茶

红茶属全发酵茶，是以适宜的茶树新牙叶为原料，经萎凋、揉捻、发酵、干燥等一系列工艺过程精制而成的茶。红茶在加工过程中发生了以茶多酚酶促氧化为中心的化学反应，鲜叶中的化学成分变化较大，茶多酚减少90%以上，产生了茶黄素、茶红素等新成分，香气物质比鲜叶明显增加，所以，红茶具有红茶、红汤、红叶和香甜味醇的特征。

制茶工艺中的"发酵"，与人们生活中接触最多的食品发酵是完全不同的。在绝大部分制茶工艺中，茶叶的"生物氧化"是细胞壁破损后，存在于细胞壁的氧化酶类促进儿茶素类进行的一系列氧化过程，这一过程是不依赖微生物的参与的，甚至不算是真正的"发酵"，只是在中国茶叶的惯用语境中被大家称为"发酵"。

红茶含有维生素、咖啡因、氨基酸、矿物质、多糖、茶多酚等多种营养和功效成分，具有辅助降血糖、降血压、降血脂的功效。红茶中的茶色素具有抗氧化、抗肿瘤、抗炎抑菌、抗突变、抗病毒、除臭等功效。红茶还可以帮助胃肠消化、促进食欲。中医认为，茶也分寒热，如绿茶属苦寒，适合夏天喝，用于消暑；红茶、普洱茶偏温，较适合冬天饮用；至于乌龙茶、铁观音等较为中性。

红茶的鼻祖在中国，世界上最早的红茶由中国明朝时期福建武夷山茶区的茶农发明，名为"正山小种"。17世纪初正山小种流入欧洲，当时红茶成为一种来自东方的奢侈品。17世纪中叶，葡萄牙公主凯瑟琳带着221磅红茶和精美的中国茶具嫁给了英国国王查理二世，从此英国贵族们纷纷效仿新王后高雅地品饮红茶的习惯，品茗风尚迅速风行并成为高贵的象征。19世纪，一位叫安娜的公爵夫人更是发明了流行至今的"英式下午茶"。英国人挚爱红茶，渐渐地把饮用红茶演变成一种高尚华美的红茶文化，并把它推广到了全世界。

红茶可细分为工夫红茶、小种红茶、红碎茶三大类。

1. 工夫红茶

工夫红茶也称条形茶，因为初制时要特别注重条索的完整紧结，精制时也需要花很大工夫，便被取了"工夫红茶"这个名字。不同种类的工夫红茶一般用地名命名，如闽红工夫、滇红工夫、祁门工夫等，全国十九个产茶省份中有十二个都曾生产过工夫红茶。

工夫红茶外形条索细紧，色泽乌润。冲泡后，汤色、叶底红亮，香气馥郁，滋味甜醇。其中的代表茶叶是祁门红茶，世界四大红茶之一，享有"红茶皇后"的美誉，是工夫红茶中的世界级"明星选手"。

2. 小种红茶

小种红茶是最古老的红茶，同时也是其他红茶的鼻祖，其他红茶都是从小种红茶演变而来的。小种红茶可分为"正山小种"和"外山小种"。

正山小种产于武夷山桐木关，是世界上第一种红茶。正山小种初创后，外地纷纷效仿，一时间出现了各种各样的"小种"，于是桐木为显示其茶叶的正宗，将其命名为"正山小种"。

从味道上区分这两种茶，正山小种外形条索肥实，色泽乌润，泡水后汤色橙黄透亮，香气自然，类花果香，滋味醇厚；烟熏小种带松烟香，桂圆汤味。加入牛奶，茶香味不减，形成糖浆状奶茶，液色更为绚丽。外山小种则相对缺少几分。

3. 红碎茶

红碎茶是指将新鲜的茶叶经凋萎、揉捻后，用机器切碎呈颗粒型碎片，然后经发酵、烘干而制成，与工夫红茶最大的区别就是，红碎茶的外形比较细碎，所以才称为红碎茶。红碎茶是国际茶叶市场上的最主流茶叶，目前占世界茶叶总出口量的80%左右。

红碎茶起源于印度，十九世纪初英国将茶籽和种植、制茶技术带到印度，时至今日，印度成为世界上红碎茶生产和出口量最大的国家。红碎茶制法多样，但红碎茶的花色分类和规格基本一致，红碎茶共有叶茶、碎茶、片茶、末茶四个花色，这四类中叶茶中不能含碎片茶，碎片茶中不含末茶，末茶中不含茶灰，红碎茶在国际市场上拥有一套完整严格的规格体系。

我国红茶品种主要包括祁红、滇红、越红、泉城红、苏红、川红、英红、东江楚云仙红茶等。

（三）乌龙茶

乌龙茶属于青茶、半发酵茶。其品种较多，是中国独具鲜明特色的茶叶品类。乌龙茶综合了绿茶和红茶的制法，品质介于两者之间，既有红茶的浓鲜味，又有绿茶的清香，所以有"绿叶红镶边"的美誉。乌龙茶创制于明清时期，福建安溪茶农在绿茶制法的基础上发展成乌龙茶制法，先传入闽北、广东，后传入台湾地区。

乌龙茶最大的特点，莫过于做青（乌龙特有工艺）导致乌龙茶发生轻微发酵（氧化），即部分发酵，使滋味和香气发生转换，产生变幻无穷的香气类型。正因为发酵有轻重，工艺变化多端，加之产地多样，造就了乌龙茶丰富多彩的滋味和香气，百般"山韵""岩味""观音香"，千种"花香""熟果香""蜜香"，排列组合，渐次而出。

乌龙茶的流派和分法很多（如工艺、品种、香气类型等），根据产地可分为闽北、闽南、广东和台湾地区四大类别。其中，福建乌龙产量最大。

1. 闽北乌龙

闽北乌龙主要集中在武夷山一带，武夷山位于福建崇安东南部，方圆60千米，有36峰、99名岩，岩岩有茶，茶以岩名，岩以茶显，故名武夷岩茶。武夷产茶历史悠久，唐代已栽制茶叶，宋代列为皇家贡品，元代设立御茶园专门采制贡茶，明末清初创制了乌龙茶，武夷山栽种的茶树，品种繁多，比较出名的有四大名丛（大红袍、白鸡冠、铁罗汉、水金龟）。而最普遍的品种莫过于肉桂和水仙，武夷山也有"醇不过水仙，香不过肉桂"的说法。

2. 闽南乌龙

闽南乌龙原发于泉州安溪，主要的出产品种就是铁观音，采用包揉的做法，茶形基本上接近球状，花香很讨喜。除此之外，还有毛蟹、本山、黄金桂、乌龙等品种。

3. 广东乌龙

广东乌龙主要集中在潮汕一带，尤其以潮安凤凰山的凤凰单枞最为出名，在广东以及香港、澳门、台湾地区都深受欢迎，在东南亚各国也很畅销。广东人习惯用香气类型来命名茶叶品种，产量最大的应该算是黄枝香和蜜兰香。除此之外，因为树种特别、香气多变，还有玉兰香、芝兰香、桂花香、杏仁香、夜来香、姜花香、肉桂香和茉莉香等。

4. 台湾乌龙

台湾乌龙和闽南乌龙有着很深的渊源，早期从福建过去台湾地区的人民带去了大量的茶树种和工艺。台湾乌龙茶的特点就是带梗，但茶叶中的茶梗比较软，汁液比较多，加上台湾地区独特的包揉工艺，带梗的茶叶更能凸显高山茶的韵味，所以台湾乌龙更讲究高山韵味。其代表品种有文山包种、白毫乌龙、冻顶乌龙等。

（四）黄茶

黄茶，属微发酵茶（发酵度为10%～20%），黄茶的品质特点是"黄叶黄汤"。在崇尚绿茶的时代，因不善制茶或低温杀青，或杀青时间过长，或杀青后干燥不及时等因素，茶坯在水热作用下，发生了非酶性的自动氧化，形成了黄叶黄汤，阴错阳差，无意间诞生了黄茶。很多茶类的诞生，都是一场美丽的误会，而这种误会，恰恰造就了茶叶世界的五彩缤纷。

焖堆渥黄这道工序是黄茶的核心所在，所谓焖堆渥黄，是指将杀青过后的茶叶用纸包好，或堆积用湿布盖上，促使茶坯在水热作用下进行非酶性的自动氧化，形成黄色。黄茶芽叶细嫩，显毫，香味鲜醇。按鲜叶老嫩芽大小划分，可分为黄芽茶、黄小茶和黄大茶三类。

（1）黄芽茶。鲜叶最为细嫩，于谷雨前后采摘，采摘标准为一芽一叶至二叶初展，黄芽茶有君山银针、蒙顶黄芽和霍山黄芽等，其中君山银针最为名贵，属于中国名茶之一，雅称"金镶玉"。著名的品种还有四川名山的蒙顶黄芽、安徽霍山的霍山黄芽、浙江德清的莫干黄芽等。

（2）黄小茶。细嫩芽叶制成的，统称为黄小茶，多为一芽一叶、一芽二叶，但品质不及黄芽茶，如沩山毛尖、平阳黄汤、雅安黄茶等均属黄小茶。

（3）黄大茶。用粗老原料制成的，称为黄大茶，采摘标准为一芽三四叶或一芽四五叶。如安徽皖西金寨、霍山黄芽、湖北英山和广东大叶青都是黄大茶。

（五）白茶

白茶，属轻微发酵茶类。顾名思义，这种茶是白色的，一般地区不多见。白茶产于福建的福鼎、政和、松溪和建阳等县，台湾地区也有少量生产。白茶生产已有200年左右的历史，最早是由福鼎市首创的。该县有一种优良品种的茶树——福鼎大白茶，茶芽叶上披满白茸毛，是制茶的上好原料，最初用这种茶片生产出白茶。人们采摘了细嫩、叶背多白茸毛的芽叶，加工时不炒不揉，晒干或用文火烘干，使白茸毛在茶的外表完整地保留下来，这就是它呈白色的缘故。

白茶最主要的特点是毫色银白，素有"绿妆素裹"之美感，且芽头肥壮，汤色黄亮，滋味鲜醇，叶底嫩匀。冲泡后品尝，滋味鲜醇可口，还能起药理作用。中医药理证明，白茶性清凉，具有退热降火之功效，海外侨胞往往将白茶中的银针茶视为不可多得的珍品。

按照茶青采摘部位的不同及时间的不同划分，白茶的主要品种有白毫银针、白牡丹、寿眉、贡眉四种。

1. 白毫银针

白毫银针采摘的全是茶树的芽头，是白茶中的极品，茶梗上白毫覆盖、色泽如雪、外形似针而得名，在众多的茶叶中，它是外形最优美者之一，令人喜爱。又因为白毫银针香气清鲜，汤色淡黄，滋味鲜爽甜润，又被大家称为"茶中美女""茶王"。

2. 白牡丹

白牡丹以茶树的一芽一二叶作为原料，因为芬芳馥郁的花香深受欢迎。白牡丹的另一个特点就是外观上的小巧精致，精雕细琢般的嫩绿叶片，簇拥着银白、剔透的毫心，形似优雅纯洁的牡丹花，故得美名。

3. 寿眉

寿眉是白茶中产量相对高的一种，由芽头、叶片还有茶梗构成，采摘的标准是一芽三叶或一芽四叶。寿眉的成茶和前两者相比是略微纤细瘦小的，然而叶片肥硕，很好地弥补了这一点。优质的寿眉毫心明显，茸毫色白且多，干茶色泽翠绿，冲泡后汤色呈橙黄色或深黄色，叶底匀称、妥帖、明亮，品饮时滋味醇爽、香气鲜纯。

4. 贡眉

贡眉的原料树种是群体种，是福鼎当地土生土长的、用种子繁殖的茶树，俗称菜茶。外形叶张细嫩，叶面偏小，毫心细密，色泽灰绿，一般是春季头春就开始采摘，采摘标准为一芽一二叶，采摘标准等同于白牡丹。

无论是寿眉还是贡眉、白牡丹、白毫银针，不同的茶叶，有的清香，有的醇厚，有的苦涩带甜，滋味不一，也无法比较，茶无上品，适口为佳。

（六）黑茶

黑茶为后发酵茶，主产区为四川、云南、湖北、湖南等地区。黑茶使用的原料为成熟的鲜叶，一般经过四步加工工艺制成，分别是杀青、揉捻、渥堆、松柴火干燥四个步骤。经过加工的黑茶色泽油亮、显黑色，滋味醇厚温和，汤色鲜红明亮，有些黑茶还带了淡淡的松香味。形态方面，黑茶形态有散装的散茶，也有压制成型的紧压茶。黑茶的原料相对比较粗老，发酵完成以后呈现黑亮色泽，因此被人们称为黑茶。中国西北边区素有"宁可三日无粮，不可一日无茶"之说，这个茶指的就是黑茶。

黑茶是微生物参与渥堆过程形成的一种茶叶。由于它的含量与红茶和绿茶有很大的差异，其功能也有所不同。它在降血脂、降血压、降血糖、减肥方面的效果显著。

按地域分布，黑茶主要可分为湖南黑茶（茯茶、千两茶、黑砖茶、三尖等）、湖北青砖茶、四川藏茶（边茶）、安徽古黟黑茶（安茶）、云南黑茶（普洱茶）、广西六堡茶、陕西黑茶（茯茶）。

1. 湖南安化黑茶

湖南安化黑茶主要集中在安化生产，最好的黑茶原料数高马二溪产茶叶。湖南黑茶是采割下来的鲜叶经过杀青、初揉、渥堆、复揉、干燥五道工序制作而成。湖南黑茶条索卷折成泥鳅状，色泽油黑，汤色橙黄，叶底黄褐，香味醇厚，具有松烟香。黑毛茶经蒸压装篓后称为天尖，蒸压成砖形的是黑砖、花砖或茯砖等。

2. 湖北老青茶

老青茶产于蒲圻、咸宁、通山、崇阳、通城等县，采割的茶叶较粗老，含有较多的茶梗，经杀青、揉捻、初晒、复炒、复揉、渥堆、晒干而制成。以老青茶为原料，蒸压成砖形的成品称"老青砖"，主销内蒙古自治区。

3. 四川边茶

四川边茶可分为南路边茶和西路边茶两类。四川雅安、天全、荥经等地生产的南路边茶，压制成紧压茶——康砖、金尖后，主销西藏，也销往青海和四川甘孜藏族自治州；四川灌县、崇庆、大邑等地生产的西路边茶，蒸后压装入篾包制成方包茶或圆包茶，主销四川阿坝藏族自治州及青海、甘肃、新疆等省。

4. 滇桂黑茶

云南黑茶是用滇晒青毛茶经潮水沤堆发酵后干燥而制成，其原集散地为普洱市，故称"普洱茶"。普洱茶的主要特点是叶形肥大紧直而整齐、呈油润乌亮的红褐色，茶汤色泽红亮清澈，香味浓郁清幽，入口甘绵醇厚。以这种普洱散茶为原料，可蒸压成不同形状的紧压茶。一般的茶叶都是以新茶品质为上，但普洱茶却与之相反，储存时间越长的茶叶，越适宜反复冲泡，味道也更加悠长醇厚。

二、中国名茶

名茶之所以有名，主要是其具有优良的品质、独具特色的韵味、蜚声中外的名誉，以及历史文化的悠久掌故。而名茶的成名，与优良的茶树品种、精湛的制茶手艺、优异的品质风格，以及名人的诗词歌赋是分不开的。名茶一般可从以下四个方面来说明。

（1）饮用者共同喜爱，认为其与众不同。

（2）历史上的贡茶，至今还存在的。

（3）国际博览会上比赛得过奖的。

（4）新制名茶全国评比受到好评的。

中国名茶也可分以下三大类说明。

（1）传统名茶：主要是历史上的贡茶，持续生产至今，如西湖龙井、洞庭碧螺春等名茶。

（2）恢复历史名茶：是指历史上曾有的名茶，后来因为某些原因而消失，近现代才重新恢复名声的名茶，如徽州松罗茶、蒙山甘露茶等。

（3）新创名茶：近现代新创的名茶，饮用者共同喜爱，有着与众不同的风味，如江西名茶、高桥银峰等名茶。

名茶有其空间性和时间性，因此有历史名茶和现代名茶的差异，以及地方名茶和全国名茶的区别。在种类繁多的名茶中，为大多数人所公认的中国十大名茶，指的是西湖龙井、洞庭碧螺春、太平猴魁、黄山毛峰、六安瓜片、君山银针、安溪铁观音、凤凰水仙、祁门红茶、信阳毛尖十种，现予以具体介绍。

1. 西湖龙井

西湖龙井（图5-2）属绿茶，中国十大名茶之一，产于浙江省杭州市西湖山区的狮峰、龙井、云栖、虎跑、梅家坞，故有"狮""龙""云""虎""梅"五品著称，并以"色绿、香郁、味甘、形美"四绝著称。龙井既是地名又是泉名和茶名，因此西湖龙井茶正是"三名"巧合，"四绝"俱佳，有"天堂瑰宝""百茶之首""绿茶皇后"的美誉。

图 5-2　西湖龙井

龙井茶品质特点为色绿光润，形似碗钉，藏风不露，味爽鲜醇，采摘十分细致，要求苛刻。在产品中因为产地的分别，其品质风格略有不同。龙井茶极品，产量很少，异常珍贵，常见的龙井茶历史上又分为"莲心""旗枪""雀舌"等花色。

1965年后，浙江省茶叶公司将"狮峰龙井""梅坞龙井""西湖龙井"三个品类统称为"西湖龙井"，但是其中还是以"狮峰龙井"品质最佳，最负盛名。

2. 洞庭碧螺春

碧螺春（图5-3）产于太湖的洞庭山，以花香果味、芽叶细嫩、色泽碧绿、形纤卷曲、满披茸毛，为古今所赞美。碧螺春原称"吓煞人香"，清朝康熙皇帝以其称不雅，就按茶色碧绿，卷曲似螺，又采制于春分到谷雨时间，故命名为碧螺春。

碧螺春生产季节性很强。春分开始采茶，到谷雨碧螺春采制结束，前后不到一个月的时间。极品碧螺春精剔、细致、色香味形俱佳，故有"一嫩三鲜"之称。所谓一嫩是芽叶嫩，三鲜是色、香、味鲜。碧螺春茶条索紧结，卷曲如螺，白毫毕露，银绿隐翠，叶芽幼嫩，冲泡后茶味徐徐舒展，上下翻飞，茶水银澄碧绿，清香袭人，口味凉甜，鲜爽生津，早在唐末宋初便列为贡品。

洞庭碧螺春产区是我国著名的茶、果间作区。茶树和桃、李、杏、梅、柿、桔、白果、石榴等果木交错种植，一行行青翠欲滴的茶蓬，像一道道绿色的屏风，一片片浓荫如伞的果树，蔽覆霜雪，掩映秋阳。茶树、果树枝桠相连，根脉相通，茶吸果香，花窨茶味，陶

图 5-3　洞庭碧螺春

冶着碧螺春花香果味的天然品质。正如明代《茶解》中所说："茶园不宜杂以恶木，唯桂、梅、辛夷、玉兰、玫瑰、苍松、翠竹之类与之间植，亦足以蔽覆霜雪，掩映秋阳。"茶树、果树相间种植，令碧螺春茶独具天然茶香果味，品质优异。其成品茶外形紧密，条索纤细，嫩绿隐翠，清香幽雅，鲜爽生津，汤色碧绿清澈，叶底柔匀，饮后回甘。

3. 太平猴魁

太平猴魁（图 5-4），产于安徽省太平县猴坑，位于湘潭南面山麓，属黄山山脉。境内海拔 1 000 米，湖漾溪流，山清水秀，怡然成画。此地产制"尖茶"，尖茶中的极品"奎尖"，以品质优异获得赞赏，后来加以改进提高，并冠上地名，称为"猴魁"。

图 5- 4　太平猴魁

猴坑遍生兰草花，花香逸熏，对茶叶品质形成有利的影响，味厚鲜醇，回甘留味，冲泡杯中芽叶成朵，生浮沉降，叶翠汤明相映成趣，并有兰花为特质。猴魁的外形，叶里顶芽，有"两刀夹一枪""二叶抱一芽""尖茶两头尖，不散不翘不弓弯"之称。芽藏峰露尖，顶尖尾削形成两端尖细的特殊形状。

4. 黄山毛峰

黄山毛峰（图 5-5），产于安徽省著名风景名胜地黄山，黄山素以奇松、怪石、云海、温泉著称，号称黄山"四绝"。其茶园分布在海拔约 1 000 米的山间，山区气候温和，年均温度为 14 ℃ ~17 ℃，年降水量在 2 000 毫米以上。但是除松、石、云、泉外，还有另一绝，那就是清香冷韵的黄山云雾茶。

图 5-5　黄山毛峰

黄山毛峰以香清高，味鲜醇，芽叶细嫩多毫，色泽黄绿光润，汤色明澈为特质。冲泡细嫩的毛峰茶，芽叶竖直悬浮汤中，然后徐徐下沉，芽挺叶嫩、黄绿鲜艳，且耐冲泡，冲泡五六次香味犹存。

5. 六安瓜片

六安瓜片（图 5-6），产于安徽省六安地区的金寨县，品质以斋云山蝙蝠洞所产最优，故又称"斋云瓜片"。依产地不同可分为"内山"和"外山"。内山是指斋云山的黄石、里

图 5-6　六安瓜片

冲等地，内山所产的品质优于外山。

瓜片茶是由柔软的单叶片制成的，茶味鲜爽回甘，汤色青绿明澈。采摘鲜叶制造瓜片茶须待顶芽开展，若采摘带顶芽的，采后要将芽叶摘散，称作"扳片"，分别制造。顶芽制成品称"攀针"或"银针"；以第一叶制造的成品称"瓜片"或"提片"；以第二、三叶的制成品称"梅片"；而嫩茎制成品为副茶，称为"针把子"。

6. 君山银针

君山银针（图5-7），产于洞庭湖中秀丽的君山岛上。君山银针香气清高，味醇甘爽，汤黄澄亮，芽壮多毫，条直匀齐，着淡黄色茸毫，香气高而清纯。

图5-7　君山银针

君山银针采茶季节性强，采摘十分细致。早在清代，君山茶就有"尖茶"和"兜茶"之分。采回的芽叶，要经过拣尖，将芽头和幼叶分开。芽头如箭，白毛茸然，称为尖茶。此种焙制成的茶，作为贡品，则称为贡尖。拣尖后，剩下的幼嫩叶片，叫作兜茶，制成干茶称为贡兜，不作为贡品，也由芽头制成。

1952年设国营君山茶场产制君山银针茶。该地产茶始于唐代，于清朝纳入贡茶。一斤银针约有3万个茶芽。

7. 安溪铁观音

铁观音（图5-8），产于福建省安溪县，境内多山，自然环境适合茶树生长，优良茶树品种较多，而以铁观音种做原料制造出来的乌龙茶独具特色，是中国乌龙茶的极品，又称安溪铁观音，颇负盛誉，驰名中外，特别是在闽南、粤东和港澳地区，以及东南亚各国的华侨社会，享有极高的声誉。

铁观音香高郁持久，味醇韵厚爽口，齿颊留香回甘，具有独特的香味风韵，评茶上称为"观音韵"，简言"音韵"，其茶叶质厚坚实，有"沉重似铁"之喻。品尝铁观音时，领略"音韵"，是品茶行家和乌龙茶爱好者的乐趣。铁观音由于香郁味厚，故耐冲泡，因此有"青蒂、绿腹、红娘边、三节色、冲泡七道有余香"之称。

图 5-8　安溪铁观音

8. 凤凰水仙

凤凰水仙（图 5-9），产于广东省潮安区凤凰山，海拔在 1 100 米以上，属海洋性气候，年均温度为 17 ℃，年降水量为 2 000 毫米，土质为黄土壤，是茶树良好的生长环境。

凤凰水仙由于选用原料、制造工艺精细程度不同，按成品品质可依次分为凤凰单丛、凤凰浪菜、凤凰水仙三个品种。凤凰水仙味醇厚回甘，香气浓烈持久，汤澄黄明澈，叶呈"绿叶红镶边"，外形状挺，色泽金褐光润，泛朱砂红点，以小壶泡饮浓香扑鼻。

图 5-9　凤凰水仙

9. 祁门红茶

祁门红茶（图 5-10），产于安徽省祁门县，属于工夫红茶，主要以优良品种储叶种的芽叶制成，约占 70%；其次为柳叶种，约占 17%。所制红茶香气特高，汤红而味厚。其外形细紧纤长，完整匀齐，有峰毫，色泽乌润均一，净度良好，精制精造是"工夫"茶称谓的来源。

红遍全球的红茶中，祁门红茶独树一帜，百年不衰，以高香形秀著称，博得国际市场的称赞，被奉为茶中佼佼者。祁门红茶和印度大吉岭红茶、斯里兰卡乌伐的季节茶，被并列为世界公认的三大高香茶，而祁门红茶的地域性香气称为"祁门香"，被誉为"王子茶""茶中英豪""群芳最"。

祁门红茶在1915年曾在巴拿马万国博览会上荣获金牌奖章，创制一百多年来，一直保持着优异的品质风格，蜚声中外。祁门红茶生产条件极为优越，所以祁门一带大都以茶为业，上下千年，始终不败。祁红工夫一直保持着很高的声誉，芬芳常在。

图5-10　祁门红茶

10. 信阳毛尖

信阳毛尖（图5-11），产于河南省信阳地区，苏东坡称赞信阳茶"淮南茶，信阳第一"，信阳毛尖以形美、汤绿、香高、味浓而享誉中外，1915年在巴拿马万国博览会上获得金质奖，1959年评为全国十大名茶之一，1990年获金质奖，1991年在首届杭州国际茶文化节上被授予"中国茶文化名茶"称号。

信阳毛尖外形细、圆、紧、直、多白毫；内直清香，汤绿味浓，芽叶嫩匀，色绿光润。采摘是制好毛尖的第一关，以一芽一叶初展为特级；一芽二叶为一级；一芽二、三叶为二到三级。毛尖炒制操作法兼收并蓄了瓜片茶与龙井茶的部分操作，其杀青使用炒帚，为瓜片茶炒法的演变；其炒条使用理条手法，为龙井茶炒法的演变。

图5-11　信阳毛尖

中国十大名茶

课堂讨论

谈一谈中国茶文化的传播是如何反映政治经济的变动与发展的。

技能操作

编排一个情景小品，进行茶道和茶艺的展示。

思考练习

一、填空题

1. 茶文化的起源与茶的起源有着_____和_____的区别。

2. 中国的文化发展史上，往往是把一切与_____、与_____相关的事物起源最终都归结于神农氏。

3. 最初利用茶的方式方法，可能是作为_____，也可能作为_____，同时也逐渐为_____。

二、多选题

1. 饮茶的起因有（　　　）。

   A. 祭品说　　　B. 药物说　　　C. 食物说　　　D. 同步说

2. 茶树的发源地有（　　　）。

   A. 西南说　　　B. 四川说　　　C. 云南说　　　D. 江浙说　　　E. 川东鄂西说

3. 明清茶叶生产的发展包括（　　　）。

   A. 茶类的新发展　　　　B. 生产加工技术的不断完善

   C. 品类的多样化　　　　D. 新工艺的出现

4. 明清茶文化的发展包括（　　　）。

   A. 品饮方式的艺术性　　　B. 追求饮茶器具之美

   C. 茶馆的普及　　　　　　D. 茶文化的影响扩大

三、判断题

1. 中国是茶树的原产地。 　　　　　　　　　　　　　　　　　　　　（　　　）

2. 茶叶诞生于中国。 　　　　　　　　　　　　　　　　　　　　　　（　　　）

3. 茶文化以德为中心，重视人的群体价值。 　　　　　　　　　　　　（　　　）

4. 茶文化是应对人生挑战的益友。 　　　　　　　　　　　　　　　　（　　　）

四、简答题

1. 中国茶叶的分类有哪几种？

2. 中国名茶有哪些品种？

3. 茶文化都包括哪些中国传统美德？

第六章

中国酒文化

学习导读 ///

本章首先介绍了酿酒的起源，然后介绍了中国酒的分类方式，最后对中华名酒进行了具体描述。本章的学习重点是中国酒的分类，难点是掌握中华名酒的品类。

学习目标 ///

（1）了解酿酒的起源。
（2）掌握中国酒的分类。
（3）熟悉中华名酒。

学习案例

酒是人类最古老的饮品之一，它的历史几乎是与人类文化史一道开始的。酒的形态多种多样，其发展历程与经济发展史同步，不仅是一种食物，而且具有精神文化价值。我国有数千年的文明历史，而酒的历史也不遑多让，从最早的杜康酿酒开始到今，高达 4 000多年。

中国是卓立世界的文明古国，是酒的故乡。在中华民族五千年历史长河中，酒和酒类文化一直占据着重要地位，酒文化是中华民族饮食文化的一个重要组成部分。酒是一种特殊的饮品，是物质的，但又同时融于人们的精神生活之中，它体现在社会政治生活、文学艺术乃至人的人生态度、审美情趣等诸多方面。从这个意义上说，饮酒不是为饮酒而饮酒，而是在饮文化。酒文化作为一种特殊的文化形式，在传统的中国文化中有其独特的地位。在几千年的文明史中，酒几乎渗透到社会生活的各个领域。首先，中国是一个以农立国的国家，因此一切政治、经济活动都以农业发展为立足点。而中国的酒绝大多数是以粮食酿造的，酒紧紧依附于农业，成为农业经济的一部分。粮食生产的丰歉是酒业兴衰的晴雨表，各朝代统治者根据粮食的收成情况，通过发布酒禁或开禁，来调节酒的生产，从而确保民食。在一些局部地区酒业的繁荣对当地社会生活水平的提高起到了积极作用。酒与社会经济活动是密切相关的。自汉武帝时期实行国家对酒的专卖政策以来，从酿酒业收取的专卖费或酒的专税就成了国家财政收入的主要来源之一。酒税收入在历史上还与军费、战争有关，直接关系到国家的生死存亡。不同酒政的更换交替，反映了各阶层力量的对比变化。

酒作为一种特殊的商品，给人民的生活增添了丰富的色彩。中国古人将酒的作用归纳为三类，即酒以治病、酒以养老、酒以成礼。酒在人类文化的历史长河中，已不仅是一种客观的物质存在，而是一种文化象征，即酒精神的象征。

案例思考：
为什么酒会成为一种文化？
案例解析：
在漫长的历史长河中，酒不仅是人们生活中的一种饮品，随着长期的生活积累，关于酒的故事、历史积淀、文化传承及饮酒的礼仪等，已经形成了一种独特的中国酒文化。

第一节

饮酒溯源

中华民族在悠久的历史长河中，很多事物都走在世界的前列，酒也是一样，有着它自身的光辉篇章。在我国，由谷物粮食酿造的酒一直处于优势地位，而果酒所占的份额很小，因此，酿酒的起源问题主要是探讨谷物酿酒的起源。

我国酒的历史可以追溯到上古时期。其中，《史记·殷本纪》关于纣王"以酒为池，悬肉为林""为长夜之饮"的记载，以及《诗经》中"十月获稻，为此春酒，以介眉寿"的诗句等，都表明我国酒之兴起的悠久历史。

据考古学家证明，在近现代出土的新石器时代的陶器制品中，已有了专用的酒器，说明在原始社会，我国的酿酒已很盛行。以后经过夏、商两代，饮酒的器具也越来越多。在出土的殷商文物中，青铜酒器占相当大的比重，说明当时饮酒的风气确实很盛。

一、酒的起源——关于酿酒的传说

（一）仪狄造酒说

相传夏禹时期的仪狄发明了酿酒。《吕氏春秋》中记载"仪狄作酒"。汉代刘向编辑的《战国策》则进一步说明："昔者，帝女令仪狄作酒而美，进之禹，禹饮而甘之，遂疏仪狄，绝旨酒，曰：'后世必有以酒亡其国者。'"

史籍中有多处提到仪狄"作酒而美""始作酒醪"的记载，似乎仪狄乃制酒之始祖。这是否是事实，有待进一步考证。一种说法叫"仪狄作酒醪，杜康作秫酒"。这里并无时代先后之分，似乎是讲他们发明的是不同的酒。"醪"，是一种糯米经过发酵而成的"醪糟儿"。性温软，其味甜，多产于江浙一带。现如今的不少家庭中，仍自制醪糟儿。醪糟儿洁白细腻，稠状的糟糊可当主食，上面的清亮汁液颇近于酒。"秫"为高粱的别称。杜康作秫酒，指的是杜康造酒所使用的原料是高粱。如果硬要将仪狄或杜康确定为酒的创始人的话，只能说仪狄是黄酒的创始人，而杜康则是高粱酒的创始人。

一种说法叫"酒之所兴，肇自上皇，成于仪狄"。意思是说，自上古三皇五帝的时候，就有各种各样的造酒方法流行于民间，是仪狄将这些造酒的方法归纳总结出来，使之流传于后世。能进行这种总结推广工作的，当然不是一般平民，所以有的书中认定仪狄是司掌造酒的官员，也不是没有道理的。

仪狄是什么时代的人呢？比起杜康来，古籍中对她的记载比较一致，《世本》《吕氏春秋》《战国策》中都认为她是夏禹时代的人。她到底是从事什么职务的人呢？是司酒造业的"工匠"，还是夏禹手下的臣属？她生于何地、葬于何处？都没有确凿的史料可考。那么她是怎样发明酿酒的呢？情况大体是这样的：夏禹的女儿令仪狄去监造酿酒，仪狄经过一番努力，做出来的酒味道很好，于是献给夏禹品尝。夏禹喝了之后，觉得的确很美好。可是这位被后世人奉为"圣明之君"的夏禹，不仅没有奖励造酒有功的仪狄，反而从此疏远了她，对她不仅不再信任和重用了，自己也从此和美酒绝了缘，还说后世一定会有因为饮酒无度而误国的君王。这段记载流传于世，一些人对夏禹倍加尊崇，推他为廉洁开明的君主，而将仪狄看成专事谄媚进奉的小人，这实在是修史者始料未及的。

那么，仪狄是不是酒的"始作"者呢？有的古籍中还有与《世本》相矛盾的说法。例如，孔子八世孙孔鲋说帝尧、帝舜都是饮酒量很大的君王。黄帝、尧、舜，都早于夏禹，早于夏禹的尧舜都善饮酒，他们饮的是谁制造的酒呢？可见说夏禹的臣属仪狄"始作酒醪"是不大确切的。事实上，用粮食酿酒是件程序、工艺都很复杂的事情，单凭个人力量是难以完成的。说仪狄发明造酒，似乎不大可能，但如果说她是位善酿美酒的匠人、大师，或是监督酿酒的官员，她总结了前人的经验，完善了酿造方法，终于酿出了质地优良的酒醪，这还是可能的。

（二）杜康造酒说

还有一种说法是杜康"有饭不尽，委余空桑，郁结成味，久蓄气芳，本出于此，不由奇方。"是说杜康将未吃完的剩饭，放置在桑园的树洞里，剩饭在洞中发酵后，有芳香的气味传出。这就是酒的做法，并无什么奇异的办法。以生活中的偶然机会为契机，引发创造发明之灵感，很合乎一些发明创造的规律。这段记载在后世流传，杜康便成了善于留心周围的小事，并能及时启动创作灵感的发明家。

魏武帝乐府曰："何以解忧？唯有杜康"。自此之后，认为酒就是杜康所创的说法似乎更多了。北宋学者窦苹考据了"杜"姓的起源及沿革，认为"杜氏本出于刘，累在商为豕韦氏，武王封之于杜，传至杜伯，为宣王所诛，子孙奔晋，遂有杜氏者，士会和言其后也。"杜姓到杜康时，已经是禹之后很久的事情了，在上古时期，就已经有"尧舜千钟"之说。如果说酒是杜康所创，那么尧喝的是什么人创造的酒呢？

杜康在历史上确有其人。古籍中如《世本》《吕氏春秋》《战国策》《说文解字》等书，对杜康都有过记载。清乾隆十九年重修的《白水县志》中，对杜康也有过较详的记载。白水县，位于陕北高原南缘与关中平原交接处，因流经此县的一条河水水底多白色石头而得名。白水县，系"古雍州之城，周末为彭戏，春秋为彭衙""汉景帝建粟邑衙县""唐建白水县于今治"，可谓历史悠久。白水因有"四大贤人"遗址而知名：一是相传为黄帝的史官、创造文字的仓颉，出生于本县阳武村；二是相传死后被封为彭衙土神的雷祥，生前善制瓷器；三是相传造纸术发明者东汉人蔡伦，不知缘何因由也在此地留有坟墓；四是相传此地为酿酒的鼻祖杜康的遗址。一个黄土高原上的小小县城，一下子拥有仓颉、雷祥、蔡伦、杜康这四大贤人的遗址，其显赫程度不言而喻。

"杜康，字仲宁，相传为县康家卫人，善造酒。"康家卫是一个至今依然存在的小村庄，西距县城七八千米。村边有一道大沟，长约十千米，最宽处一百多米，最深处也近百米，人们叫它"杜康沟"。沟的起源处有一眼泉，四周绿树环绕，草木丛生，名"杜康泉"。县志上说"俗传杜康取此水造酒""乡民谓此水至今有酒味"。有酒味固然不对，但此泉水质清冽甘爽却是事实。清流从泉眼中汩汩涌出，沿着沟底流淌，最后汇入白水河，人们称它为"杜康河"。杜康泉旁边的土坡上，有个直径五六米的大土包，以砖墙围护着，传说是杜康埋骸之所。杜康庙就在坟墓左侧，凿壁为室，供奉杜康造像。可惜庙与像均毁于 20 世纪 60 年代。据县志记载，往日，乡民每逢正月二十一日，都要带上供品，到这里来祭祀，组织"赛享"活动。这一天热闹非常，搭台演戏，商贩云集，熙熙攘攘，直至日落西山人们方尽兴而散。杜康泉上已建好一座凉亭，亭呈六角形，红柱绿瓦，五彩飞檐，楣上绘着"杜康醉刘伶""青梅煮酒论英雄"的故事。尽管杜康的出生地等均系"相传"，但据考古工作者在此一带发现的残砖断瓦考定，商、周之时，此地确有建筑物。这里产酒的历史也颇为悠久。唐代大诗人杜甫于安史之乱时，曾举家来此依其舅舅崔少府，写下了《白水明府舅宅喜雨》等诗多首，诗句中有"今日醉弦歌""生开桑落酒"等饮酒的记载。酿酒专家们对杜康泉水也进行过化验，认为水质适于造酒。1976 年，白水县人在杜康泉附近建立了一家现代化酒厂，定名为"杜康酒厂"，用该泉之水酿酒，产品名"杜康酒"，曾获得国家轻工业部全国酒类质量大赛的铜杯奖。

无独有偶，清道光十八年重修的《伊阳县志》和道光二十年修的《汝州全志》中，也都有过关于杜康遗址的记载。《伊阳县志》中"水"条里，有"杜水河"一语，释曰"俗传杜康造酒于此"。《汝州全志》中记载，"杜康叭在城北五十里"处的地方。今天，这里有一个名叫"杜康仙庄"的小村，人们说这里就是杜康叭。"叭"，本义是指石头的破裂声，而杜康仙庄一带的土壤又正是山石风化而成的。从地隙中涌出许多股清冽的泉水，汇入旁村流过的一小河中，人们说这段河就是杜水河。令人感到有趣的是在傍村这段河道中，生长着一种长约一厘米的小虾，全身澄黄，蜷腰横行，为别处所罕见。另外，生长在这段河套上的鸭子生的蛋，蛋黄泛红，远较他处的颜色深。此地村民由于饮用这段河水，竟没有患胃病的人。在距杜康仙庄北约十多千米的伊川县境内，有一眼名叫"上皇古泉"的泉眼，相传也是杜康取过水的。如今在伊川县和汝阳县，已分别建立了颇具规模的杜康酒厂，产品都叫杜康酒。伊川的产品、汝阳的产品连同白水的产品合在一起，年产量达 1 万多吨，这恐怕是杜康当年所无法想象的。

史籍中还有少康造酒的记载有的说法认为杜康和少康是同一人。那么，酒之源究竟在哪里呢？窦苹认为"予谓智者作之，天下后世循之而莫能废"。这是很有道理的。劳动人民在经年累月的劳动实践中，积累下了制造酒的方法，经过有知识、有远见的"智者"归纳总结，后代人按照先祖传下来的办法一代一代地相袭相循，流传至今。

二、考古资料对酿酒起源的佐证

谷物酿酒的两个先决条件是酿酒原料和酿酒容器，以下几个典型的新石器文化时期的情况对酿酒的起源有一定的参考作用。

（1）裴李岗文化时期（前 5500—前 4900 年）和河姆渡文化时期（前 5000—前 3300年）。裴李岗文化时期和河姆渡文化时期均有陶器和农作物遗存，均具备酿酒的物质条件。

（2）磁山文化时期。磁山文化时期为前 5400—前 5100 年，有发达的农业经济。据有关专家统计：在遗址中发现的"粮食堆积为 100 立方米，折合重量 5 万公斤"，还发现了一些形制类似后世酒器的陶器。有人认为磁山文化时期，谷物酿酒的可能性是很大的。

（3）三星堆遗址。三星堆遗址地处四川省广汉市，埋藏物为前 4800—前 2870 年的遗物。该遗址中出土了大量的陶器和青铜酒器，其器形有杯、觚、壶等，体形之大也为史前文物所少见。

（4）山东莒县陵阴河大汶口文化墓葬。1979 年，考古工作者在山东莒县陵阴河大汶口文化墓葬中发掘到大量的酒器。尤其引人注意的是其中有一组合酒器，包括酿造发酵所用的大陶尊、滤酒所用的漏缸、贮酒所用的陶瓮、用于煮熟物料所用的炊具陶鼎，还有各种类型的饮酒器具 100 多件。据考古人员分析，墓主生前可能是一位职业酿酒者。在发掘到的陶缸壁上还发现刻有一幅图，据分析是滤酒图。另外，在龙山文化时期酒器就更多了。国内学者普遍认为龙山文化时期酿酒是较为发达的行业。

以上考古得到的资料都证实了古代传说中的黄帝时期、夏禹时代确实存在着酿酒这一行业。

三、现代学者对酿酒起源的看法

（一）酒是天然产物

近年科学家发现，在漫漫宇宙中存在着一些由酒精组成的天体。这些天体所蕴藏着的酒精，如制成啤酒，可供人类饮几亿年。这说明什么问题？说明酒是自然界的一种天然产物。人类不是发明了酒，而仅仅是发现了酒。酒里的最主要的成分是酒精（学名乙醇），许多物质可以通过多种方式转变成酒精，如葡萄糖可在微生物所分泌的酶的作用下，转变成酒精。只要具备一定的条件，就可以将某些物质转变成酒精，大自然完全具备产生这些条件的基础。

我国晋代的江统在《酒诰》中写道："酒之所兴，肇自上皇，或云仪狄，又云杜康。有饭不尽，委余空桑，郁积成味，久蓄气芳，本出于此，不由奇方。"在这里，古人提出剩饭自然发酵成酒的观点，是符合科学道理及实际情况的。江统是我国历史上第一个提出谷物自然发酵酿酒学说的人。总之，人类开始酿造谷物酒，并非发明创造，而是发现。方心芳先生对此作了具体的描述："在农业出现前后，贮藏谷物的方法粗放。天然谷物受潮后会发霉和发芽，吃剩的熟谷物也会发霉，这些发霉发芽的谷粒，就是上古时期的天然曲蘖，将之浸入水中，便发酵成酒，即天然酒。人们不断接触天然曲蘖和天然酒，并逐渐接受了天然酒这种饮料，于是就发明了人工曲蘖和人工酒。"现代科学对这一问题的解释：剩饭中的淀粉在自然界存在的微生物所分泌的酶的作用下，逐步分解成糖分、酒精，自然转变成了酒香浓郁的酒。在远古时代人们的食物中，采集的野果含糖分高，无须经过液化和糖化，最易发酵成酒。

（二）果酒和乳酒——第一代饮料酒

人类有意识地酿酒，是从模仿大自然的杰作开始的，我国古代书籍中就有不少关于水果自然发酵成酒的记载。宋代周密在《癸辛杂识》中曾记载山梨被人们贮藏在陶缸中后竟变成了清香扑鼻的梨酒。元代元好问在《蒲桃酒赋》的序言中曾记载某山民因避难山中，其堆积在缸中的葡萄变成了芳香醇美的葡萄酒。古代史籍中还有"猿酒"的记载，当然这种猿酒并不是猿猴有意识酿造的酒，而是猿猴采集的水果自然发酵所生成的果酒。

远在旧石器时代，人们以采集和狩猎为生，水果自然是主食之一。水果中含有较多的糖分（如葡萄糖、果糖）及其他成分，在自然界中微生物的作用下，很容易自然发酵生成香气扑鼻、美味可口的果酒。另外，动物的乳汁中含有蛋白质、乳糖，极易发酵成酒，以狩猎为生的先民们也有可能意外地从留存的乳汁中得到乳酒。在《黄帝内经》中，记载有一种"醴酪"，这是我国乳酒的最早记载。根据古代的传说及酿酒原理的推测，人类有意识酿造的最原始的酒类品种应是果酒和乳酒。因为果物和动物的乳汁极易发酵成酒，所需的酿造技术较为简单。

（三）谷物酿酒始于农耕时代

传统的酿酒起源观认为，酿酒是在农耕之后才发展起来的，这种观点早在汉代就有人提出了，汉代刘安在《淮南子》中说："清盎之美，始于耒耜。"现代的许多学者也持有相同的看法，有人甚至认为是当农业发展到一定程度，有了剩余粮食后才开始酿酒的。

另一种观点认为谷物酿酒先于农耕时代，如在 1937 年，我国考古学家吴其昌先生曾提出一个很有趣的观点："我们祖先最早种稻种黍的目的，是为酿酒而非做饭……吃饭实在是从饮酒中带出来。"这种观点在国外是较为流行的，但一直没有证据。时隔半个世纪，美国宾夕法尼亚大学人类学家索罗门·卡茨博士发表论文，并提出了类似的观点，认为人们最初种植粮食的目的是酿制啤酒，人们先是发现采集而来的谷物可以酿造成酒，而后开始有意识地种植谷物，以便保证酿酒原料的供应。该观点的依据：远古时代，人类的主食是肉类不是谷物，既然人类赖以生存的主食不是谷物，那么对人类种植谷物的解释也可另辟蹊径。国外发现，在 1 万多年前，远古时代的人们已经开始酿造谷物酒，而那时，人们仍然过着游牧生活。

综上所述，关于谷物酿酒的起源有两种主要观点，即先于农耕时代和后于农耕时代。新的观点的提出，对传统观点进行再探讨，对酒的起源和发展、对人类社会的发展都是极有意义的。

第二节
中国酒的定义与分类

我国有悠久的酿酒历史，在长期的发展过程中酿造出许多被誉为"神品"或"琼浆"的美酒。唐代著名诗人李白、白居易、杜甫等都有脍炙人口的关于酒的诗篇流传至今。据历史记载，中国人在商朝时代已有饮酒的习惯，并以酒来祭神。在汉、唐以后，除黄酒外，各种白酒、药酒及果酒的生产已有了一定的发展。

一、中国酒的定义

中国酒是指由中国人自己发明创造，或在技术上兼收并蓄并长期改进发展，具有中华民族特色的独特酿造工艺酿制而成的一大类酒精饮料，包括白酒、黄酒、露酒等。

长期以来黄酒和白酒在传统中国酒中处于优势地位，因此典型的中国酒一般是指以酒曲作为糖化发酵剂，以粮谷类为原料酿制而成的黄酒和白酒及以其为酒基生产的露酒。而从广义上说，中国酒也可泛指在中国生产的其他各类饮料酒。

二、中国酒的基本分类

与世界其他国家的饮料酒分类方式一样，中国酒也可以按照酿造方法和酒的特性进行基本分类，即划分为发酵酒、蒸馏酒、配制酒三大类别。

1. 发酵酒

发酵酒是指酿酒原料被微生物糖化发酵或直接发酵后，利用压榨或过滤的方式获取酒液，经储存调配后所制得的饮料酒。发酵酒的酒精度相对较低，一般为3%～18%，其中除酒精外，还富含糖、氨基酸、多肽、有机酸、维生素、核酸和矿物质等营养物质。

根据国家标准《饮料酒术语和分类》（GB/T 17204—2021）规定，发酵酒是以粮谷、水果、乳类等为主要原料，经发酵或部分发酵酿制而成的饮料酒，包括啤酒、葡萄酒、果酒（发酵型）、黄酒、奶酒（发酵型）及其他发酵酒等。

2. 蒸馏酒

蒸馏酒是指酿酒原料被微生物糖化发酵或直接发酵后，利用蒸馏的方式获取酒液，经储存勾兑后所制得的饮料酒，酒精度相对较高。酒中除酒精外，其他成分为易挥发的醇、醛、酸、酯等呈香、呈味组分，几乎不含人体所必需的营养成分。

根据国家标准《饮料酒术语和分类》（GB/T 17204—2021）规定，蒸馏酒是以粮谷、薯类、水果、乳类为主要原料，经发酵、蒸馏、勾兑而成的饮料酒，包括白酒的全部类别（如大曲酒、小曲酒、麸曲酒、混合曲酒）、洋酒（如白兰地、威士忌、伏特加、朗姆酒、金酒）及奶酒（蒸馏型）和其他蒸馏酒等。

3. 配制酒

配制酒是指利用发酵酒、蒸馏酒或食用酒精作为基酒，直接配以多种动植物汁液或食品添加剂，或用多种动植物药材在基酒中经浸泡、蒸煮、蒸馏等方式制得的饮料酒。酒精度相对较高，一般为18%～38%，是风味、营养、疗效强化的酒类。

根据国家标准《饮料酒术语和分类》（GB/T 17204—2021）规定，配制酒是以发酵酒、蒸馏酒或食用酒精为酒基，加入可食用或药食两用的辅料或食品添加剂，进行调配、混合或再加工制成的已改变了其原酒基风格的饮料酒，包括露酒的全部类别，如植物类配制酒、动物类配制酒、动植物类配制酒和其他类配制酒（营养保健酒、饮用药酒、调配鸡尾酒）等。

三、中国白酒及其分类

白酒也称烧酒，是中国特有的一种酒种，指的是以谷物作为原料，经过酒曲中微生物的作用，将谷物中的淀粉转化成糖分，经过发酵后形成发酵酒，继而在发酵酒的基础上，经过蒸馏的工艺，将酒精分离出来，再经过窖藏陈年和勾兑而得到的一种烈酒。

中国酒的发展
历程

（一）按酒精含量分类

按酒精含量分类，白酒可分为高度酒（51%～67%）、中度酒（38%～50%）、低度酒（38%以下）。

（二）按含糖量分类

按含糖量分类，白酒可分为甜型酒（10%以上）、半甜型酒（5%～10%）、半干型酒（0.5%～5%）、干型酒（0.5%以下）。

（三）按制造方法分类

按制造方法分类，白酒可分为酿造酒、蒸馏酒、配制酒。

（四）按商品类型分类

按商品类型分类，白酒可分为白酒、黄酒、啤酒、果酒、药酒。

（五）按生产原料分类

按生产原料分类，可分为薯干白酒和其他原料白酒。薯干白酒以甘薯、马铃薯及木薯等为原料酿制而成。薯类作物富含淀粉和糖分，易于蒸煮糊化，出酒率高于粮食白酒，但酒质不如粮食白酒，多为普通白酒。其他原料白酒以富含淀粉和糖分的农副产品及野生植物为原料酿制而成，如大米糠、高粱糠、甘蔗、土茯苓及葛根等，这类酒的酒质不如粮食白酒和薯干白酒。

（六）按酿造用曲分类

（1）大曲法白酒。以大曲（麦曲，一种粗制剂，由微生物自然繁殖而成）作为酿酒用的糖化剂和发酵剂，因其形状像大砖块而得名。酒醅经蒸馏后成白酒，具有曲香馥郁、口味醇厚、饮后回甜等特点。大曲法白酒多为名酒和优质酒，但因耗费粮食、生产周期长等原因，发展受到限制。

（2）小曲法白酒。以小曲（米曲，相对于大曲而言，因添加了各种药材而又被称为药曲或酒药）作为酿酒用的糖化剂和发酵剂，此酒适合气温较高的地区生产，具有一种清雅的香气和醇甜的口感，但不如大曲酒香气馥郁。

（3）麸曲法白酒。以麸曲（用麸皮为原料，由人工培养而成。因生产周期短，又称快曲）为糖化剂，酵母菌为发酵剂制成。此酒以出酒率高、节约粮食及生产周期短为特点，但酒质不如大曲白酒及小曲白酒。

（4）小曲、大曲合制白酒。先用小曲，后用大曲酿造而成，酒质风格独特。

（七）按香型分类

根据酿造所采用的原材料和酿造工艺的不同，不同的白酒所表现出来的色泽、香气和口感都各有千秋。人们通常以"香型"来区分不同风格的白酒。中国白酒的香型主要有12种。

1. 酱香型白酒

酱香型白酒又称为茅香型白酒。这种类型的白酒以高粱为主要原料，由于它的香气类似以豆类产品发酵后产生的酱油的香气，酒液微黄，故被称为酱香型白酒。酱香型白酒的特点是"酱香突出，幽雅细腻，酒体醇厚，后味悠长，空杯留香持久"。

酱香型白酒以贵州遵义仁怀市茅台镇的茅台酒为典型代表。清代大儒郑珍曾给茅台酒冠以"酒冠黔人国"的美誉。茅台酒本身也是一项国家标准。该标准规定贵州茅台酒是"以优质高粱、小麦、水为原料，并在贵州省仁怀市茅台镇的特定地域范围内按贵州茅台酒传统工艺生产的酒"。这种给一种酒下定义的方式类似法国的香槟。

　　茅台酒特有的口感特征很大程度上取决于当地特殊的自然环境和气候条件。其酿酒所用的水来自赤水河。赤水河水入口微甜，经过蒸馏后酒液甘美如怡。茅台镇是一个盆地，海拔仅440米，夏季高温时间长、湿度大，低海拔导致其空气难以对流，因此整个地方终日被笼罩在湿热的空气之中。正是这种特殊的微气候环境给茅台酒的酿造带来了特殊的风土，使产自茅台镇的酒具有其与众不同的风格。

2. 浓香型白酒

　　浓香型白酒以五粮液、剑南春、泸州老窖为代表。浓香型白酒以高粱为主要酿酒原料。其特点是窖香浓郁、酒体醇和协调、余味悠长。

　　四川宜宾是生产浓香型白酒的重要基地。早在唐代，宜宾当地就已经在酿制一种以四种粮食为原料的春酒。杜甫在品尝过宜宾的春酒后曾作诗：“重碧拈春酒，轻红擘荔枝。”五粮液始于宋代，最早的以大豆、大米、高粱、糯米和荞子为主要原料酿造的“姚子雪曲”是五粮液的原型。经过历代的传承和总结，后酿造原料改为以高粱、大米、糯米、麦子和玉米五种粮食为主，晚清举人杨惠泉将其改名为“五粮液”。

　　另一个浓香型白酒的典型代表是剑南春，产自四川绵竹，曾是唐代宫廷御酒。其酿造原料以大米、糯米为主料，以小麦、高粱、玉米为辅料。酿酒用水取自当地九顶山玉妃泉冰川水，以传统工艺酿造出芳香浓郁、酒味醇厚、清冽净爽、余香悠长的名酒。黄葆真《事类统编》记载：“为生春，《德宗本纪》剑南贡生春酒。”唐朝中书舍人李肇在其所撰的《唐国史补》中，也把“剑南之烧春”列为天下名酒。

3. 清香型白酒

　　清香型白酒也称“汾香型”，以山西汾酒为代表，其他著名的清香型白酒还包括浙江诸暨同山镇的同山烧、河南宝丰酒和厦门高粱酒。清香型白酒以高粱等谷物为主要的酿酒材料，其特点是“清香纯正、甘甜柔和、自然协调、后味爽净”。

　　汾酒产自山西汾阳杏花村。中国人耳熟能详的名句：“清明时节雨纷纷，路上行人欲断魂。借问酒家何处有，牧童遥指杏花村。”所描述的就是古人沽酒杏花村的场景。汾酒历史悠久，因作为御酒深受南北朝时期北齐武成帝高湛的喜爱，而被载入《北齐书》。汾酒以晋中平原的优质高粱作为原料，配以杏花春村地清冽甘美的泉水，结合传统独特的酿造工艺，酿造出“清香纯正、绵甜清爽、回味悠长”的中国名酒。

4. 米香型白酒

　　米香型白酒也称为“蜜香型”白酒，以广西桂林三花酒和湖南全州湘山酒为代表。它以大米为原材料，特点是“米香纯正、清雅，入口绵甜，落口爽净，回味怡畅”。

　　桂林三花酒被誉为“桂林三宝”之一，有“米酒之王”的美誉。据说在人类还没有开始酿酒之前，漓江两岸的猿猴就已经懂得采集花果来酿造“猿酒”了。三花酒始于宋朝，古称“瑞露”。三花酒是经过三次蒸馏而得到的酒，因此当地人也称之为“三熬酒”。这里的“花”，指的是酒花，即倒酒时所产生的泡沫。“花”可分为大花、中花和细花。花越细，说明酒的质量越好。所谓“三花”，指的是将三花酒倒入坛、入瓶和入杯时都会产生酒花，而且是细花，故而称为“三花酒”。

5. 凤香型白酒

　　凤香型白酒以高粱为主要原料，其特点是“醇香秀雅、醇厚甘润、诸位协调、余味净爽”。凤香型白酒以产自陕西宝鸡凤翔县柳林镇的西凤酒为代表。

西凤酒古称秦酒、柳林酒，始于殷商，历经春秋、战国时期，见证大秦帝国的崛起、风靡于唐宋，距今已经有 3 000 多年的历史。传说陕西凤翔是盛产凤凰的地方，凤鸣岐山、武王伐纣、吹箫引凤、秦穆公投酒于河而三军皆醉等典故脍炙人口、千古流芳。苏东坡在凤翔府任职时，曾以"花开酒美盍言归，来看南山冷翠微"的佳句来表达自己对西凤酒的喜爱之情。

6. 老白干香型白酒

老白干香型白酒以粮谷作为原料，是河北主要的白酒品类。

老白干香型白酒以衡水老白干为典型代表，同时，也是老白干香型标准的参照依据。衡水老白干以高粱作为酿酒的原料。其所谓"老"，指的是这种香型的白酒的酿造历史悠久，始于汉代，而得名于明代，历经 1 900 多年，其酿酒的历史从未间断；所谓"白"，指的是老白干香型的白酒酒液清亮透明；而所谓"干"，则指的是其度数一般较高，可以达到67 度。其酒自古便有"隔墙三家醉，坛开十里香"的美誉。

7. 兼香型白酒

兼香型白酒以粮谷为生产原料。所谓"兼香"，指的是有两种以上主体香气的白酒。这种一酒多香的风格来源于特殊的酿造工艺，或者受到不同的原材料和生产环境、生产设备的影响。优质的兼香型白酒兼备了各种主要香型的香气和口感风格，克服了单一香型白酒的某些不足，自成一派，满足了市场上的一些个性化需求。

兼香型白酒中又以浓酱兼香型为主导。安徽淮北的口子窖、湖北荆州的白云边都是浓酱兼香型的典型代表。其中白云边产于荆州松滋市，以优质的高粱作为原料，浓酱协调，细腻丰满，是鄂酒的杰出代表。"白云边"得名于李白诗作《游洞庭》。当时李白、李晔、贾至三人正泛舟洞庭，行至湖口（即松滋市境内），把酒揽胜，即兴作诗："南湖秋水夜无烟，耐可乘流直上天，且就洞庭赊月色，将船买酒白云边。"白云边便由此而得名。

8. 馥郁香型白酒

馥郁香型白酒是中国白酒的一个创新香型。该香型的典型代表是产自湖南吉首的酒鬼酒。它通过改良酿造工艺，将湘西传统的小曲酒酿造技艺与大曲酒酿造方法相结合，使酱、浓、清等不同香型的香气特点巧妙地融合在一起，形成一种新的香气和口感的表现形式。

湘西具有悠久的酿酒传统和历史。湘西是众多少数民族聚居的地方。每个少数民族都有各自独特的酿酒工艺，所酿的酒风格各异，美味纷呈。少数民族酒文化的传承和积累使湘西自古便有"酒乡"的美名。横贯湘西的酉水河也称为"酒河"。酒鬼酒的酿造工艺源于传统，结合湘西当地特殊的自然、地理和气候条件，形成其独特的风格，可以说是湘西文化的一个重要组成元素。在湘西，"鬼"是一种联系人和自然的神秘力量，代表一种超脱自我、与天地融合的精神状态，在屈原的《山鬼》中，"鬼"被喻为孤独美丽、向往爱情的少女，是一种诠释美丽的符号。湘西画家黄永玉先生曾为该酒题字"酒鬼"，酒鬼酒的名字由此而来。

9. 特香型白酒

特香型白酒以整粒大米为原料，不经碾碎，整粒与酒醅（酿成而未经过滤的酒）进行混蒸，使大米的香味直接融合到酒液中。其特点是香气层次丰富，无论是高度酒还是低度酒，都具有浓、清、酱三香。同时，"酒体醇厚丰满，协调和谐，入口绵柔醇甜，余韵悠长"。

江西宜春樟树市的四特酒和临川的贡酒是特香型白酒的典型代表，其中四特酒更是历史悠久。四特酒的产地樟树市是江西历史上有名的酒都和药市，与景德镇、吴城镇、河口镇并称江西四大名镇。樟树的酿酒历史可以追溯到距今 3 500 年的殷商时期。而今天驰名中外的四特酒则起源于宋代，因"清、香、醇、补"四大特点而得名"四特"。明代科学家宋应星对四特酒的酿造工艺进行过精心学习和系统考究，后来将"四特土烧"的酿造技术归纳成文，载入其鸿篇巨制《天工开物》之中。

10. 药香型白酒

药香型白酒又称董香型白酒，以贵州遵义董公寺镇的董酒为代表。董酒因产地董公寺而得名。酿造董酒的微环境冬无严寒、夏无酷暑、植被茂密，加上以贵州大娄山脉地下泉水为酿造用水，为酿造味美甘醇的白酒提供了绝佳的外部条件。董公寺一带自古就有酿酒的传统，历代先民对酿酒工艺的总结和传承成就了今天董酒的特殊工艺，即在酿造过程中以优质高粱为原料，并融汇 130 多种草本植物参与制曲，因此酒中香气含有优雅舒适的植物和草药的芳香，成为药香型白酒的主要特点。董酒因此也被誉为"百草之酒"。

11. 芝麻香型白酒

芝麻香型白酒以高粱、小麦等为原料酿造。之所以被称为芝麻香型，并不是因为酿造原料中含有芝麻，而是由于该类型白酒的香气中具有一种独特的炒芝麻的清香。芝麻香型白酒在山东、江苏、内蒙古等地都有生产，而其中最主要的生产基地是山东。芝麻香型白酒在山东被推崇为"鲁酒"的特色产品，并得到广泛的推广。

芝麻香型白酒的典型代表是山东潍坊的景芝白干。景芝白干因景芝镇而得名。这里的"芝"不是芝麻的"芝"，而是灵芝的"芝"，因这个地方在北宋年间曾出产灵芝，并作为贡品向朝廷上表，因此而得名。景芝镇自古便是酿酒重镇，"十里杏花雨，一路酒旗风"的诗句就是描述当年景芝镇酒肆争鸣的局面。景芝白干酒体饱满，香气典雅，余味悠长。在品鉴时将杯中的酒倒出，空杯闻香，芝麻香的气味非常明显。除山东景芝白干外，江苏梅兰春也是芝麻香型的代表之一。

12. 豉香型白酒

豉香型白酒是广东地区最具特色的白酒，它以大米为原料，秉承"肥肉酿浸，缸埕陈藏"的酿造工艺，即在酿造时加入肥肉，肥肉中的脂肪在浸泡的过程中与酒液相互融合并发生复杂的反应，使酒体醇化，从而形成独特的香味。豉香型白酒具有"玉洁冰清、豉香独特、醇和细腻、余味甘爽"的风格特点。

豉香型白酒以广东石湾玉冰烧为典型代表，自创始人陈如岳先生 1830 年创始品牌至今从未间断。因为以肥肉浸泡为工艺特点，因此最初该酒名为"肉冰烧"，后因"肉"字不雅，而广府话中"玉"与"肉"同音，故改名为"玉冰烧"。

四、中国黄酒及其分类

黄酒是以稻米、黍米、黑米、玉米、小麦等谷物为原料，经过蒸料并拌以麦曲、米曲或酒药等进行糖化和发酵而成的发酵酒。其色泽通常呈现黄色（除却黄色，黄酒也有红色和黑色），因此得名黄酒。黄酒的起源来自谷物酿酒，采用的是双边发酵法，即发酵过程中多种产酶微生物进行淀粉糖化发酵的同时，酵母产酒精同时进行，从而赋予了黄酒独特的风味与功能。这是中国酿酒物质起源的根本所在，因黄酒在酿造工艺、产品风格等方面都有其独特之处，是东方酿造界的典型代表。

黄酒是中国独有的酒类，距今已有三千年的历史，《三国演义》中的著名场景"青梅煮酒论英雄"喝的便是黄酒，武松当年喝的"三碗不过岗"也是黄酒，《红楼梦》里提到最多的也是黄酒，中国古代但凡提到酒事，喝的酒几乎都是黄酒。随着时代的变迁，白酒逐渐代替黄酒成为中国酒水的老大哥，但是黄酒凭借悠久的历史与独特的饮用体验，是当之无愧的酒中"国粹"。

（一）按原料和酒曲分类

（1）糯米黄酒：以酒药和麦曲为糖化、发酵剂，主要生产于南方地区。

（2）黍米黄酒：以米曲霉制成的麸曲为糖化、发酵剂，主要生产于北方地区。

（3）大米黄酒：这是一种改良的黄酒，以米曲加酵母为糖化、发酵剂，主要生产于吉林及山东。

（4）红曲黄酒：以糯米为原料，红曲为糖化、发酵剂，主要生产于福建及浙江两地。

（二）按生产方法分类

（1）淋饭法黄酒。将糯米用清水浸发两日两夜，然后蒸熟成饭，再通过冷水喷淋达到糖化和发酵的最佳温度。拌加酒药、特制麦曲及清水，经糖化和发酵45天就可做成。此法主要用于甜型黄酒的生产。

（2）摊饭法黄酒。将糯米用清水浸发16～20天，取出米粒，分出浆水。米粒蒸熟成饭，然后将饭摊于竹席上，经空气冷却达到预定的发酵温度，配加一定分量的酒母、麦曲、清水及浸米浆水后，经糖化和发酵60～80天做成。一般用此法生产的黄酒质量比用淋饭法所制的黄酒好。

（3）煨饭法黄酒。将糯米原料分成几批。第一批以淋饭法做成酒母，然后再分批加入新原料，使发酵继续进行。用此法生产的黄酒与淋饭法及摊饭法生产的黄酒相比，发酵更深透，原料利用率更高。这是中国古老的酿造方法之一，早在东汉时期就已盛行。现如今中国各地仍有许多地方沿用这一传统工艺。著名的绍兴加饭酒便是其典型代表。

（三）按含糖量分类

（1）甜型酒（10%以上）：先酿成甜黄酒，再兑入高浓度的白酒或烧酒发酵而成。大致相当于人们所说的封缸酒或绍兴香雪酒，常用来添加到半干型黄酒中，以增加其浓度和风味。

（2）半甜型酒（5%～10%）：以成品黄酒代水，再发酵酿制的黄酒。如绍兴善酿酒，即用1～3年的元红酒再酿造而成。

（3）半干型酒（0.5%～5%）：相当于"加饭酒"，为绍兴酒的代表，无论是香甜度还是口感，都最合适。花雕便是一种陈年加饭酒。

（4）干型酒（0.5%以下）：含糖量少，比较清爽，并不影响其口味醇和，代表是绍兴元红酒。

　　黄酒产地较广，品种很多，著名的有山东即墨老酒、赣州黄先生黄酒、无锡惠泉酒、绍兴状元红、绍兴女儿红、张家港的沙洲优黄、吴江的吴宫老酒、百花漾等桃源黄酒；上海老酒、鹤壁豫鹤双黄、福建闽安老酒、江西九江封缸酒、江苏白蒲黄酒、江苏金坛和丹阳的封缸酒、湖南嘉禾倒缸酒、河南双黄酒、广东客家娘酒、张家口北宗黄酒和绍兴加饭酒、花雕酒、广东珍珠红酒，湖北老黄酒等。

五、中国葡萄酒及其分类

　　我国葡萄酒的文化是比较久远的，可以追溯到西汉时期，有据可查的关于葡萄酒的文字记载开始于汉武帝时期（前141—前87年），张骞出使西域，从那里带来了葡萄酒与葡萄插秧，我国的葡萄种植与酿造业开始了规模发展。到了明清时期，葡萄酒产业开始出现了转折，蒸馏技术的广泛应用及推广，烈性酒开始越来越被更多的百姓所接受，作为我国的传统国酒的米酒继续高速发展，加上葡萄难以种植、控制，酿造工艺渐渐失传，葡萄酒的酿造发展每况愈下，葡萄酒渐渐被大家所遗忘。而中国现代的工业化葡萄酒酿造始于1892年，爱国侨领客家人张弼士先生先后投资300万两白银在烟台创办了"张裕酿酒公司"，中国葡萄酒工业化的序幕由此拉开。

　　葡萄酒若以颜色为划分标准，可分为红葡萄酒、白葡萄酒和桃红葡萄酒三大类。

（一）红葡萄酒

　　红葡萄酒用红色果皮的酿酒葡萄陈酿而成，除梗破碎后皮汁混合发酵，再进行皮汁分离。由于红葡萄酒的发酵过程是带着果皮进行的，葡萄皮还包括其他一些物质，如单宁，会使人口腔感觉干涩。红葡萄酒的色泽大多为宝石红色、紫红色、石榴红等，口感不甜，但甘美，其适饮温度为14 ℃～20 ℃。红葡萄酒适合搭配牛肉、猪肉、羊肉、乳酪等口感较重的食物。

（二）白葡萄酒

　　白葡萄酒顾名思义，通常由白葡萄的汁液酿制而成，但是红葡萄中的所有颜色都在葡萄皮里，因此如果在发酵前将葡萄皮去掉，白葡萄酒其实也可以由红葡萄酿成。白葡萄酒通常被看作更清淡的、清爽的酒，可分为甜和不甜两种。不甜的适饮温度为10 ℃～12 ℃；甜的适饮温度则为5 ℃～10 ℃。白葡萄酒适合搭配海鲜、鱼类、家禽类等烹调方式较为清淡的食物。

（三）桃红葡萄酒

　　桃红葡萄酒在酿造过程中因葡萄汁与果皮接触时间较短，只吸收了果皮中少量的色素，所以颜色较浅。桃红葡萄酒通常没有红葡萄酒浓郁，但比白葡萄酒含有更多的酒体，色泽一般为桃红色或橘红色，适饮温度为10 ℃～12 ℃，可搭配口感适中的食物。

　　（1）若以葡萄酒的含糖量来划分，有以下四个分类。

　　1）干型（Dry/Seco）：一般含糖量少于4 g/L，没有甜味，但具有洁净的果香和酒香。干型是葡萄酒最种类最多的一个分类，俗称干红，一般是不甜的。

　　2）半干型（Semi – Dry/Semi – Seco）：含糖量在4～12 g/L，有淡淡的甜味。

　　3）半甜型（Semi – Sweet）：含糖量在12～50 g/L，甘甜补足了葡萄酒酸度和香味的不足，很多雷司令（Riesling）就是半甜型的。

4）甜型（Sweet）：含糖量大于 50 g/L，口感香甜浓郁，一般酒精度较低。其中甜型酒主要是冰酒和贵腐酒。

（2）按照酿造方式分类，可分为以下四类。

1）静止型葡萄酒。完全用葡萄为原料发酵而成，不添加额外的酒精及香料的葡萄酒。

2）起泡型葡萄酒。起泡型葡萄酒中留有二氧化碳气泡，常被视为用于庆祝的酒，人们最熟悉的（也是最贵的）如法国的香槟酒。香槟是位于法国东北边的一个极小的地方，距巴黎约 145 千米，由于该地区肥沃的土壤、适宜的气候及独特的名贵葡萄品种，酿制出举世闻名的香槟酒。香槟酒以两次瓶内"天然发酵"产生二氧化碳而成，可单独饮用或配以海鲜，是喜庆宴会不可缺少的饮料，适饮温度为 5 ℃ ~ 10 ℃。起泡型葡萄酒在世界各地都有生产。

3）加强葡萄酒。在葡萄酒的酿造过程中会添加白兰地或其他中性烈酒，酒精度数较一般的葡萄酒高，通常为 17 ~ 22 度，故而得名"加强酒"。加强葡萄酒既可以是甜型，也可以是干型，取决于添加酒精的时机。常见的加强酒有葡萄牙的马德拉酒（Madeira）、波特酒（Port），以及西班牙的雪莉酒（Sherry）。

4）加香葡萄酒。以葡萄酒为基酒，经浸泡芳香植物或加入芳香植物的浸出液等制成的葡萄酒，如味美思酒（Vermouth）。

（3）按照饮用的时间分类，可分为以下三类。

1）餐前酒（Aperitifs）。餐前酒又称开胃酒，常在餐前饮用或与开胃菜一同饮用，主要为起泡酒或白葡萄酒。

2）佐餐酒（Table Wines）。顾名思义，佐餐酒即辅佐正餐时喝的酒，通常与正餐一同享用，多为干型葡萄酒，如干红或干白等。

3）餐后酒（Dessert Wines）。西方人习惯在餐后来点甜点，因此餐后酒也多与甜点搭配，常呈甜型。

我国的葡萄酒著名品牌包括张裕葡萄酒、长城葡萄酒、王朝葡萄酒、通化葡萄酒、威龙葡萄酒等。

六、中国啤酒及其分类

啤酒是以小麦芽和大麦芽为主要原料，并加啤酒花，经过液态糊化和糖化，再经过液态发酵酿制而成。其酒精含量较低，含有二氧化碳，富有营养。它含有多种氨基酸、维生素、低分子糖、无机盐和各种酶，这些营养成分人体容易吸收利用。啤酒中的低分子糖和氨基酸很容易被消化吸收，在体内产生大量热能，因此啤酒往往被人们称为"液体面包"。

啤酒的分类主要有两种：一种是按照发酵方式分类，可将啤酒分为艾尔和拉格两类；另一种则是按杀菌方式分类，可将啤酒分为生啤和熟啤两类。

艾尔（Ale）又称为顶部发酵。使用该种方式发酵的啤酒，酵母位于啤酒液体顶部，通过表面大量聚集泡沫发酵。这种发酵方式适合温度高的环境，以 16 ℃ ~ 24 ℃ 为最佳，这样发酵的代谢产物能更多样，如会产生酰类和酯类，这些物质极大地影响了啤酒风味，也是艾尔啤酒中复杂香气的重要来源。

最初的艾尔啤酒并不加入啤酒花，后来人们渐渐地发现，在发酵过程中加入啤酒花后，不仅可以延长保存期，还可以增加啤酒的苦味和香味。如今，艾尔啤酒呈现琥珀色，外观透亮，泡沫丰富细腻，挂杯持久，香气丰富，麦芽香气、酯香、酒花香气平衡怡人。

在艾尔啤酒中，还有一些具体的细分，如淡色艾尔、IPA、APA、棕色艾尔、琥珀艾尔、烈性艾尔、小麦啤酒、波特、世涛等。

拉格（Lager）又称为底部发酵。拉格啤酒发酵时，酵母在液体底部，发酵温度要求较低，酒精含量较低。酵母沉在发酵醪底部，酵母主要以单一的酒精代谢为主，所以拉格啤酒的口感更加简单，主要是大麦和小麦的原味。

拉格更加适合大批量发酵，批量的生产线、灌装线、物流线，使拉格的生产成本急剧降低，最终流行到全世界，目前全世界90%左右出产的啤酒属于拉格。拉格啤酒也包括一些细分种类，如淡色拉格、深色拉格、皮尔森、博克等。

啤酒除以发酵方式来区分外，还可以根据不同的杀菌情况，分为生啤酒和熟啤酒两类。

生啤酒是指不经过传统高温杀菌的啤酒。这类啤酒中还含有活性酵母菌，一般保存时间不宜太长，通常为桶装，口感鲜美，营养丰富。

熟啤酒是经过灭菌处理的啤酒，保存时间较长。起初是通过巴氏（高温瞬时）灭菌，但会使啤酒伴随老熟的味道；随着啤酒酿造技术成熟，采用低温膜过滤及冷杀菌，具有较长的保质期，一般选择瓶装或罐装。

第三节

中华名酒

一、茅台酒

茅台酒（图6-1）产于中国的贵州省遵义市仁怀市茅台镇，是汉民族的特产酒，是与苏格兰威士忌、法国科涅克白兰地齐名的三大蒸馏酒之一。1915年至今，贵州茅台酒共获得15次国际金奖，连续五次蝉联中国国家名酒称号，与遵义董酒并称贵州省两大国家名酒，是大曲酱香型白酒的鼻祖，有"国酒"之称，是中国高端白酒之一。

茅台酒是以优质高粱为原料，用小麦制成高温曲，而用曲量多于原料。用曲多、发酵期长、多次发酵、多次取酒等独特工艺，是茅台酒风格独特、品质优异的重要原因。酿制茅台酒要经过两次加生沙（生粮）、八次发酵、九次蒸馏，生产周期长达八九个月，再存储三年以上，勾兑调配，然后再存储一年，使酒质更加和谐醇香，绵软柔和，方准装瓶出厂，全部生产过程近五年之久。

茅台酒是酱香型大曲酒的典型代表，故"酱香型"又称"茅香型"。其酒质晶亮透明，微有黄色，酱香突出，令人陶醉。敞杯不饮，香气扑鼻；开怀畅饮，满口生香；饮后空杯，留香更大，持久不散。口味幽雅细腻，酒体丰满醇厚，回味悠长，茅香不绝。茅台酒液纯净透明、醇馥幽郁的特点，是由酱香、窖底香、醇甜三大特殊风味融合而成，现已知香气组成成分多达300余种。

图6-1　贵州茅台酒

红军与茅台酒的故事

　　红军长征的胜利是人类历史上的奇迹。除与敌人的艰苦斗争外，长征路上红军还与茅台酒结下了不解之缘。红军四渡赤水期间，在仁怀境内停留时间虽只有三天，但是红军在茅台镇却留下了如茅台酒一样醇香的故事。

　　红军到了茅台镇后，毛泽东、王稼祥等领导人发布了一个保护茅台酒的布告，强调茅台酒为民族工业，是保护的对象，红军应该公买公卖，对酒具、酒瓶等都应当予以保护等。长征时期任工兵连连长的王耀南在1983年写的《坎坷的路》中回忆道："当时，工兵连就住在靠河的一个酒厂旁边，于是，我领着毛泽东和朱德的警卫员一起来到酒厂买酒。酒没有容器装，我们就找了两段碗口粗、半人来长的竹子，用烧红的铁条把中间的竹节捅开，只留最下一个竹节，然后在竹筒里盛满满灌上酒，上面再用玉米瓢子紧紧塞住。当我按时价把四块白花花的银元递给酒厂老板时，他激动得不知如何是好，一股劲儿地说：'军队嘛，那么点儿酒还给钱。我活了四十来岁，还是第一次见到啊……'"红军战士爱民如子的情怀、高风亮节的情操，赢得了茅台镇人民的热爱和拥护。

　　长征路上的激战连连和艰苦跋涉，让不少红军战士浑身是伤，即使没有受伤的同志，脚上也磨起了水泡，而长征中红军途中又缺医少药。茅台酒不仅芳香醉人，还有舒筋活血、强身健体的功效。红军战士到了茅台镇后，就用打土豪没收来的茅台酒疗伤、擦脚，为红军战士后来的快速转移发挥了积极作用。

二、五粮液酒

　　五粮液酒（图6-2）产于四川省宜宾市，五粮液是中国浓香型白酒的典型代表与民族品牌，多次荣获"国家名酒"称号。1915 年获得"巴拿马万国博览会"金奖以来相继在世界各地的博览会上多次获得奖项。

图 6-2　四川五粮液

五粮液酒以高粱、大米、糯米、小麦、玉米（曾为小米）五种谷物为原料，以古法工艺配方酿造而成，是世界上率先采用五种粮食进行酿造的烈性酒，其多粮固态酿造历史传承逾千年。在五粮液酒的生产过程中，总结提炼出"酿、选、陈、调"四字秘诀，其酿酒古窖池群始于明洪武元年（1368 年），活态酿造延续至今，是全国重点文物保护单位；其传统酿造技艺被认定为国家级非物质文化遗产。

五粮液酒无色，清澈透明，香气悠久，味醇厚，入口甘绵，入喉净爽，各味谐调，恰至好处；酒度分 39 度、52 度、60 度三种。五粮液酒饮后无刺激感，不上头；开瓶时，喷香扑鼻；入口后，满口溢香；饮用时，四座飘香；饮用后，余香不尽，属浓香型大曲酒中出类拔萃之佳品。

三、汾酒

汾酒（图 6-3），中国传统名酒，属于清香型白酒的典型代表，因产于山西省汾阳市杏花村，又称"杏花村酒"。汾酒以工艺精湛而源远流长，素以"入口绵、落口甜、饮后余香、回味悠长"特色而著称，在国内外消费者中享有较高的知名度、美誉度和忠诚度。汾酒有着 4 000 年左右的悠久历史，被誉为最早的国酒，国之瑰宝，是凝聚着古代中国劳动人民的智慧结晶和劳动成果。

汾酒以晋中平原所产的"一把抓"高粱为原料，用大麦、豌豆制成的"青茬曲"为糖化发酵剂，取古井和深井的优质水为酿造用水。这口有着优美传说的古井之水，与汾酒的品质有很大关系。汾酒发酵仍沿用传统而古老的"地缸"发酵法；酿造工艺为独特的"清蒸二次清"；操作特点则采用二次发酵法，即先将蒸透的原料加曲埋入土中的缸内发酵，然后取出蒸馏，蒸馏后的酒醅再加曲发酵，两次蒸馏的酒配合后方为成品。

汾酒酒液无色透明，清香雅郁，入口醇厚绵柔而甘洌，余味清爽，回味悠长，酒度高（53 度）而无强烈刺激之感。其特佳酒（低度汾酒）酒度为 38 度。汾酒因纯净、雅郁之清香而为我国清香型白酒典型代表，故人们又将这一香型称为"汾香型"。专家称誉其色、香、味实为酒中"三绝"。汾酒历来为消费者所称道，除销往全国各地，还远销新加坡、日本、澳大利亚、英国、法国、波兰、美国等五大洲众多国家。

图 6-3　山西汾酒

四、泸州老窖

泸州老窖（图 6-4）发源于中国酒城四川省泸州市，有"浓香鼻祖，酒中泰斗"的美誉，自元代郭怀玉酿制泸州老窖大曲酒开始，经明代舒承宗传承定型到现代发展壮大，泸州老窖酒酿制技艺传承至今已有 23 代，泸州老窖成为中国浓香型白酒的发源地。1959 年，酿酒教科书《泸州老窖大曲酒》出版，成为我国浓香型白酒酿造工艺标准的制定者。1952 年，第一次全国评酒会上，泸州老窖被选入首届中国四大名酒，并成为蝉联历届中国名酒称号的浓香型白酒。

泸州曲酒的主要原料是当地的优质糯高粱，用小麦制曲，大曲有特殊的质量标准，酿造用水为龙泉井水和沱江水，酿造工艺是传统的混蒸连续发酵法。蒸馏得酒后，再用"麻坛"储存一两年，最后通过细致的评尝和勾兑，达到固定的标准，方能出厂，保证了老窖特曲的品质和独特风格。泸州老窖无色透明，窖香浓郁，清冽甘爽，饮后尤香，回味悠长。具有浓香、醇和、味甜、回味长四大特色，酒度有 38 度、52 度、60 度三种。

五、剑南春酒

剑南春酒（图 6-5），浓香型白酒的重要代表，产于四川省绵竹县，因绵竹在唐代属剑南道，故称"剑南春"。1963 年、1979 年、1984 年、1988 年在全国第二、三、四、五届评酒会上荣获国家名酒称号及金质奖，1988 年获香港第六届国际食品展览会金龙奖，1992 年获德国莱比锡秋季博览会金奖。早在唐代就产闻名遐迩的名酒——"剑南烧春"，相传李白为喝此美酒曾在这里把皮袄卖掉买酒痛饮，留下"士解金貂""解貂赎酒"的佳话。北宋苏轼称赞这种蜜酒"三日开瓮香满域""甘露微浊醍醐清"，其酒之引人可见一斑。

剑南春酒主要原料为糯米、大米、玉米、小麦、高粱、水，酒质清澈透明，芳香浓郁，酒味醇厚，醇和回甜，酒体丰满，清冽净爽，余香悠长，恰到好处。酒度分 28 度、

38 度、52 度、60 度，属浓香型大曲酒。

图 6-4　四川泸州老窖

图 6-5　四川剑南春

六、西凤酒

西凤酒（图 6-6）古称秦酒、柳林酒，为"凤香型"白酒的典型代表，是中国最古老的历史名酒之一，产于凤酒之乡陕西省宝鸡市凤翔县柳林镇，为中国四大名酒之一。西凤酒始于殷商，盛于唐宋，已有三千多年的历史，有苏轼咏酒等诸多典故。西凤酒无色清亮透明，醇香芬芳，清而不淡，浓而不艳，集清香、浓香之优点融于一体，以"醇香典雅、甘润挺爽、诸味协调、尾净悠长"的独特风格闻名。

西凤酒以当地特产高粱为原料，用大麦、豌豆制曲。工艺采用续渣发酵法，发酵窖分为明窖与暗窖两种。工艺流程可分为立窖、破窖、顶窖、圆窖、插窖和挑窖等工序，自有一套操作方法。蒸馏得酒后，再经三年以上的储存，然后进行精心勾兑方出厂。

西凤酒无色且清亮透明，醇香芬芳，清而不淡，浓而不艳，集清香、浓香之优点融于一体，幽雅，诸味谐调，回味舒畅，风格独特，被誉为"酸、甜、苦、辣、香五味俱全而各不出头"，即酸而不涩，苦而不黏，香不刺鼻，辣不呛喉，饮后回甘，味久而弥芳。西凤酒属凤香型大曲酒，被人们赞为"凤型"白酒的典型代表。其酒度分为 39 度、55 度、65 度三种。

七、古井贡酒

古井贡酒（图 6-7）产自安徽省亳州市，属于亳州地区特产的大曲浓香型白酒，有"酒中牡丹"之称。古井贡酒在中国酿酒史上拥有非常悠久的历史，其渊源始于东汉建安元年（196 年）曹操将家乡亳州产的"九酝春酒"和酿造方法进献给汉献帝刘协。古井贡酒以"色清如水晶、香醇似幽兰、入口甘美醇和、回味经久不息"的独特风格，赢得了海内外的一致赞誉。古井贡酒先后四次蝉联全国评酒会金奖，荣获中国名酒称号。

古井贡酒以本地优质高粱为原料，以大麦、小麦、豌豆制曲，沿用陈年老发酵池，继承了混蒸、连续发酵工艺，并运用现代酿酒方法，加以改进，博采众长，形成自己的独特工艺，酿出了风格独特的古井贡酒。

古井贡酒酒液清澈如水晶，香醇如幽兰，酒味醇和，浓郁甘润，黏稠挂杯，余香悠长，经久不绝。其酒度分为38度、55度、60度三种。

图 6-6　陕西西凤酒　　　　　　　　　　图 6-7　安徽古井贡酒

八、全兴大曲

全兴大曲酒（图6-8）是四川省成都全兴酒厂的产品。1959年获四川省名酒称号；1958年、1988年获商业部优质产品称号及金爵奖；1963年、1984年、1988年在全国第二、第四、第五届评酒会上荣获国家名酒称号及金质奖；1988年获香港第六届国际食品展金钟奖。

全兴大曲选用优质高粱为原料，以小麦制成中温大曲，采用传统老窖分层堆糟法工艺，经陈年老窖发酵、窖熟糟香、酯化充分、续糟润粮、翻沙发酵、混蒸混入、掐头去尾、中温流酒、量质摘酒、分坛储存、精心勾兑等工序酿成。

全兴大曲酒无色透明，清澈晶莹，窖香浓郁，醇和协调，绵甜甘洌，落口净爽，为浓香型大曲酒。其酒度分为38度、52度、60度三种。

九、董酒

董酒（图6-9）是贵州省遵义董酒厂的产品，1963年获贵州省名酒称号；1986年获贵州省名酒金樽奖；1984年获轻工业部酒类质量大赛金杯奖；1988年获轻工业部优秀出口产品金奖；1963年、1979年、1984年、1988年在全国第二、第三、第四、第五届评酒会上荣获国家名酒称号及金质奖；1991年在日本东京第三届国际酒、饮料酒博览会上获金牌奖；1992年在美国洛杉矶国际酒类展评交流会上获华盛顿金杯奖。

董酒选用优质高粱为原料，引水口寺甘洌泉水，以大米加入95味中草药制成的小曲和小麦加入40味中草药制成的大曲为糖化发酵剂，以石灰、白泥和洋桃藤泡汁拌和而成的窖泥筑成偏碱性地窖为发酵池，采用两小两大、双醅串蒸工艺，即小曲由小窖制成的酒醅和大曲由大窖制成的香醅，两醅一次串蒸而成原酒，经分级陈贮一年以上、精心勾兑等工序酿成。

董酒无色，清澈透明，香气幽雅舒适，既有大曲酒的浓郁芳香，又有小曲酒的柔绵、醇和、回甜，还有淡雅舒适的药香和爽口的微酸，入口醇和浓郁，饮后甘爽味长。由于酒质芳香奇特，被人们誉为白酒中独树一帜的"药香型"或"董香型"典型代表。其酒度58度，低度酒38度名飞天牌董醇。

图 6-8　四川全兴大曲

图 6-9　贵州董酒

十、洋河大曲

洋河大曲（图6-10）是江苏省泗阳县江苏洋河酒厂的产品。1984年获轻工业部酒类质量大赛金杯奖；1979年、1984年、1989年在全国第三、第四、第五届评酒会上荣获国家名酒称号及金质奖；1990年获香港中华文化名酒博览会特别奖和金奖；1992年获美国纽约首届国际博览会金奖。

洋河大曲以黏高粱为原料，用当地有名的"美人泉"水酿造，用高温大曲为糖化发酵剂，经老窖长期发酵酿成。洋河酒厂进行科学酿造，合理降低酒度，连续酿成28度、18度低度白酒，形成系列产品。该厂28度洋河大曲于1988年在全国第五届评酒会上荣获国家优质酒称号及银质奖。

洋河大曲清澈透明，芳香浓郁，入口柔绵，鲜爽甘甜，酒质醇厚，余香悠长。其突出的特点是"甜、绵软、净、香"。其酒度分为38度、48度和55度三种。

十一、郎酒

郎酒（图6-11）又称回沙郎酒，是四川省古蔺县郎酒厂的产品。1963年获四川省名酒称号；1985年、1988年获商业部优质产品称号及金爵奖；1979年在第三届全国评酒会上荣获国家优质酒称号；1984年、1988年在全国第四、第五届评酒会上荣获国家名酒称号及金质奖；1989年在香港第三届国际旅游博览会获金杯奖。

郎酒以高粱和小麦为原料，用纯小麦制成高温曲为糖化发酵剂，引郎泉之水，其酿造工艺与茅台酒大同小异。两次投料，七次取酒，周期为九个月，按质分贮于天然溶洞的"天宝洞"和"地宝洞"，三年后再勾兑出厂，人称"山泉酿酒，深洞贮藏；泉甘酒冽，洞出奇香"。

郎酒呈微黄色，清澈透明，酱香突出，酒体丰满，空杯留香长，以"酱香浓郁，醇厚净爽，幽雅细腻，回甜味长"的独特风格著称，为酱香型大曲酒。其酒度分为 39 度、53 度两种。

图 6-10　江苏洋河大曲

图 6-11　四川郎酒

十二、宋河粮液

宋河粮液（图 6-12）是河南省鹿邑县宋河酒厂的产品。1979 年、1984 年获河南省名酒称号；1984 年获轻工业部酒类质量大赛银杯奖；1988 年在全国第五届评酒会上荣获国家名酒称号及金质奖；1991 年获日本东京国际饮料酒类博览会金奖；1992 年获墨西哥国际工业博览会金奖及法国巴黎国际名优酒展评会特别金奖。

鹿邑县春秋时期已有酒业；唐代天宝二年（743 年），玄宗到鹿邑太清宫朝拜，曾封枣集酒为"皇封祭酒"；宋代大中祥符七年（1014 年），真宗亲临太清宫用枣集酒为祭品；明代初，山西酿酒师来此地酿酒；清代，据《鹿邑县志》载，"民间以黍为酿酒用"及"秫以为酒，名为蒸酒"，各乡镇均有酿制。1968 年，在 20 余家酿酒作坊的基础上，建成鹿邑酒厂，在鹿邑大曲酒基础上投产此酒，因酒厂坐落在古宋河之滨，酿酒用水取自宋河之清流，又因酿酒用粮为当地优质高粱，故取名为宋河粮液。1988 年更为现厂名。

图 6-12　河南宋河粮液

宋河粮液选用当地高粱为原料，以小麦大曲为糖化发酵剂，采取老窖泥池发酵，定期储存酿成。其无色透明，芳香浓郁，醇和清洌，绵甜适口，回香悠长，属浓香型酒。其酒度分为 38 度、54 度两种。

课堂讨论

针对酿酒起源的不同观点谈谈自己的看法。

中国名酒

技能操作

安排实地考察，了解酿酒的工艺和流程。

思考练习

一、填空题

1. 三星堆遗址中出土了大量的_____和_____，其器形有_____、_____、_____等。

2. 人类有意识地酿酒，是从_____开始的。

3. 中国白酒按酒精含量分为_____、_____、_____。

二、多选题

1. 中国白酒按含糖量分为（　　　）。

   A. 甜型酒　　　　B. 半甜型酒　　　　C. 半干型酒　　　　D. 干型酒

2. 中国黄酒按原料和酒曲分为（　　　）。

   A. 糯米黄酒　　　B. 黍米黄酒　　　　C. 大米黄酒　　　　D. 红曲黄酒

3. 中国白酒按酒的制造方法分为（　　　）。

   A. 酿造酒　　　　B. 蒸馏酒　　　　　C. 配制酒　　　　　D. 储藏酒

4. 中国葡萄酒分为（　　　）。

   A. 白葡萄酒　　　　　　　　　B. 红葡萄酒

   C. 玫瑰红酒　　　　　　　　　D. 香槟气泡酒

   E. 加强葡萄酒

三、判断题

1. 用曲多、发酵期长、多次发酵、多次取酒等独特工艺，是茅台酒风格独特、品质优异的重要原因。（　　　）

2. 汾酒因纯净、雅郁之清香而为我国清香型白酒典型代表，故人们又将这一香型称为"汾香型"。（　　　）

3. 西凤酒以当地特产高粱为原料，用小麦、豌豆制曲。（　　　）

4. 洋河大曲以黏高粱为原料，用当地有名的"美人泉"水酿造，用高温大曲为糖化发酵剂，经老窖长期发酵酿成。（　　　）

四、简答题

1. 解释杜康造酒说的形成过程。

2. 现代学者对酿酒的起源有哪些看法？

3. 中华名酒包括哪些？

第七章

中国少数民族饮食文化

学习导读 ⟩⟩⟩

本章按照四个地域介绍了中国少数民族的饮食习惯、饮食特色、饮食风俗和饮食禁忌。本章的学习重点是少数民族的饮食习惯、饮食特色，学习难点是少数民族的饮食风俗。

学习目标 ⟩⟩⟩

（1）掌握少数民族的饮食特色。
（2）熟悉少数民族的饮食习惯。
（3）熟悉少数民族的饮食习俗。
（4）了解少数民族的饮食禁忌。

学习案例 ⟩

中国的美食享誉世界，饮食文化更是源远流长、丰富多彩，而我国的少数民族饮食文化更是中华美食文化中重要的一篇。

云南是我国少数民族最多的省份，有25个少数民族，形成了独树一帜且丰富多彩的少数民族饮食文化。彩云之南，山容百树，这里"一山分四季，十里不同天"，其悠久的历史、得天独厚的物种资源及多样的民族文化，造就了云南千百年来兼容并蓄、独树一帜的美食文化。低海拔地区的傣族、景颇族等喜酸辣，酸腌菜是一大特色，如柠檬撒、酸笋煮鸡、酸木瓜煮牛肉；高海拔地区的白族、纳西族、藏族等则喜欢腌肉，风味咸鲜入味，如腊肉、腊肠、火腿、牛干巴等。

昆明作为云南省省会，聚集了许多少数民族的美食。当你走进神奇美丽的昆明时，你不仅会被迷人的锦绣风光所陶醉，还会被这红土高原上的少数民族美食所吸引。彝族的坨坨肉和羊汤锅，傣族的香茅草烤鸡和柠檬撒，哈尼族的长街宴，白族的木瓜炖鸡和三道茶……每道菜都会让你念念不忘。

少数民族不仅追求美食的口感，还十分重视美食的色彩和形状，所以他们的美食常以美丽的色彩和漂亮的形状出现在餐桌上。例如，傣族的"孔雀宴"，将多种傣味特色美食摆成孔雀开屏的形状；壮族和布依族的五色糯米饭，将用植物染料染成五种颜色的糯米蒸成米饭；怒族的琵琶火腿肉，将状似琵琶的火腿切成大小一致的肉片装盘……单是这精美的造型就足以使人食欲大振，待慢慢品尝后更是让人欲罢不能。

用美食传情寄意是少数民族美食文化的另一大特色。少数民族的美食与生产、生活、节庆、礼俗有着密切关系，他们赋予食物某种象征，寄托着美好的祈盼。例如彝族的八大碗，"八"谐音"发"，且八大碗的每一碗菜都有特定含义：酥肉，炸得金黄的酥肉像黄金一样，象征着财富；红烧肉，意为红红火火；蒸南瓜，寓意着粮食丰收……彝族人的菜肴不仅寓意美好，上菜的形式也隆重神秘，"跳菜"就是彝族人表达对客人到来最高敬意的礼仪。

每个民族各自的菜肴中的美好寄意都源于各自民族生产、生活及他们的民族信仰。这些少数民族美食寄托着人们的美好愿望和对大自然的敬仰，是少数民族文化的重要组成部分，也是中国饮食文化的重要篇章。

案例思考：

少数民族饮食与中国饮食文化的关系该如何理解？

案例解析：

少数民族饮食是中华饮食文化不可分割的一部分。我国是一个多民族汇集的国家，各民族在漫长的历史发展过程中，形成了各自独特的本民族饮食，品类繁多、内涵丰富。其丰富多彩的饮食种类为中国饮食文化增添了色彩。

我国自古以来就是一个多民族的国家，各兄弟民族之间不断交流、共同发展，创造了包括饮食文明在内的光辉灿烂的中华文化。由于各民族所处的社会历史发展阶段不同，居住在不同的地区，形成了风格各异的饮食习俗。根据各民族的生产生活状况、食物来源及食物结构，可大致划分为采集、渔猎型饮食文化，游牧、畜牧型饮食文化，农耕型饮食文化。若从区域文化差异和各民族文化关系来认识，则又大致可分为东北、华北少数民族饮食文化，西北少数民族饮食文化，中南、西南少数民族饮食文化和华东少数民族饮食文化。

东北及华北地区少数民族饮食文化

东北及华北地区地域辽阔，自然资源十分丰富，对发展农牧业生产具有得天独厚的优越条件，自古以来就是各民族生息繁衍的摇篮。古代多以畜牧、狩猎为生，后来一些民族以农业生产为主。生活在这一区域的民族有蒙古族、满族、朝鲜族、达斡尔族、鄂温克族、鄂伦春族、赫哲族等。

一、蒙古族饮食习俗

蒙古族，主要聚居在内蒙古自治区，也分布在新疆、辽宁、吉林、黑龙江、青海等省区。蒙古族自称"蒙古"，其意为"永恒之火"，自古以畜牧和狩猎为主，被称为"马背民族"。蒙古族日食三餐，每餐都离不开奶与肉。以奶为原料制成的食品，蒙古语称"查干伊德"，意为圣洁、纯净的食品，即"白食"；以肉类为原料制成的食品，蒙古语称"乌兰伊德"，意为"红食"。奶制品一向被视为上品。肉主要是牛肉、绵羊肉，其次为山羊肉、骆驼肉和少量的马肉。最具特色的是剥皮烤全羊、炉烤带皮整羊，最常见的是手扒羊肉。蒙古族吃羊肉讲究清煮，煮熟后即食用，以保持羊肉的鲜嫩。蒙古族喜食炒米、烙饼、面条、蒙古包子、蒙古馅饼等食品。蒙古族每天离不开茶，几乎都有饮奶茶的习惯，"宁可一日无饭，不可一日无茶"。这种习俗的形成与蒙古族生活的自然环境、生产形式和饮食特点有关，奶食、肉食品的营养丰富，喝奶茶时泡上奶食、手把肉（图7-1）等，既解渴又耐饿，由此逐渐形成了一日三餐中早晨和中午喝茶的习惯。多数蒙古族人能饮酒，多为白酒、啤

图7-1　蒙古族的手把羊肉

中国民族特色
饮食

138

酒、奶酒、马奶酒。蒙古族民间一年之中最大的节日是"年节"，也称"白节"或"白月"。腊月二十三过"小年"，全家团聚吃团圆饭、喝团圆酒；腊月二十三至正月初五过春节，称为"大年"，三十晚上要守岁。除夕户户都要吃手把肉，也要包饺子、制烙饼。初一的早晨，晚辈要向长辈敬"辞岁酒"。一些地区，夏天要过"马奶节"。节前家家宰羊做手把肉或全羊宴，还要挤马奶酿酒，节日里，牧民要用最好的奶制品招待客人。

二、满族饮食习俗

满族主要居住在东北三省、河北省和内蒙古自治区。早期满族先民以游猎和采集为主要谋生手段，后主要从事农业。满族过去多以高粱米、玉米和小米为主食，现以稻米和面粉为主粮，喜在饭中加小豆；有的地区以玉米为主食，再以玉米面发酵做成"酸汤子"（图7-2）。东北满族大多有吃水饭的习惯，即在做好高粱米饭或玉米糙子饭后用清水过一遍，再放入清水中泡，吃时捞出。满族人喜食黏食，以大黄米、小黄米及糯米、黏稻米等制作黏豆包、年糕、豆面卷子、油炸糕等，满族人将这些食物统称为"饽饽"。含糖、油较重的"萨其玛"是满族人喜爱的特色点心。冬天，满族民间常以秋冬之际腌渍的大白菜（即酸菜）为主要蔬菜；肉食以猪肉为主，部分地区的满族禁食狗肉。猪肉炖酸菜是北方满族常吃的菜肴，农村逢年节人们爱吃白肉血肠酸菜。东北满族聚居的地方，家家的炕桌中央都有一圆形洞穴，正好能放下马勺，炕桌下放一火盆，就着马勺里的酸菜，寒冬腊月，全家可以吃上热乎乎的饭菜。满族许多节日与汉族相同，逢年过节，均要杀猪。农历腊月初八，要吃腊八粥。除夕吃饺子，在一个饺子中放一根白线，谁吃着白线就意味着谁能长寿；也有的在一个饺子中放一枚铜钱，吃到便意味着有财运。满族过去信仰萨满教，每年都要根据不同的节令祭天、祭神、祭祖先，以猪头为主要祭品。

图 7-2　满族的酸汤子

三、朝鲜族饮食习俗

朝鲜族主要居住在东北三省、内蒙古等地区，主要从事农业生产，过去有一日四餐的习惯，除早餐、中餐、晚餐外，农村普遍在晚上加一顿夜餐。他们喜食米饭，善做米饭，常食用大米面制成的片糕、散状糕、发糕等，常食"八珍菜"（用绿豆芽、黄豆芽、水豆腐、干豆腐、粉条、桔梗、蕨菜、蘑菇等制成）、"酱木儿"（用小白菜、秋白菜、大头菜、海带等制成的汤）、泡菜、辣椒，肉类以猪、牛、鸡和各种鱼类为主，普遍喜食狗肉。朝鲜族最具代表性的食品是"克依姆奇"，即朝鲜族泡菜（图7-3），以及冷面、打糕、狗肉汤。很多吃过朝鲜族特色菜肴的人都应该知道，朝鲜族菜肴最突出的特色就是"辣"。而且他们比较喜欢吃腌制的咸菜，泡菜又称辣白菜，食用率非常高。可以毫不夸张地说，在朝鲜族的餐桌上，几乎每一餐都少不了辣白菜、大酱汤。朝鲜族注重教育，文化传统厚重悠久，讲究礼俗礼仪，敬老尊客。在有老年人的家庭里，进餐时一般要为老人单摆一桌，全家人进餐时，不许在长辈面前饮酒、吸烟。朝鲜族注重节令，每逢年节和喜庆之时，在菜肴和糕饼上要用辣椒丝、鸡蛋片、紫菜丝、绿葱丝或松仁米、胡桃仁加以点缀。朝鲜族注重根据不同季节调整饮食，如春天食用"参芪补身汤"，清明节必食明太鱼，伏天食用狗肉汤，冬天食用野味肉、野味汤和用牛里脊肉与各种海鲜制成的"神仙炉"；一年四季喜欢一种以糯米饭酿成的酒"麻格里"。这些朝鲜族独特的饮食风俗也有汉族、满族饮食文化的影子。

图7-3 朝鲜族的泡菜

四、达斡尔族饮食习俗

达斡尔族主要居住在内蒙古、黑龙江和新疆等省区，主要从事农业，食物结构以米面为主食，肉乳蔬菜为辅。达斡尔族习惯于农忙时日食三餐，农闲时日食两餐。达斡尔族过去以稷子、荞麦、燕麦、大麦、苏子为主食，20世纪以后，面粉、小米、玉米逐渐占主导地位；稷、麦多制成干饭和粥，粥中拌以牛奶或野兔、狍子、飞禽肉汤；面粉多制成面条、馒头、烙饼、水饺及鲜牛奶面片、面片拌奶油白糖、烙苏子馅饼等颇具民族特色；肉食过去以野生动物为多，有狍子、鹿、驼鹿、野猪、黄羊、飞龙、沙鸡、野鸡等。现以猪、牛、羊、鸡等为主要肉食，平时喜用肉炖蔬菜，善制酸菜、咸菜、干菜，以备冬春食用；常采集柳蒿菜、山葱、山芹菜、野韭菜等为食；饮料有鲜牛奶、酸牛奶、奶酒、奶米茶等。达斡尔族称春节为"阿涅"，年前家家要杀年猪、打年糕，中秋节要做月饼，用黄油、白糖、山丁子粉和窝瓜粉作为馅料。达斡尔族有敬老、互助和好客传统，无论谁家宰杀牲口，均要择出好肉分赠给邻居和亲朋；狩猎和捕鱼归来，甚至路人也可以分得一份；有客临门，即使生活贫困，也乐于设法款待；以烟待客是达斡尔族的传统，出门在外，男女都随身带烟，熟人见面相互敬烟。

五、鄂温克族饮食习俗

鄂温克族主要居住在内蒙古东北部和黑龙江西部，多从事畜牧业，少数半农半牧。在纯畜牧业地区的鄂温克族以乳、肉、面为主食，每日三餐离不开牛奶，既以鲜奶作为饮料，也常把鲜奶制成酸奶和干奶制品，常将奶油涂在面包或点心上食用，主食以面为主，一般为烤面包、面条、烙饼、油炸馃子，有时也食大米、稷子和小米，但均制成肉粥，很少吃干饭；肉类以牛羊肉为主，入冬前，要大量宰杀牲畜，将肉冻制或晒干储存，多将肉制成手把肉、灌血肠、熬肉米粥和烤肉串食用。生活在兴安岭原始森林里的鄂温克族，完全以肉类为主食，吃罕达犴（驼鹿）肉、鹿肉、熊肉、野猪肉、狍子肉、灰鼠肉和飞龙、野鸡、鱼类等，其中罕达犴、鹿、狍子的肝、肾一般生食，其他部分则要煮食；鱼类多用清炖法制作，只加野葱和盐，讲究原汁原味。生活在农耕兼渔猎地区的鄂温克族以农产品为主食，肉类作为副食，日常喜食熊油。鄂温克族以奶茶为主，也饮用面茶、肉茶；传统上用罕达犴骨制成杯子、筷子，鹿角做成酒盅，犴子肚盛水煮肉，桦木、兽皮制成盛器。除春节等节日与附近其他民族相同外，鄂温克族还要在农历五月下旬举行"米调鲁节"。"米调鲁"是欢庆丰收之意。鄂温克族十分好客，客至，要用奶茶、酒、肉肴款待。

六、鄂伦春族饮食习俗

鄂伦春族主要居住在内蒙古自治区呼伦贝尔市及黑龙江省的大兴安岭地区，从事狩猎业、林业，部分兼营农业、采集和捕鱼。过去食兽肉、衣兽皮的鄂伦春狩猎民族，在自然生存环境的影响下，逐渐形成了以肉食为主的饮食习惯，一般日食两餐，用餐时间不固定，冬季在太阳未出前用餐，餐后出猎；夏天则早晨先出猎，猎归后再用早餐。有时在猎区过夜。鄂伦春族早晚两餐均由妇女在家司厨，主食以瘦肉为主，近代鄂伦春族的饮食中多了米、面、玉米、土豆等食物。鄂伦春族传统的食物主要是野兽肉和鱼，其中食用最多的是狍子肉，其次是鹿、犴、熊和野猪肉。吃手把肉在北方狩猎、畜牧民族中较为普遍。鄂伦春族的吃法是把狍子、野猪、犴或鹿肉切成大块，放到锅里，掌握火候到鲜嫩可口时捞出，每人用刀割着食用。吃肉时蘸上用盐、野韭菜花和野葱调制的肉汤，味道更加可口。至今，每逢盛大的民族联欢会或有贵客临门时，大家都要围坐在一起，互相献上手把肉。猎人们还有一种比较讲究的食物，就是灌血清。在猎到鹿、犴或野猪之后，把胸腔打开，用猎刀在肋骨上划几道，让血流在容器里。过一小时后，鲜血沉淀下去，上面浮起一层透明的血清。把血清灌进收拾干净的肠衣里，加盐和野韭菜等佐料，就煮成了白嫩爽口的上等佳肴。现在，也常将兽肉切块炒、炸或配以蔬菜制作成菜肴。鄂伦春族一般用晒干法保存猎物。严冬出猎之前，常常喝一碗熊油以增强御寒能力，成年男子好饮酒，多为自制的马奶酒和由外地输入的白酒。鄂伦春族待人纯朴、诚恳，有客来，一定盛情招待，若遇打猎归来，无论是否相识，只要你说想要一点肉，主人均会将猎刀给你，任由割取。

七、赫哲族饮食习俗

赫哲族主要居住在黑龙江省，主要从事渔、农、猎业生产。赫哲族曾以鱼、兽肉为主食，后逐渐变为粮与鱼、兽各半，现以粮食为主食。赫哲族人喜食"拉拉饭"（用小米或玉米楂子做成软饭，拌上鱼松或各种动物油）和"莫温古饭"（用鱼或兽肉同小米一起煮熟加盐制成的稀饭），现在大部分人家均吃馒头、饼、米饭和蔬菜。渔业是其主要的生产方式，在那里形成了独特的"鱼餐"。他们食鱼的方法很多：有的将鱼去掉内脏，用刀划口，加上食盐，再用火炙烤，成熟后抖掉鱼鳞即食；有的将鱼肉串在烤叉上，抹上食盐熏烤食用；还有的将鱼肉制成鱼干平日食用；他们还以善制鱼松著称，而且每餐均食鱼松；最有特色的要算吃"生鱼"了，也就是将生鱼肉拌以佐料食用，从鱼皮、鱼籽到鱼肉、鱼脆骨都有生吃的妙法。赫哲族招待亲友和客人常以"刹生鱼"表示尊敬。"刹生鱼"的制作，是用鲤、鲟、鳇等鱼先将肉从鱼骨上剔下两整块，切成相互连接的鱼条，再将鱼肉从鱼皮上片下，切成鱼丝，然后拌上用开水烫过的土豆丝、绿豆芽、韭菜、辣椒油、醋、盐等，吃起来清香鲜嫩。这种生食习俗，在许多民族中都不同程度地保存着。客人光临，渔民们为考验你是不是真正的朋友，便拔刀从活蹦乱跳的鱼身上割下一块肉，用刀挑起递给你，如果客人从刀上咬下鱼片吃下，那就会得到热情的款待；否则，就别想登家门。春节时，赫哲族家家要摆鱼宴，吃大马哈鱼籽制成的菜肴，吃饺子和菜拌生鱼，每餐均不能吃剩菜剩饭，要把剩菜饭存起来，待过完春节后再吃。赫哲族结婚时，新郎要吃猪头，新娘吃猪尾，意为夫唱妇随；并共食面条，表示情意绵绵，白头到老。赫哲族人多喜饮酒，一般不饮茶，而且喝生水；用餐时，晚辈一般不能与长辈同桌，鱼头必须敬给长者，体现对长者的敬重。

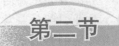

第二节

西北地区少数民族饮食文化

广阔的西北地区是少数民族繁衍生息的又一古老摇篮。现如今该地区主要居住着回族、维吾尔族、哈萨克族、东乡族、柯尔克孜族、撒拉族、土族、锡伯族、塔吉克族、乌孜别克族、俄罗斯族、保安族、裕固族、塔塔尔族及蒙古族、藏族等。自7世纪中叶伊斯兰教开始传入中国以后至近代，我国相继信仰伊斯兰教的共有回族、维吾尔族、哈萨克族、东乡族、柯尔克孜族、撒拉族、塔吉克族、乌孜别克族、保安族、塔塔尔族10个少数民族。由于伊斯兰教的共同信仰，这些兄弟民族有着基本相同的饮食禁忌和彼此相近的饮食心理习俗。但由于各民族所生活的地域环境不尽相同，各民族从事的生产与经济活动各异，从而导致了其经济、文化发展水平的差异和不平衡，因此决定了西北地区各民族膳食结构、饮食礼仪与习俗的各自风格。

一、回族饮食习俗

回族在宁夏、甘肃、新疆、青海等省区较为集中，全国各地均有分布。回族主要从事农业，并附带经营牧业和交通运输业，城镇中的回族多经营商业和饮食服务业。受伊斯兰教影响，回民禁食猪、马、驴、骡、狗和一切自死动物、动物血，禁食一切形象丑恶的飞禽走兽，无论牛、羊、骆驼及鸡、鸭，都要经阿訇或做礼拜的人念安拉之名后屠宰，否则不能食用。各地回民的饮食也有所不同，如宁夏的回族以米、面为日常主食，而甘肃、青海的回族则以小麦、玉米、青稞、马铃薯为日常主食；常食的面点有馒头、烧锅、花卷、面条、烧麦、包子、饼及各种油炸面食；油香（图7-4）、馓子是各地回族人民喜爱的特殊食品，也是节日馈赠亲友的礼品；肉食以牛、羊肉为主，有的也食骆驼肉，食用各种有鳞鱼。回族讲究饮料，凡是不流的水、不洁净的水不饮用，并喜欢饮茶和以茶待客。回族很注意卫生，凡有条件的地方，饭前饭后都要用流动的水洗手，多数回民不抽烟、不饮酒。回族民间节日主要有开斋节、古尔邦节、圣纪节。回族的筵席讲究各种菜肴的排列，婚宴一般采用8～12道菜，忌讳单数；宁夏南部盛行"五罗四海""九魁十三花""十五月儿圆"等清真筵席套菜。回族是富于创造性的民族，清洁、精致和丰富多彩是其食品和饮食文化的特色。信仰伊斯兰教的其他少数民族的饮食禁忌和节日食俗与回族大致相同。

图7-4　回族的油香

二、维吾尔族饮食习俗

维吾尔族主要居住在新疆，饮食以粮食为主，主要有小麦、水稻、高粱、玉米、豆类、薯类等，肉类、蔬菜、瓜果为辅；其中以面食为主，喜食牛、羊肉；常食的主食有馕、羊肉抓饭、包子、面条等，烤羊肉串、烤全羊等菜品颇具地方特色。用小麦粉或高粱粉等制作的各种形式、风格的馕（图7-5）是维吾尔族最具民族特色的食品。羊肉抓饭维吾尔语称"普劳"，主要原料有大米、羊肉、胡萝卜、洋葱、葡萄干、清油等，因其营养丰富、色泽悦目、气味诱人，被俗称为"十全大补饭"。维吾尔族人吃饭时，在地毯或毡子上铺"饭单"，饭单多用维吾尔族的木模彩色印花布制作；长者坐在上席，全家共席而坐，饭前饭后必须洗手，洗后只能用手帕或布擦干，忌讳顺手甩水；吃完饭后，由长者做祷告。如有客临门，请各人坐在上席，摆上馕、糕点、冰糖等，夏天还要摆一些瓜果，给客人上茶水或奶茶，饭前要请客人洗手；吃饭时，客人不可随便拨弄盘中食物，不可随便到锅灶前，一般不把食物剩在碗中，并应注意不让饭屑落地，如不慎落地，要拾起来放在自己近前的"饭单"上；共用一盘吃抓饭时，不可将已抓起来的饭粒再放进盘中，吃饭或与人聚谈时，不可擤鼻涕、吐痰；吃完饭后，由长者领做"都瓦"，此时客人不能东张西望或站起，需待主人收拾完餐具后，客人才能离席。

图 7-5　维吾尔族的馕

三、哈萨克族饮食习俗

哈萨克族主要居住在新疆，主要从事畜牧业，除部分经营农业者已经定居外，大部分牧民仍过着游牧生活。哈萨克族日常食品主要是面类食品、牛肉、羊肉、马肉、奶油、酥油、奶豆腐、酥奶酪等，喜欢将面粉制成油馃子、烤饼、油饼、面片、汤面等，或将肉、酥油、牛奶、大米、面粉调制成各种食品；有时也吃点米饭，习惯将米饭与羊肉、油、胡萝卜、洋葱等一起制成抓饭；以奶油混合幼畜肉装进马肠里蒸熟而后食用的"金特"，是哈萨克人的风味美食；饮料有牛奶、羊奶、马奶子、茶、奶茶。哈萨克族有尊敬老人、热情好客的传统，一般在进餐时让长辈先坐，并把最好的肉让给老人；若有客至，主人均要拿出最好的食品招待，牧民认为："如果在太阳落山的时候放走客人，是奇耻大辱。"在饮食活动中，年轻人平时不准在老人面前饮酒，不准用手乱摸食物，不准坐在装有食物的箱子或其他用具上，不准跨越或踏过餐布。

四、撒拉族饮食习俗

撒拉族主要居住在青海、甘肃等省，主要从事农业，种植小麦、青稞、荞麦、土豆、蚕豆、豌豆、蔬菜、瓜果等，饲养马、牛、羊、驴、骡、鸡、鸭、兔等。撒拉族习惯上日食三餐，主食多为面点，如花卷、馒头、烙饼、面片、拉面、擀面、搅团等，所制散饭颇有地方特色，制法是将面粉或豆面徐徐撒入开水里，搅拌成糊状的面粥，搅团的制法与散饭相同，只是比散饭要稠一些，食用时配以酸菜和蒜泥、辣椒等辛辣调料。撒拉族多由中年妇女和姑娘专职做饭、端盘子，不与老人长辈同桌。他们一般喜饮茶，不饮酒，茶主要是奶茶和麦茶。为亡人祈祷时要煮麦仁饭，麦仁饭是小麦去皮后与羊（或牛）杂碎及少许豌豆、蚕豆放入大锅里熬煮，成熟后再加一些面粉、盐、花椒粉等制成的像粥似的饭；在食用前，要请全村男女老少自带碗筷来吃，先男人、后妇女，席地而坐，随来随吃，因故不能来的也可让其他人带回去。亲友之间往来，一般要互赠酥盘（一种类似大馒头的蒸馍）、"比利买海"（用植物油、面粉制成的油搅团）等，节日通常炸油香。

五、塔吉克族饮食习俗

塔吉克族主要居住在新疆，主要从事畜牧业，饲养牛、羊，兼事农业，在山谷里种植青稞、豌豆、小麦等作物，过着半定居、半游牧的生活。塔吉克族日食三餐，主要食品有肉、面、奶，农区以面食为主，牧区以肉食为主；喜将面和奶或米和奶一起制成主食，许多日常食品与维吾尔族相似。塔吉克族的日常饮食，一般注重主食，不太讲究副食，很少吃蔬菜；早餐是奶茶和馕，午餐是面条和奶面糊，晚餐大都吃面条、肉汤加酥油制品；食肉时，喜欢用清水将较大的肉块煮熟，再蘸食盐吃；习惯于饮用奶茶；饮食均由家庭主妇操持。塔吉克族敬客宰羊时，要把待宰的羊牵到客人面前，请客人过目后再宰；进餐时，主人要先给客人呈上羊头，客人要割下一块肉，再把羊头双手奉还给主人；随后，主人再将一块夹羊尾巴油的羊肝送给客人；接着主人要拿起一把割肉的刀子，刀柄向外送给客人，请一位客人分肉；在主客相互谦让后，一般由有经验的客人分肉，肉分得很均匀，人各一份；进餐的客人中如有男有女，一般要分席就餐。

六、东乡族饮食习俗

东乡族主要居住在甘肃省，主要从事农业，作物有小麦、青稞、豆子、谷子、荞麦、土豆、大麻、胡麻、油菜等，牧畜有羊、马、牛等。东乡族日食三餐，每餐不离土豆。土豆既可当菜，又可当饭，煮、烧、烤、炒均可。冬春之际，早餐多吃烧土豆，每年入冬以后，东乡族的家庭主妇每天早上第一件事，就是把土豆焐在炕洞的烫灰里，焐熟之后，全家围着炕桌吃；也有的将土豆切块入锅，煮至将熟时加青稞面，并把土豆捣碎，再加酸菜、油蒜泥作为早点。他们喜欢把青稞面、大麦面制成"锅塌"或"琼锅馍"作为主食。夏季，很多东乡族人喜将快熟的青麦穗或青稞穗煮熟，搓干净，再用石磨磨成长"索索"，拌上油辣子、蒜泥和各种炒菜合食。东乡族用酸浆水与和田面（青稞、豆子磨成）和匀，做成面疙瘩，是最普通的晚餐；还有的用玉米面、小麦面、豆面等制成散饭、搅团、米面窝窝、荞麦煎饼、羊肉泡馍等。总之，饭菜合一是东乡族饮食的一大特色。他们制作的"栈羊"肉,别具风味,一般是清水下全羊,锅上蒸"发子",即把羊的心、肝、肺切碎,盛入碗内,调以姜米、花椒粉、味精及葱花,放在笼屉上蒸熟。屠宰栈羊吃发子是东乡族改善生活的一种形式。东乡族人喜饮紫阳茶和细毛尖茶,一般每餐离不开茶,一日三餐均在炕上,炕上放一炕桌,全家人都围着炕桌盘膝而坐,每一餐必须在长辈动筷后,全家才能进餐。在东乡族人中间,有"吃平伙"的习惯,即农闲时一些人凑在一起,选一只肥羊,在羊主人或茶饭做得好的人家宰羊,整羊下锅,杂碎拌上调料上锅蒸;吃平伙的人先喝茶,吃油饼,待"发子"熟了,一人一碗,而后又在肉汤里揪面片吃,再将煮熟的羊肉分成若干份,每人一份;最后大家摊钱给主人,也可以用东西和粮食折价顶替。东乡族热情好客,最隆重的待客方式是端全羊,喜欢用鸡待客,一般将鸡分成 13 块,以鸡尖(鸡尾)为贵,通常要将鸡尖给客人。

七、柯尔克孜族饮食习俗

柯尔克孜族主要居住在新疆南部,主要从事畜牧业,饲养马、牛、羊等;兼事农业,以种植青稞、小麦等耐寒作物为主。柯尔克孜族一日三餐,除早餐为馕和奶茶外,午餐和晚餐多以面食,马、牛、羊肉为主;在农区以粮为主,但肉类仍占有很大比重。柯尔克孜族将粮食大部用来磨面做馕、面条、奶皮、面片、稀粥、油饼、油馃、馄饨等;日常蔬菜不多,主要为土豆、圆白菜、洋葱等;肉类以做成手抓羊肉、烤肉为主,其次大都做成灌肺、灌肠、油炒肉、肉汤等。柯尔克孜族喜食奶和奶制品,常见的有马奶、牛奶和奶皮、奶油、酸奶等,平时喜欢用稞、麦子或糜子发酵制成名为"牙尔玛"的饮料,好饮茶,煮沸后加奶和食盐;在请客人吃羊肉时,先吃羊尾油,然后再吃胛骨和羊头肉,尤以羊头肉待客为尊,在客人吃肉前,要先分一些给主人家的妇女和小孩。

八、土族饮食习俗

土族主要聚居于青海省的湟水和大通河两岸,早期从事畜牧业,元、明以后转变为以农业为主,兼事牧业,农作物有青稞、土豆、小麦、大麦、燕麦、蚕豆、豌豆等,普遍饲养马、牛、骡、羊和一些家禽。土族习惯于日食三餐,早餐比较简单,大都以煮土豆或糌粑为主食;午餐比较丰富,有饭有菜,主食为面食,常制成薄饼、花卷、干粮等食用;晚餐常吃面条或面片、面糊糊等。土族日常菜肴以肉乳制品居多,当地的手抓羊肉是最好的待客和节日食品。土族喜饮茯茶、酥油茶,还特别喜饮用青稞酿成的酩醯子酒。这种以青稞为原料的酒,家家皆能自酿,在酿制时习惯加一种名为羌活的中药,饮时味稍带涩,有散表寒、祛风湿的功效,酒度为 30 度,比一般青稞酒更清醇绵软,独具风味。土族淳朴好客,民间有"客来了,福来了"的说法,敬客时,首先要敬酥油茶,摆上一个插有酥油花的炒面盒子,端上一盘大块肥肉,并在肥肉上插一把刀子,然后用系有白羊毛的酒壶为客人斟酒,以示吉祥如意;有的地方客人一到,先敬三杯酒,送客时也敬三杯酒,饮酒时,有边饮边歌的习俗,如不能喝酒,用小指蘸三滴,对空弹三下也可。土族传统信仰藏传佛教,节日期间伴有各种祭祀活动,并备有节日食品。例如,春节时蒸花卷、馒头、盘馓(炸油饼)等;端午节做凉面、凉粉;中秋节做多层大月饼;十月初一吃饺子;腊月二十三晚上做白面小饼,并在小饼上刻出菱形的图案,再用麦草编制一个草马,专门用来祭灶。

九、锡伯族饮食习俗

锡伯族居住在新疆、辽宁、吉林等省区，大多数从事农业，居住在新疆等地的还兼事畜牧业和冬猎。锡伯族农作物有小麦、玉米、高粱、水稻、谷子、胡麻、豌豆等，家畜有牛、羊、马、鸡、鸭、猪等，并生产各种蔬果，习惯上日食三餐，也吃馍馍、面餐，主食以米、面为主。锡伯族过去食用高粱米居多，面食以发面饼为主，当地人称为"发拉额文"（发面饼），是每天都离不开的日常主食，也吃馍馍、面条、韭菜合子和水饺等，新疆的锡伯族也食用馕、抓饭、奶茶和酥油等。锡伯族肉食以牛、羊、猪肉为主，吃肉时，习惯每人随身携带一把刀子，将肉煮熟后，放入大盘中自行切割，蘸盐、葱、蒜搅拌成的调料食用，喜食猪血、猪血灌肠。锡伯族在夏季制作面酱，用面酱或豆酱制成的"米顺"是锡伯族风味独特的调味品。冬季，锡伯族常捕猎野猪、野鸭、野兔、黄羊等野味，并习惯制作各种腌菜，每年秋末，家家都用韭菜、青椒、芹菜、包心菜、胡萝卜等切成细丝腌制咸菜，当地称为"哈特混素吉"，可供全年食用。过去，锡伯族饮食上有许多讲究，例如，经常食的"发拉额文"（发面饼），上桌时分天面、地面，天面必须朝上，地面朝下，切成四瓣摆放在桌沿一边。这种饼是贴在炒菜锅内用微火烤熟的，一般直径为25厘米，厚度约为1厘米。全家进餐按长幼就座，以西为上，父子、翁媳不同桌；吃饭时不许坐门槛或站立行走，禁止用筷子敲打饭桌、饭碗，或把筷子横在碗上。东北的锡伯族，无论谁家宰牛、羊、猪，远亲近邻均可割一些肉拿回家中食用，主人不记账、不收钱。锡伯族许多传统节日，大都与汉族相同；但大年初一锡伯族人传统要吃"郎午（南瓜）饺子"，初二吃"长寿面"，正月十五吃"朱西楞巴达"。朱西楞巴达是将煮好过清水的面条放到带骨猪肉、葱、盐煮的汤中拌食的汤面。新疆的锡伯族每年农历四月十八要过"西迁节"，西迁节是纪念清乾隆二十九年（1764年）本族3 275人被清政府从东北征调到新疆的历史事件，届时家家蒸肉，户户食鱼，还三五成群到野外踏青摆野餐。锡伯族人普遍忌食狗肉。

十、裕固族饮食习俗

裕固族主要居住在甘肃省，居住区大部分处于祁连山地，山地牧草繁茂，形成了裕固族以畜牧业为主的生计方式。裕固族食物以粮肉为主，蔬菜为辅，民间有一日三茶一饭或两茶一饭的习惯，早晨喝早茶——酥油炒面茶：将茯苓、砖茶捣碎，放入开水，加姜片、草果、花椒粉煮沸熬酽，再调入酥油、食盐和鲜奶搅拌均匀后饮用，茶中一定要放盐，若再加上奶皮、炒面、红枣或沙枣就可作为早点了；中午要喝午茶，吃炒面、烫面或烙饼；下午依然喝茶，在茶内加酥油、奶或酸奶；晚上为正餐，一般以米面为主，有米饭、面条、面片等。裕固族平时喜食牛肉、羊肉，多制成手抓肉、烤全羊、牛羊背子、焖羊羔肉、炒羊肉片、羊血灌羊盘肠、肉馅灌羊肥肠、熏羊肉条、羊肉干等，也食猪肉、骆驼肉、鸡肉，吃牛羊肉时多佐以大蒜、酱油、香醋等。牧民平时很少吃到新鲜蔬菜，多采集野葱、沙葱、野蒜、野韭菜、地卷皮、蘑菇等野生植物为食。裕固族的奶制品主要用牦牛奶、黄牛奶、羊奶为主制成，有甜奶、酸奶、奶皮子、酥油和曲拉（即奶渣）等品种。裕固族喜欢在大米饭里、粥里加些蕨麻、葡萄干、红枣，拌上白糖和酥油，或在小米、黄米饭内加羊肉丁、酸奶，作为主食；也喜食面片、炸油饼、包子、奶馃子、饺子等。用沙生植物锁阳去皮后蒸熟捏烂，掺面粉揉成、炸烙而成的锁阳饼，绵软香甜，是裕固族的风味食品。裕固族待客真诚，凡有客来，皆热情招待，有先敬茶后敬酒的习惯，饮酒时有一敬二杯之习；待客和节庆期间，佳肴为牛、羊背子或全羊。

第三节

中南及西南地区少数民族饮食文化

中南、西南是我国少数民族最多的地区，居住的少数民族有藏、苗、彝、壮、布依、侗、瑶、白、土家、哈尼、傣、黎、傈僳、佤、拉祜、水、纳西、景颇、羌、布朗、毛南、仡佬、阿昌、普米、怒、德昂、京、独龙、门巴、珞巴、基诺等族。各民族所处的地理环境不同，社会经济形态与生产发展水平参差不齐，信仰与社会风俗各异，故这一地区的民族饮食习俗呈现出五彩缤纷、各具特色的民族文化景观。

一、藏族饮食习俗

藏族主要聚居在西藏自治区，还分散居住在青海、甘肃、四川、云南等省，大部分从事畜牧业，少数从事农业。藏族牲畜主要有藏系绵羊、山羊、牦牛，农作物有青稞、豌豆、荞麦、蚕豆、小麦等。大部分藏族日食三餐，但在农忙或劳动强度较大时有日食四餐、五餐、六餐的习惯。藏族一般以糌粑（图7-6）为主食，糌粑是西藏自治区的一种特色小吃，也是藏族牧民传统主食之一。糌粑是炒面的藏语译音，将青稞洗净、晾干、炒熟后磨成面粉，食用时用少量的酥油茶、奶渣、糖等搅拌均匀，用手捏成团即可；食用时，要拌上浓茶，若再加上奶茶、酥油、曲拉（奶渣，是打出酥油后的奶子经熬好后晾干而成，若用酸奶或甜奶熬制则更香美）、糖等一起食用则更香甜可口，被誉为藏族的"方便面"。它不仅便于食用，营养丰富、热量高，很适合充饥御寒，还便于携带和储藏。在藏族同胞家做客，主人一定会给你端来喷香的奶茶和糌粑，金黄的酥油和奶黄的曲拉、糖，叠叠层层摆满桌子。四川地区的藏族还常食"足玛"（蕨麻，俗称人参果）、炸馃子，以及用小麦、青稞去麸与牛肉、牛骨入锅熬成的粥。青海、甘肃的藏族也食烙薄饼和用沸水加面搅成的"搅团"，还喜食用酥油、红糖和奶渣做成的"推"。藏族过去很少食用蔬菜，副食以牛肉、羊肉为主，猪肉次之，食用牛肉、羊肉讲究新鲜。民间吃肉时不用筷子，而是用刀子割食。藏族喜饮奶、酥油茶及青稞酒。藏族民众普遍信奉藏传佛教，藏历年"洛萨节"（汉族新年）是最大的节日，届时，家家都要用酥油炸馃子、酿青稞酒。初一，年迈长者先起床从外边打回第一桶"吉祥水"；和家人按长幼排座，边吃食品边相互祝福，长辈先逐次祝大家"扎西德勒"（吉祥如意），晚辈回敬"扎西德勒彭松错"（吉祥如意，功德圆满）；之后，吃酥油熟人参果，并互敬青稞酒。另外，藏族还要过"雪顿节"，意为向僧人奉献酸奶的节日，藏语"雪"意为酸奶，"顿"为吃、宴之意，时在藏历七月一日，持续3~4天；

"望果节"，目的是娱神酬神，祈愿丰收，向巫师敬酒，每个人都从自己田里采集三穗青稞供在家中神龛上；"沐浴节"，时在藏历七月上旬，持续一周，届时整个青藏高原的藏族男女老少都要到水域嬉戏、游泳，并备以酒、茶及各种食物，中午野餐，又称作"沐浴节"。

图7-6　藏族的糌粑和酥油茶

二、壮族饮食习俗

壮族主要居住在广西壮族自治区，在云南、广东、湖南、贵州等省也有分布，主要从事农业。壮族习惯于日食三餐，有的也吃四餐，即在中晚餐中间加一小餐，早餐、午餐比较简单，一般吃稀饭；晚餐为正餐，多吃干饭，菜肴也较为丰富。壮族的饮食，在种植稻米的地区，喜食大米饭、大米粥，喜欢用糯米制成各种粽子、糍粑（用糯米蒸熟捣烂后所制成的一种食品）、糕饼等食品，爱食酸品；在山区以玉米、小米、薯类为主食。壮族人都喜欢吃猪、鸡、鸭、鱼肉，有的地方喜欢吃鱼生、豆腐圆等。壮族的菜食，四季新鲜，种类繁多，有青菜、萝卜、豆、瓜、竹笋、蘑菇、木耳等类，青菜又分为白菜、芥菜、包菜、空心菜等，豆类、瓜类品种也很多。壮人喜爱吃炒菜，炒菜稍熟即可吃，味道新鲜，又有营养，壮人很少吃炖菜。壮族多自酿米酒、红薯酒和木薯酒，其中米酒是过节及待客的主要酒水。做甜酒壮人已有上千年历史。壮族的节日与汉族有许多相同之处，以春节为重，除夕晚，宴席上一定要有一只整煮的大公鸡，壮族习俗认为，没有鸡不算过年；年初一喝糯米甜酒、吃汤圆；初二以后开始拜年，互赠糍粑、粽子、米花糖等食品；每年农历三月三日歌节时妇女烧五彩糯米饭（图7-7）、以糯米、去壳绿豆及干酱腌过的猪肉为主料制成的壮粽，都是壮族独具特色和风味的食品。壮族好客，凡有客至，必定热情接待。壮族平时即有相互做客的习惯，例如，一家杀猪，均请全村各户来人，共吃一餐；招待客人的餐桌上必备酒，方显隆重。壮族敬酒的习俗为"喝交杯"，其实并不用杯，而是用白瓷汤匙，两人从酒碗中各舀一匙，相互交饮，眼睛真诚地望着对方。壮族筵席实行男女分席，一般不排座次，无论辈分大小，均可同桌，按规矩，即使是吃奶的婴儿，凡入席即算一座，有一份菜，由家长代为收存，用干的阔叶片包好带回家，意为平等相待；每次夹菜，都要由一席之主先夹最好的送到客人碗碟里，其他人才能下筷。

图 7-7 壮族的五彩糯米饭

三、苗族饮食习俗

苗族广泛分布在贵州、云南、湖南、湖北、广西、四川和海南等省区，主要从事农业，以大米为主食，喜食糯食，常将糯米做成糯米粑粑（方言，中国传统饼类食物）。苗族常食的蔬菜有豆类、瓜类和青菜、萝卜，肉食多为猪、牛、狗、鸡等。四川、云南等地区的苗族喜吃狗肉，有"苗族的狗，彝族的酒"之说。苗族嗜好酸辣，一些地区"无辣不成菜"，广西隆林、田林等地用骨头、辣椒、食盐、生姜和酒加工而成、别具风味的"辣骨汤"，是当地苗民最嗜爱的调味品。各地苗族普遍喜食酸味菜肴（图7-8），蔬菜、鸡、鸭、鱼、肉都喜欢腌制成酸味食用。苗民好饮酒，其中"咂酒"别具一格，饮酒时用竹管插入瓮内，饮者沿酒瓮围成一圈，由长者先饮，再由左而右，依次轮转，酒液吸完后可再倒入饮用水，直至淡而无味为止。苗族过节除备酒肉外，还要准备节令食品。例如，吃鸭节要宰鸭子，

图 7-8 苗族的酸汤鱼

用鸭肉和米煮成稀饭食用；在吃新节时，要用新米做饭、新米酿酒，就连菜和鱼，都要刚摘、刚出塘的。由于生活区比较分散，各地苗族间存在文化上的诸多差异，有着不尽相同的饮食文化习俗。

四、彝族饮食习俗

彝族主要居住在四川、云南、贵州及广西等省区，主要从事农业，兼事畜牧业，喜种杂粮，主要农作物有玉米、小麦、荞麦、大麦，滇南河谷地区的彝族也种水稻。彝族以杂粮、面、米为主食，早餐多为吃饭，午餐以粑粑为主食，备有酒菜，晚餐也多吃饭，一菜一汤，配以咸菜。彝族肉食以猪肉、羊肉、牛肉为主，主要制成"坨坨肉"（图7-9）、牛汤锅、羊汤锅，或烤羊、烤小猪。所谓坨坨肉，即是"打牛"（杀牛）后将肉砍成大小均匀的坨坨煮食，凉山彝族火把节期间及隆重庆节时必有此习俗。凉山彝族传统的坨坨牛肉块很大，有"手捧坨坨肉，对面不见人"的说法。彝族的蔬菜除鲜食外，大部分都要做成酸菜。彝族日常饮料有酒有茶，以酒待客，民间有"汉人贵茶，彝人贵酒"之说；饮酒时，大家常常席地而坐，围成一个圈，边谈边饮，端着酒杯依次轮饮，称为"转转酒"，且有"饮酒不用菜"之习。民间传统节日很多，主要有十月年、火把节等。十月年是彝族的传统年，时在金秋十月，择吉日连过三天，节日里要杀猪、羊，富裕者要杀牛，届时盛装宴饮，访亲问友，并互赠礼品，其礼品多为油煎糯米粑粑，并在上面铺上四块肥厚的熟腊肉；火把节要杀牛杀羊，祭祀祖先，有的地区也祭土主，相互宴饮，吃坨坨肉，共祝五谷丰登。

图7-9　彝族的坨坨肉

五、布依族饮食习俗

布依族主要居住在贵州、云南、四川等地区，大部分主要从事农业。布依族过去有闲时食二餐，农忙时食三餐的习惯，每日主食多以大米为主，普遍喜食糯米。布依族传统小吃很多，尤其是居住在云南的布依族，善做米线、饵块、豌豆粉、米凉糕等。布依族喜欢吃酸辣食品，酸菜和酸汤几乎每餐必备，尤以妇女最喜食用，还有血豆腐、香肠、鲜笋和各种昆虫加工制作的风味菜肴。大部分布依族都善于制作咸菜、腌肉和豆豉，尤以腌菜

"盐酸"更具特色和出名，鲁迅先生于 1924 年在旅京的贵州籍学者姚华先生处品尝到独山盐酸菜后，赞不绝口，称誉为"中国最佳素菜，不可不吃"，"中国最佳素菜"的美誉从而广传人世。布依族的荤菜中，狗肉、狗灌肠和牛肉汤锅为上肴，并将猪血、肉末加调料煮至成菜作为待客佳肴。酒在布依族日常生活中占有很重要的位置，每年秋收之后，家家都要酿制大量的米酒储存起来，以备饮用。布依族喜欢以酒待客，无论来客酒量如何，只要客至，都以酒为先，名为迎客酒；饮酒时不用杯而用碗，并要行令猜拳、唱歌。布依族地区还有一种茶，不仅味道别具一格，名字也十分好听，这就是姑娘茶。清明前夕，姑娘上山采回茶尖嫩叶，热炒后保持一定的湿度，然后把茶叶一片一片叠成圆锥体，晒干，再经过加工，就做成一卷一卷圆锥体的姑娘茶了。姑娘茶不仅形状优美，而且质量精良，是茶叶中的精品。这种茶叶只赠亲朋好友，或在谈恋爱或定亲时，由姑娘赠送给情人。姑娘茶，姑娘采，姑娘做，这是姑娘茶茶名的来历。布依族一年之中最隆重的节日是过大年（春节），除夕前要杀年猪、舂糯米粑粑、备各种蔬菜。

六、侗族饮食习俗

侗族主要居住在贵州、湖南、广西等省区，以农业生产为主，兼事林业。侗族一般日食三餐，也有部分地区日食四餐，即两茶两饭。两茶是指侗族民间特有的油茶，油茶是侗族生活不可或缺的习俗，也是待客的重要礼俗。油茶的主要制作原料包括茶叶、大米花、酥黄豆、炒花生、葱花、糯米饭等。制作油茶较为讲究，需经蒸、晒、炒、煮、滤等程序才能将色香味美的油茶制成。四餐之中中间两餐为正餐，以米饭为主食，一般在平坝地区的侗族吃粳米饭，山区多食糯米。侗族口味嗜酸辣，有"侗不离酸"之说，不仅有酸汤，还有用酸汤做成的各种酸鱼、酸鸡、酸鸭等，尤其是腌鱼，久负盛名，具有酸、辣、甜的特点，肉鲜味美，十分开胃。腌鱼、腌猪排、腌牛排、腌鸡鸭以筒制为主，酸菜多用坛制。置办酒宴时，酸菜、酸肉以鲜鲤鱼、鲫鱼为贵。侗族节庆活动中吃油茶比较讲究，家里专门备有吃油茶的小碗，并事先切好姜、辣椒等作料，供客人自选。侗族普遍饮酒，家里来了贵客，通常要用最好的苦酒和腌制多年的酸鱼、酸肉及各种酸菜款待，并有"苦酒酸菜待贵客"之说。侗族民间用鸡、鸭待客时，主人首先要把鸡头、鸭头或鸡爪、鸭蹼敬给客人。到侗族家里做客，食腌鱼时，主人将一堆酸鱼块放入客人碗中，但客人最好不要吃光，留一两块儿，以示"有吃有余"。

七、瑶族饮食习俗

瑶族主要居住在广西、湖南、广东、云南、贵州等省区。瑶族是一个古老的民族，主要分布在中国南方几个省区的山区，是中国南方一个比较典型的山地民族，从事农业，兼事林业和狩猎。瑶族一日三餐，一般为两饭一粥或两粥一饭，农忙时节三餐干饭。过去，瑶族常在米粥或米饭里加玉米、小米、红薯、木薯、芋头、豆角等，有时也单独煮薯类或将稻米、薯类磨成粉做成粑粑吃。瑶族人喜爱吃腌制食品，常将蔬菜制成干菜或腌菜，肉类也常加工成腊肉和"酢肉"。"鸟酢"是瑶族独具风味的特色食品，用鸟肉腌制而成。将捕获的鸟去毛洗净、晾干，拌以米粉及食盐，放入一个小口瓦坛内，用芭蕉叶封住坛口，数日后即可取食。瑶家人常用"鸟酢"来招待贵客，有时，还用这种方法腌制猪肉、牛肉、羊肉等。瑶族每逢节日，用木甑蒸饭，并要做粑粑；遇有客来，要以酒肉热情款待，有些地方把鸡冠献给客人。瑶族在向客人敬酒时，一般都由少女举杯齐眉，以表示对客人的尊敬；也有的由德高望重的老人为客人敬酒，被视为大礼。在过山瑶（中国四大瑶族支系之一）中，喜用油茶敬客，遇有客至，都习惯敬三大碗，称为"一碗疏、二碗亲、三碗见真心"。

八、白族饮食习俗

白族主要居住在云南，主要从事农业，习惯日食两餐，农忙季节或节庆期间，则多加早点和午点。白族平坝地区多以大米、小麦为主食，山区多以玉米、洋芋（土豆）、荞麦为主食；主食以蒸制为主，常吃干饭，外出劳动随身携带盒饭，就地冷餐。白族人民喜吃酸、冷、辣等口味，并善于腌制火腿、弓鱼、螺蛳酱、油鸡枞、猪肝胙等各种味美可口的菜肴。大理等中心地区的白族人民，还喜吃一种别具风味的"生肉"（或称"生皮"），即将猪肉烤成半生半熟，再切成肉片或肉丝，佐以姜、葱、醋、辣椒，以宴请客人。另外，还有用糯米酿制的白酒，用苍山雪炖梅和糖制成的"雪梅"，邓川特制"乳扇""乳饼"等也都十分可口。冬天，白族喜欢食用大锅牛肉汤，并加蔓菁、萝卜、葱等一起食用。白族大都喜欢饮酒喝茶，他们很往意每天清晨和中午两次茶，晨茶又称"早茶"或"清醒茶"，人们一起床就烤茶，全家成年人都喝；午茶又称"休息茶"或"解渴茶"，内放米花和乳扇，包括小孩均要喝一杯。白族节日饮食有讲究，如年节（春节）家家都要杀猪、磨豆腐、舂饵块和糯米粉。隆重的团年饭在餐桌中央摆一个大的铜火锅，必上猪头肉，周围有八大碗等富含寓意的菜肴。例如，藕寓开窍通畅，烧鱼寓"年年有余"等；大年初一要吃汤圆，从初一到初五，每天吃什么都有一定的规范；清明节吃凉拌什锦；火把节吃甜食和各种糖果。

九、土家族饮食习俗

土家族主要居住在湖南、湖北、四川、贵州四省，主要从事农业，平时每日三餐，闲时一般吃两餐，农忙时吃四餐。土家族日常主食除米饭外，以包谷（玉米）饭最为常见，包谷饭是以包谷面为主，适量掺一些大米，用鼎罐煮或用木甑蒸制而成；有时也吃豆饭，粑粑、团馓也是土家族季节性的主食；过去红薯在一些地区为主食，现仍是部分地区入冬后的常备食品。土家人特别喜欢吃酸辣味菜肴，几乎餐餐离不开酸菜。土家族饮食中豆制品也很常见，如豆腐、豆豉、豆腐乳等，尤其喜食豆渣，即将黄豆磨细，浆渣不分，煮沸澄清，加菜叶煮熟即可食用。土家族民间常将豆饭、包谷饭加豆渣汤一起食用，土家族还喜食油茶汤。土家族很重视传统节日，尤以过年最为隆重，届时家家都要杀年猪、舂粑粑、磨豆腐和汤圆面、做绿豆粉、煮米酒等。"合菜"俗称"团年菜"，是土家族过年家家必制的民族菜。相传明嘉靖年间，土司出兵抗倭，为不误军机，士兵煮合菜提前过年。其制作是将萝卜、豆腐、白菜、火葱、猪肉等合成一鼎锅熬煮，即成"合菜"。合菜除味道佳美，还象征五谷丰登，合家团聚，又反映土家人不忘先民的光荣传统。土家族十分好客，平时粗茶淡饭，如果有客人来，夏天先让客人喝碗糯米甜酒，冬天则先吃一碗开水泡团馓，然后再以美酒佳肴款待。

十、哈尼族饮食习俗

哈尼族主要居住在云南南部山区，绝大部分从事农业。哈尼族过去日食两餐，主食是当地产的稻米，玉米为辅；喜欢将大米、玉米制成米饭、粑粑、米线、卷粉和豌豆凉粉等。他们爱吃糯米粑粑，用芭蕉叶包着与腌肉一起吃。居住在西双版纳的哈尼族分支尼人（自称"阿卡"）喜将瘦肉剁碎，与大米、姜末、八角面、草果面一起熬粥，并作为主食。哈尼族擅长利用当地土特原料腌制咸菜、烹制肉类及各种风味菜肴，每餐都食豆豉。哈尼族有共享猎物的传统，当猎手们捕猎归来，全寨子的人都可来分割猎物，各享一份；如果猎物太少，便直接煮好，大家一起分享。哈尼族还喜饮茶喝酒。在一年之中，哈尼族有过两个年的习惯，一个是十月年，届时家家都要杀一只红公鸡，就地煮食，不得拿入室内，全家每个成员都得吃上一块鸡肉，准备出嫁的姑娘则不能吃，后再做三个饭团和一些熟肉献给同氏族中辈分最高的老人，寨子里要举行盛大的街心宴（时称"长街宴"），各家争相献上自己的拿手好菜；另一个是六月年，届时要杀鸡宰羊，举办酒筵。哈尼族好客，若有客至，主人要先敬一碗米酒、三大片肉，称"喝焖锅酒"；待客食品讲究食多量大，在宴饮之时常常酒歌不断；客人离开时，有的还要送上一块大粑粑和一包用芭蕉叶包好的腌肉、酥肉、豆腐圆子等食品。

十一、傣族饮食习俗

傣族主要聚居在中国西南部云南省西双版纳傣族自治州等地区，从事农业，大多有日食两餐的习惯，以大米和糯米为主食。傣族所产的大米和糯米不仅颗粒大，而且富有油性，糯米的黏度也较大，具有米粒大而长，色泽白润如玉，做饭香软适口，煮粥黏而不腻，营养价值高的特点。通常是现舂现吃，习惯用手捏饭吃。外出劳动者常在野外就餐，用芭蕉叶或竹饭盒盛一团糯米饭，随带盐巴、辣子、酸肉、烧鸡、酱、青苔松等佐食。傣族主食、副食、菜肴等具有品种多、酸辣、香的特点；肉食有猪、牛、鸡、鸭，也喜食鱼、虾等水产及昆虫，傣族地区潮湿炎热，昆虫种类繁多，用昆虫为原料制作的风味菜肴和小吃是傣族食物构成的一个重要部分。傣族不食或少食羊肉，善用野生植物调味。傣族人嗜酒好茶，酒的度数不高，是自家酿制的，只喝不加香料的大叶茶，喝时在火上略炒至焦，冲泡而饮，略带糊味。嚼食槟榔是各地傣族最为普遍的嗜好，中年以上男女最为普遍，有如汉族之烟，是用以敬客的普遍之物。傣族过去普遍信南传佛教，重要节日有泼水节、关门节、开门节等。每年傣历六月（公历4月中旬）举行的泼水节是最盛大的节日，届时要大摆筵席，宴请僧侣和亲朋好友。一些节日与汉族大致相同，节日里食用狗肉汤锅、猪肉干巴、腌蛋、干黄鳝等食品。

十二、黎族饮食习俗

黎族居住在海南省中南部，主要从事农业。黎族的主要粮食是大米，以水稻为主；其次是玉米、番薯和木薯、粟类等杂粮。"山兰"（一种旱稻）香米是黎族地区的特产，煮成的饭味香可口，有"一家香饭熟，百家口水流"的赞誉。黎族做米饭的方法之一与汉族的焖饭大体相同；另一种是颇具特色的"竹饭"，即砍下一节竹筒，装进适量的米和水，放在火堆里烤熟，或把猎获野味的瘦肉混以香糯米和少量盐巴，放进竹筒内烤成香糯饭，用餐时只要剖开竹筒取食，这便是有名的"竹筒香饭"（图7-10），这是黎族人出远门或上山种山兰、打猎时常用的煮饭方法。粥是黎族的主食，特别是在夏天，往往一天煮一次供全天食用。黎族经常用一种叫"雷公根"的野菜。鱼茶是黎族人的一道风味食品。鱼茶味酸甜而芳香，咬食时气爽神清，五内通透，深受中外食客的青睐。传说在很久以前的一次丰收庆宴后，为了不浪费吃剩的东西，便把米饭和生鱼放在一坛子里盖好，几天后发现其味鲜美异常，"鱼茶"因而流传至今。"鱼茶"可分为"湿鱼茶"和"干鱼茶"两种，制作原料有鱼、米饭或炒米及少许盐与碎蒜头，制法是把鱼的内脏取出，将鱼洗干净，再与炒米粉或将大米煮成的熟饭趁热混拌在一起，加上适量的盐，用陶罐密封七到十几天后便可取食，封存时间越长越好吃；制"干鱼茶"则要把鱼晒干。长期食用"鱼茶"会使人精神焕发，延年益寿。"黎族南杀"是海南琼中黎族招待上宾的一道制作方法独特的菜，用野菜幼茎加少许盐搅拌均匀后装入陶罐里，再冲适量冷饭水，封存一至二个月便成酸菜，黎语叫"南杀"，此菜酸味独特，向有"一家煮南杀，全村闻酸味"之说。黎族人的嗜好品：酒、烟、槟榔。家有来客，必以酒相待。黎家人大多有酿造稻米酒、糯米酒、薯类酒的习惯，特别是喜欢用山兰米酿酒，"酒蜜"是黎家人常用招待贵宾的一种米酒。黎人饮酒时常把酒盛在坛里，大家轮流用竹管咂饮；有的把酒盛在盆里，以滤酒箩筐开米粒，再用酒提将酒舀入碗里。黎族酒文化是黎族民族风情的重要组成部分，具有较强的观赏性和参与性，如歌舞劝酒、盟誓血酒，可作为民俗旅游内容的构成部分。

图7-10　黎族的竹筒香饭

十三、傈僳族饮食习俗

傈僳族主要居住在云南西北部，四川也有一小部分，主要从事农业。最早因受限于食材，傈僳族习惯于饭菜一锅煮的烹制方法，平时很少单做菜，饭菜合一的粥煮熟后，全家围着火塘就餐。傈僳族一般用玉米和荞麦煮粥，只有在节日或接待客人时才用大米做粥，有的地区也用玉米瓣做成干饭或用玉米面饭当主食。傈僳族的肉食主要有猪肉、牛肉、羊肉、鸡肉，也有捕猎的麂子、山羊、山驴、野牛、野兔、野鸡，也食鱼、虾，多将肉抹上盐，放入火塘中烧烤后食用。因当地盛产漆油（漆树结的籽榨出油，冷却后凝成块状），所有菜肴均用漆油烹制。傈僳族有家家酿酒饮用和喜饮麻籽茶的习惯。麻籽茶洁白，多饮也像饮酒一样能够醉人。在贡山一带的傈僳族，有喝酥油茶的习惯。傈僳族待客时有一种独特的饮酒方式，两人共捧一碗酒，相互搂着对方的脖子和肩膀，一起张嘴，使酒同时流进主客的嘴里，称"同心酒"；好友见面时、待客时，无论猪肉、羊肉（或牛肉）都愿一锅同煮；若是有贵宾至，还要煮乳猪招待。傈僳族待客要吃独品菜，就餐时主客都席地而坐，肉食分吃，剩余的可以带走。

十四、佤族饮食习俗

佤族居住在云南西南部，主要从事农业，以大米为主食。西盟地区的佤族喜欢把菜、盐、米一锅煮成较稠的烂饭，其他地区则多吃干饭。佤族农忙时日食三餐，平时吃二餐，鸡肉粥和茶花稀饭是家常食品的上品。佤族人人均喜食辣椒，民间有"无辣子吃不饱"之说。佤族猪、牛、鸡为主要肉食，另外，也有捕食鼠和昆虫的习惯。佤族普遍喜欢饮酒、喝苦茶，待客以酒为先，敬酒习俗颇多，例如，主人先自饮一口，以打消客人的各种戒意，然后依次递给客人饮。敬给客人的酒，客人一定要喝，最好喝干，以示坦诚；主客均蹲在地上，主人用右手把酒递给客人，客人用右手接过后先倒在地上一点儿或用右手把酒弹在地上一点儿，意为敬祖，然后主客一起喝干。佤族有不知心、不善良者不敬酒的习惯。送子远行或送客离去，主人要用葫芦（盛酒器）盛满酒，先喝一口，接着送到要出行的亲人或客人嘴边，他们必须喝到葫芦见底，以示亲情、友情永不忘。喝苦茶要选用大叶粗茶，放入茶缸或砂罐里在火塘上慢慢熬，直到把茶煮透，并使茶水变稠才开始饮用，称为苦茶。佤族男女老少还有咀嚼槟榔的嗜好。

十五、纳西族饮食习俗

纳西族绝大部分居住在滇西北的丽江市，主要从事农业，一日有三餐。纳西族早餐一般吃馒头或水焖粑粑，中餐和晚餐较为丰富，一般都有一两样炒菜和咸菜、汤等，特别喜食当地回族的牛肉汤锅和干巴。无论平坝或山区，蔬菜品种较多，四时应市，山区广种洋芋、蔓菁和瓜豆，并以当地的土特产做成各种风味名菜，如清蒸虫草鸭、贝母鸡、天麻鸡等。其中，纳西族传统名菜"酿松茸"是用松茸菌帽酿入肉泥，蒸熟后作为祭祀，特别是祭祖的一道专用菜肴。纳西族肉食以猪肉为主，大部分猪肉都做成腌肉，尤以丽江和永宁的琵琶猪最为有名，可以保存数年至十余年不变质。纳西族外出劳动携带麦面粑粑或糌粑等；就餐时围桌而坐，冬天喜移至向阳地方就餐。纳西族嗜酒，喜饮酥油茶，喜食酸辣甜食和腌腊食品。

十六、水族饮食习俗

水族主要居住在贵州，广西也有分布，主要从事农业，日常主食以大米为主，辅以小麦和杂粮。水族一日三餐都以酸菜汤、辣椒水加萝卜、南瓜和葱蒜为菜肴，有时也磨些豆腐食用。水族喜欢糯米饭、糯米糍粑、粽子和用糯米做成的各种油炸食品，并作为馈赠亲友的礼品；还爱吃鱼，也有吃火锅的习惯，方法是将火锅置于铁火架或泥炉上，先将肉类、豆腐、葱、姜、蒜、盐等作料放入锅内煮沸，随吃随加入新鲜蔬菜，另外，备有辣椒和作料碟供就餐者选用。水族喜食酸辣和腌鱼、腌肉，来了客人一般都杀鸡宰鸭，如果是贵客到来，还要杀猪上鱼。因猪头和鸡头象征尊贵，在就餐时，鸡头要先敬给客人，猪头是为客人饯行的菜，如果是女客，客人离开时要将事先留下的鸡鸭翅膀、腿和糯米糍粑带走，民间称"扎包礼"。端节是民间一年之中最隆重的传统节日。水族有本民族的历法，以农历九月为岁首，每年农历八月下旬至十月上旬，每逢"亥日"，各村寨轮流"过端"。四乡八寨的亲友及不认识的人都到"过端"的寨子去做客吃酒。现端节已改在农历十一月的第一个"亥日"举行。按传统习惯，过端节之前一个晚上只能吃素。端节的当天，各户都要盛宴欢庆。

十七、布朗族饮食习俗

布朗族居住在云南，主要从事农业，习惯日食三餐。布朗族以大米为主食，辅以玉米、小麦、黄豆、豌豆等杂粮，喜用锣锅或土锅把稻米焖成米饭。布朗族尤擅煮竹筒饭，煮时选择一段鲜竹，装好米和适量的水，用火烧熟，剖开竹筒一人端一半以竹筒当碗用。米饭沾有竹瓤，食之有新竹清香和经炭火烘烤的香味，很可口。布朗族的肉类以牛肉、羊肉、猪肉、鸡肉最为常见，也常捕食野味和昆虫；菜肴的烹制技法以清煮、凉拌居多，对许多野味、鱼、虾、蟹、蝉、虫等食物，一般还用舂、炸、蒸等方法烹制。布朗族喜欢饮酒，且大都自家酿制，其中以翡翠酒最为著名。这种酒在出酒时用一种叫"悬钩子"的植物的叶子过滤后呈绿色，很像翡翠的颜色，因此而得名。布朗族人性格豪爽，朋友间有"有酒必饮，饮酒必醉"之习俗。喝茶是另一个嗜好，竹筒茶和酸茶是布朗族所特有的。一对夫妻一般要举行两次婚礼，摆两次婚宴，第一次婚礼是新郎到新娘家同居，由新娘家举办酒席，婚宴前要给每户分送烤猪肉串，以示"骨肉至亲"，同时要请寨子里的孩子吃猪肝饭，表示婚后早生子，然后再办酒席；待生儿育女后，第二次婚礼、酒席在新郎家举办，菜肴一定要成双，以示喜庆吉祥及对新郎、新娘的祝福。

十八、景颇族饮食习俗

景颇族绝大部分居住在云南德宏傣族景颇族自治州，主要从事农业，闲时一日两餐，忙时一日三餐。景颇族主食大米，喜食干饭和竹筒饭；肉食以猪肉和鸡肉居多，农闲时进行渔猎。肉类食用方法，一是明火烤熟后与野菜一起舂成泥而食；二是烤熟后蘸盐巴、辣椒吃。很多地区平时进餐仍然沿袭无论男女长幼均把饭菜分份，无需桌椅、餐具，饭菜都用芭蕉叶包好，进食时人手一份的传统习俗；无论喝酒喝汤均就地砍一节竹筒，筒口斜削一刀，随用随丢。景颇族人赶街外出，一般随身携带酒和竹制酒筒，路遇亲朋好友，敬一杯（用酒筒盖），犹如汉族递烟一样；路遇时敬酒，不是接过来就喝，而是先倒回对方的酒筒里一点再喝。景颇族一直保留着"吃白饭"的待客习俗，在日常交往中，无论走到哪一寨、哪一家，都可坐下来吃饭，并不付任何报酬，对于任何一个不相识的人，主人都必须招待饭菜。

十九、仫佬族饮食习俗

仫佬族居住在广西，主要从事农业。仫佬族习惯日食三餐，早餐为粥，午餐吃早餐留下的粥，晚餐才吃米饭和比较丰盛的菜肴，农忙时一般午、晚两餐均吃饭。仫佬族主食以大米为主，红薯、玉米、麦、豆为辅；善于制作腌菜，黄豆多制成豆腐和豆酱；喜欢冷食，饭菜煮熟后，多晾凉了才吃，平时一般喝生水。仫佬族肉类以猪、鱼、鸡、鸭为主，忌食猫、蛇肉；吃肉习惯于"白余"，鱼类多用油煎，牛肉常单炒，蔬菜先水煮后再加油、盐。仫佬族喜食酸辣。逢年过节，家家要置办丰盛食品，还要按节令制作不同的节令饭菜。

二十、拉祜族饮食习俗

拉祜族居住在云南西南部，主要从事农业。拉祜族过去有日食两餐的习惯，主食为大米和包谷，喜欢用鸡肉或其他配料加大米或包谷做成稀饭，有瓜菜、菌子、肉等各种稀饭，其中鸡肉稀饭为上品。拉祜族习惯将兽肉烤着吃，猎获的野兽肉有的直接用火烤，有的用芭蕉叶将肉包住埋入火中焖烤。拉祜族肉食以猪、鸡、牛、羊为主；喜食麻辣食品，民间有"拉祜的辣子，汉人的酒"的说法；在民间，男女均嗜饮酒，并在酒和肉上有不分彼此的习惯；平时喜饮烤茶。拉祜族过去信仰原始宗教和汉传佛教，每逢节日或过年，家家都要顺佛和敬祖；在各种祭祀活动中，祭品以鸡为主，有时还要杀猪宰羊。

第四节

华东及华南地区少数民族饮食文化

华东、华南地区居住着畲族、高山族等少数民族。

一、畲族饮食习俗

畲族主要聚居在浙江，分散居住在福建、江西、广东、安徽等省，主要从事农业。畲族日常主食以米为主，除米饭外，还有以稻米制成的各种糕点，常统称为"馃"。番薯也是畲族的主食之一，除直接煮食外，大都是先刨成丝，洗去淀粉，晒干踏实于仓或桶内，供全年食用；也有先将番薯煮熟，切成条晒至八成干长期存放，作干粮用；也有的人把番薯切片煮制后捞出风干或晒干，再用油炸，在节日用或招待客人用；也可制成粉丝，作点心或菜肴用。畲族人大都喜食热菜，一般家家都备有火锅，以便边煮边吃。除常见的蔬菜外，畲族也经常食用豆腐，还有辣椒、萝卜、芋头、鲜笋和姜做成的卤咸菜。畲族肉食最多的是猪肉，鸡、鸭也较多，也有少量的牛、羊、兔等。畲族喜饮自产的烤青茶，如果有客人到来，都要先敬茶，一般要喝两道，客人只要接过主人的茶，就必须喝第二碗；如果客人口很渴，可以事先说明，直至喝到满意为止。

二、高山族饮食习俗

高山族主要分布在台湾地区，一部分居住在福建。由于孤岛闭塞，社会发展缓慢，近代以前基本保持原始和半原始状态。20 世纪中叶以前，山居诸族处于相对隔离的滞后状况，长期以来，大多从事农业，兼事狩猎和采集。高山族以谷类和薯类为主食，除雅美人（居住在海洋岛屿上高山族分支人群）和布农人外，其他几个族群都以稻米为日常主食，以薯类和杂粮为辅；雅美人以芋头、小米和鱼为主食，布农人以小米、玉米和薯类为主食。高山族食用的蔬菜主要靠种植，少量依靠采集，常见的有南瓜、韭菜、白菜、萝卜、土豆、豆类、辣椒、姜和各种山笋野菜。高山族普遍爱食姜，有的直接用姜蘸盐当菜，有的用盐加辣椒腌制。高山族肉类主要为猪、牛、鸡，在很多地区捕鱼和狩猎也是日常肉食的一种补充，特别是居住在山林里的高山族，捕获的猎物几乎是肉食的主要来源。高山族过去一般不喝开水，也没有饮茶的习惯。泰雅人喜欢用生姜或辣椒泡的凉水作为饮料。过去在上山狩猎时，还有饮兽血的习惯。高山族无论男女，都喜欢饮酒。高山族性格豪爽热情，喜欢在节日或喜庆的日子里举行宴请和歌舞集合，每逢节日，均要杀猪、宰老牛，置酒摆宴。

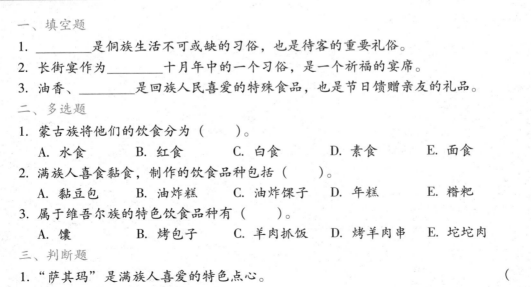

课堂讨论

谈一谈少数民族饮食文化与所处地理区域之间的关系。

技能操作

请挑选两个感兴趣的少数民族，介绍其饮食文化的特色。

思考练习

一、填空题

1. _____是侗族生活不可或缺的习俗，也是待客的重要礼俗。

2. 长街宴作为_____十月年中的一个习俗，是一个祈福的宴席。

3. 油香、_____是回族人民喜爱的特殊食品，也是节日馈赠亲友的礼品。

二、多选题

1. 蒙古族将他们的饮食分为（　　　）。
   A. 水食　　　　B. 红食　　　　C. 白食　　　　D. 素食　　　　E. 面食

2. 满族人喜食黏食，制作的饮食品种包括（　　　）。
   A. 黏豆包　　　B. 油炸糕　　　C. 油炸馃子　　D. 年糕　　　　E. 糌粑

3. 属于维吾尔族的特色饮食品种有（　　　）。
   A. 馕　　　　　B. 烤包子　　　C. 羊肉抓饭　　D. 烤羊肉串　　E. 坨坨肉

三、判断题

1. "萨其玛"是满族人喜爱的特色点心。　　　　　　　　　　　　　　（　　）

2. 藏族一般以糌粑为主食，糌粑是西藏自治区的一种特色小吃，也是藏族牧民传统主食之一。 　　　　　　　　　　　　　　　　　　　　　　　　　　（　　　）

3. 壮族善于制作咸菜、腌肉和豆豉，尤以腌菜"盐酸"更具特色和出名。 　（　　　）

四、简答题

1. 蒙古族的饮食习惯和特色都包括哪些？

2. 壮族的饮食习惯和特色都包括哪些？

3. 彝族的饮食习惯和特色都包括哪些？

第八章

中国饮食文化礼仪与习俗

学习导读 ▶▶▶

　　本章首先介绍了中国古代和现代饮食文化的基本礼仪，然后详细阐述了主要节日的食俗，并且针对不同的宗教信仰介绍了其独特的食俗，充分体现了我国民族和宗教饮食习俗的多样性。本章的学习重点是中国现代饮食文化基本礼仪和主要的节日食俗，学习难点是中国古代饮食文化基本礼仪。

学习目标 ▶▶▶

　　(1) 掌握中国古代饮食文化基本礼仪。
　　(2) 了解中国现代饮食文化基本礼仪。
　　(3) 熟悉中国饮食文化习俗。
　　(4) 理解中国主要的节日食俗。
　　(5) 认识宗教信仰食俗。

学习案例 ▶▶▶

　　冬至是严冬季节，人们以食取暖，以食治病，经过数千年发展，逐渐形成了独特的节令美食传统，馄饨、饺子、汤圆等都是冬至节令食品。有关冬至饮食还有很多民间传说，较为普遍的有冬至吃馄饨的风俗。相传汉朝时，北方匈奴经常骚扰边疆，百姓不得安宁，当时匈奴部落中有浑氏和屯氏两个首领，十分凶残，百姓对其恨之入骨，于是用肉馅包成角儿，取"浑"与"屯"之音，呼作"馄饨"，恨以食之，祈求平息战乱，安享太平。因最初制成馄饨是在冬至这一天，所以后来在冬至这天家家户户都开始吃馄饨。在南宋时，临安人也在冬至吃馄饨，包含着对太平的向往。

　　河南人在冬至有吃饺子的风俗，称为吃"捏冻耳朵"。相传南阳医圣张仲景原为医官，告老还乡时恰是大雪纷飞的冬天，他看见南阳的乡亲受冻饿之苦，有不少人的耳朵被冻烂了，于是就叫弟子在南阳关东搭起医棚，用羊肉和一些驱寒药材放置锅里煮熟，捞出来剁碎，用面皮包捏成耳朵的样子，再放到锅里煮熟，做成"驱寒娇耳汤"施舍给乡亲吃，乡亲们服食后，治好了冻烂的耳朵。后来，每逢冬至人们便模仿这种"捏冻耳朵"吃，说是吃了饺子不冻人。

案例思考：

为什么中国人保留了冬至吃饺子的习惯？

案例解析：

在历史发展的长河中，由于地域、风俗和情感积淀等因素的影响，各地人民将某一特定时期的饮食习惯保留了下来，逐渐形成了独特的饮食习俗。

第一节

中国饮食文化礼仪

任何一个民族都有自己的饮食礼俗，发达的程度也各不相同。中国人的饮食礼仪是比较发达的，也是比较完备的，而且有上下一贯的特点。《礼记·礼运》说："夫礼之初，始诸饮食。"在中国，根据文献记载可以得知，至迟在周代时，饮食礼仪已经形成一套相当完善的制度。这些食礼在以后的社会实践中不断得到完善，在古代社会发挥过重要作用，对现代社会依然产生着影响，成为文明时代的重要行为规范。

参与者是独立的个人，所以饮食活动本身表现出较多的个体特征，每个人都可能有自己长期生活中形成的不同习惯。但是，饮食活动又表现出很强的群体意识，它往往是在一定的群体范围内进行的，如在家庭内，或在某一社会团体内，所以还得用社会认可的礼仪来约束每个人，使个体的行为都纳入正轨之中。

一、中国古代饮食文化礼仪

（一）进食之礼

中华饮食礼仪

进食礼仪，按《礼记·曲礼》所述，先秦时已有了非常严格的要求。

（1）"虚坐尽后，食坐尽前。""虚坐尽后"是指在一般情况下，要坐得比尊者和长者靠后一些，以示谦恭。"食坐尽前"是指进食时要尽量坐得靠前一些，靠近摆放馔品的食案，以免不慎掉落的食物弄脏了坐席。

（2）"食至起，上客起……让食不唾。"宴饮开始，馔品端上来时，客人要起立；在有贵客到来时，其他客人都要起立，以示恭敬。主人让食，要热情取用，不可置之不理。

（3）"客若降等，执食兴辞。主人兴辞于客，然后客坐。"如果来宾地位低于主人，必须双手端起食物面向主人起身，待主人寒暄完毕之后，客人方可入席落座。

（4）"主人延客祭，祭食，祭所先进，殽之序，遍祭之。"进食之前，待馔品摆放好之后，主人引导客人行祭。食祭于案，酒祭于地，先吃什么就先用什么行祭，按进食的顺序遍祭。

（5）"三饭，主人延客食胾，然后辨肴，主人未辨，客不虚口。"所谓"三饭"，是指一般的客人吃三小碗饭后便说饱了，须主人劝让才开始吃肉。宴饮将近结束，主人不能先吃完而撤下客人，要等客人食毕才停止进食。如果主人进食未毕，"客不虚口"，虚口是指以酒浆荡口，使清洁安食。主人尚在进食而客自虚口，便是不恭。宴饮完毕，客人自己须跪立在食案前，整理好自己所用的餐具及剩下的食物，交给主人的仆从。待主人说不必客人亲自动手，客人才住手，复又坐下。

（6）共食不饱。同其他人一起进食，不能吃得过饱，要注意谦让。

（7）"共饭不泽手。"同器食饭，不可用手，食饭一般用匙。

当代中国人的饮食习惯在不同程度上承继了古代食礼的传统，现代的不少餐桌礼仪习惯都可以说是植根于《礼记》，植根于人们古老饮食传统。

（二）宴饮之礼

有主有宾的宴饮是一种社会活动。为使这种社会活动有秩序、有条理地进行，达到预定的目的，必须有一定的礼仪规范来指导和约束。每个民族在长期的实践中都有自己的一套规范化的饮食礼仪，作为每个社会成员的行为准则。

维吾尔族待客，请客人坐在上席，摆上馕、糕点、冰糖，夏日还要加上水果，给客人斟上茶水或奶茶。吃抓饭前，要提一壶水为客人净手。共盘抓饭，不能将已抓起的饭粒再放回盘中。饭毕，待主人收拾好食具后，客人才可离席。蒙古族认为，马奶酒是圣洁的饮料，故用它款待贵客。宴客时很讲究礼节，吃手抓羊肉，要将羊琵琶骨带肉配四条长肋献给客人。招待客人最隆重的方式是全羊宴，将全羊各部位一起入锅煮熟，开宴时将羊肉块盛入大盘，尾巴朝外。主人请客人切羊，或由长者动刀，宾主同餐。

在古代正式的筵宴中，座次的排定及宴饮仪礼是非常认真的，有时显得相当严肃，有些朝代的皇帝还曾下诏整肃，不容许随便行事。朝中筵宴，预宴者动辄成百上千，免不了会生出一些混乱，所以组织和管理显得非常重要。史籍上有关这方面的记载并不太多，我们可以在《明会典》上读到相关的文字，凭此想象古代的一般情形。《诸宴通例》记载："（筵宴）先期，礼部行各衙门，开与宴官员职名，画位次进呈，仍悬长安门示众。宴之日，纠仪御史四人，二人立于殿东西，二人立于丹墀左右。锦衣卫、鸿胪寺、礼科亦各委官纠举。凡午门外饮赐筵宴，嘉靖二十五年题准光禄寺，将与宴官员各照衙门官品，开写职衔姓名，贴注席上。务于候朝外所整齐班行，俟叩头毕，候大臣就坐，方许以次照名就席，不得预先入坐及越次失仪。……又题准光禄寺掌贴注与宴职名，鸿胪寺专掌序列贴注班次。每遇筵宴，先期三日，光禄寺行鸿胪寺，查取与宴官班次贴注。若贴注不明，品物不备，责在光禄寺；若班次或混，礼度有乖，责在鸿胪寺。"

（三）待客之礼

如何以酒食招待客人，《周礼》《仪礼》《礼记》中已有明细的礼仪条文，大致有以下具体内容。

（1）安排筵席时，看馔的摆放要按规定进行，要遵循一些固定的法则。带骨肉要放在净肉左边，饭食放在用餐者左方，肉羹则放在右方；脍炙等肉食放在稍外处，调味品则放在靠近面前的位置；酒浆也要放在近旁，葱末之类可放远一点；如有肉脯之类，还要注意摆放的方向，左右不能颠倒。这些规定都是从用餐实际出发的，并不是虚礼，主要还是为了取食方便。

（2）食器饮器的摆放，仆从端菜的姿势，重点菜肴的位置，也都有陈文规定。仆从摆放酒壶酒樽，要将壶嘴面向贵客；端菜上席时，不能面向客人和菜肴大口喘气，如果此时客人正巧有问话，必须将脸侧向一边，避免呼气和唾沫溅到盘中或客人脸上。上整尾鱼肴时，一定要使鱼尾指向客人，因为鲜鱼肉尾部易与骨刺剥离；上干鱼则正好相反，要将鱼头对着客人，干鱼由头端更易于剥离；冬天的鱼腹部肥美，摆放时鱼腹向右，便于取食；夏天则背鳍部较肥，所以将鱼背朝右。主人的情意就是要由这细微之处体现出来，仆人若是不知事理，免不了会闹出不愉快来。

（3）待客宴饮并不是等仆从将酒肴摆满就终结，主人还有一个很重要的事情要做，即引导陪伴，主客必须共餐。尤其是老幼尊卑共席，讲究更加繁杂。陪伴长者饮酒时，酌酒时须起立，离开座席面向长者拜而受之。长者表示不必如此，少者才返还入座而饮。如果长者举杯一饮未尽，少者不得先干。

凡是熟食制品，侍食者都要先尝一尝。如果是水果之类，则必让尊者先食，少者不可抢先。古时重生食，尊者若赐水果，如桃、枣、李子等，吃完这果子，剩下的果核不能扔下，须怀而归之，否则便是极不尊重的表现。如果尊者赐予没吃完的食物，若盛器不易洗涤干净，就得先都倒在自己所用的餐具中才可享用，否则于饮食卫生有碍。

知识链接

古代礼仪

中国自古就是礼仪之邦，礼仪能体现出一个人的教养和品位。真正懂礼仪、讲礼仪的人，绝不会只在某一个或几个特定的场合才注重礼仪规范，这是因为那些感性的，又有些程式化的细节，早已在他们心灵的历练中深入骨髓，浸入血液了。

所以，无论何时何地，我们都要以最恰当的方式去待人接物。这个时候"礼"就成了我们生命中最重要的一部分。礼仪是人际关系中的一种艺术，是人与人之间沟通的桥梁，是人际关系中必须遵守的一种惯例，是一种习惯形式，即在人与人的交往中约定俗成的一种习惯做法。

我国是历史悠久的文明古国，几千年来创造了灿烂的文化，形成了高尚的道德准则、完整的礼仪规范，被世人称为"文明古国，礼仪之邦"。礼仪文明作为中国传统文化的一个重要组成部分，对中国社会历史发展影响深远，其内容十分丰富。礼仪所涉及的范围十分广泛，几乎渗透于古代社会的各个方面。中国古代的"礼"和"仪"，实际是两个不同的概念。"礼"是制度、规则和一种社会意识观念；"仪"是"礼"的具体表现形式，它是依据"礼"的规定和内容形成的一套系统而完整的程序。在中国古代，礼仪是为了适应当时社会需要，从宗族制度、贵贱等级关系中衍生出来的，因而带有产生它的那个时代的特点及局限性。时至今日，现代的礼仪与古代的礼仪已有很大差别，我们必须舍弃那些为剥削阶级服务的礼仪规范，着重选取对今天仍有积极、普遍意义的传统文明礼仪，如尊老敬贤、仪尚适宜、礼貌待人、容仪有整等，加以改造与承传。这对于形成良好的个人素质、和谐的人际关系、文明的社会风气、进行社会主义精神文明建设具有重要价值。

二、中国现代饮食文化礼仪

清代，随着西餐的传入，一些西餐礼仪也被引进我国，分菜、上汤、敬酒等方式也因合理卫生的食法被引入中餐礼仪中。中西餐饮食文化的交流，使餐饮礼仪更加科学合理。

现代较为流行的中餐宴饮礼仪是在继承传统与参考国外礼仪的基础上发展而来的。其座次借西方宴会以右为上的法则（图8-1），第一主宾就座于主人右侧，第二主宾在主人左侧或第一主宾右侧，变通处理，斟酒上菜从宾客右侧开始进行，先主宾，后主人，先女宾，后男宾；酒斟八分，不可过满；上菜顺序依然保持传统，先冷后热；热菜应从主宾对面席位的左侧上；上单份菜或配菜席点和小吃先宾后主，上全鸡、全鸭、全鱼等整形菜，不能头尾朝向正主位。这些程序不仅可以使整个宴饮过程和谐有序，而且能充分体现主客身份。因此，餐桌之上的礼仪可使宴饮活动圆满周全，使主客双方的修养得到全面展示。

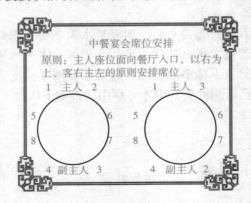

图8-1　中餐宴会席位安排图

（一）餐桌礼仪

餐桌礼仪在中国人的完整生活秩序中占有一个非常重要的地位。用餐不仅是满足基本生理需要的方法，也是头等重要的社交经验。为此，掌握某些中式餐饮规则的知识便显得特别重要，无论是主人还是客人，都必须掌握这些规则。

先请客人入座上席，再请长者在客人旁依次入座，入座时要从椅子左边进入，入座后不要动筷子，更不要弄出什么响声，也不要起身走动，如果有什么事情要向主人打招呼。进餐时，先请客人、长者动筷子，夹菜时每次少一些，离自己远的菜就少吃一些。吃饭时不要出声音，喝汤时也不要出声响，喝汤用汤匙一小口一小口地喝。不宜把碗端到嘴边喝，汤太热时凉了以后再喝，不要一边吹一边喝。有的人吃饭喜欢用力咀嚼食物，特别是使劲咀嚼脆食物，发出很清脆的声音来，这种做法是不合礼仪要求的，特别是与众人一起进餐时，就要尽量防止出现这种现象。

进餐时不要打嗝，也不要出现其他声音，如果出现打喷嚏、肠鸣等不由自主的声响时，就要说一声"真不好意思""对不起""请原谅"之类的话，以示歉意。

如果要给客人或长辈布菜，最好用公筷，也可以把离客人或长辈远的菜肴送到他们面前。按中华民族的习惯，菜是一个一个往上端的，如果同桌有领导、老人、客人，每当上来一个新菜时就请他们先动筷子，或者轮流请他们先动筷子，以表示对他们的重视。

吃到鱼头、鱼刺、骨头等物时，不要往外面吐，也不要往地上扔，要慢慢用手拿到自己的碟子里，紧靠自己的餐桌边或放在事先准备好的纸上。

要适时抽空和左右的人聊几句风趣的话，以调节气氛；不要光低着头吃饭，不管别人，也不要狼吞虎咽地大吃一顿，更不要贪杯。

要明确此次进餐的主要任务是以商务活动为主，还是以联络感情为主，或是以吃饭为主。如果是前者，在安排座位时就要注意，把主要谈判人的座位相互靠近便于交谈或疏通情感。如果是后者，只需要注意常识性的礼节就行了，把重点放在欣赏菜肴上。最后离席时，必须向主人表示感谢，或者邀请主人以后到自己家做客，以示回敬。

　　除汤外，席上一切食物都用筷子。筷子是进餐的工具，因此千万不可玩弄筷子——把它们当鼓槌是非常失礼的做法，更不可以用筷子向人指指点点或打手势示意；当然，绝对不可吸吮筷子或把筷子插在米饭中，这是大忌，因为这样被认为是不吉利的。再有，不可用筷子在一碟菜里不停翻动，应该先用眼睛看准想取的食物。去取一块食物时，尽量避免碰到其他食物，可能的话，用旁边的公筷和汤匙，吃完饭或取完食物后，将筷子放回原位。

　　设宴原因有喜有悲，中国人向来"以食为先"，饮食除满足人的基本需求外，也是秉承传统习俗。设宴的原因可以是庆贺，也可以是哀痛。每逢农历新年、结婚、传统节日（如中秋节等），人们便会一家老少聚首饭桌前共贺佳节；若有人离世，丧家会在葬礼完成后设"解慰酒"，宴请出席葬礼的亲戚朋友，向他们表示谢意。

（二）用餐惯例

　　在饮食方式方面，中国人与西方人有许多不同，西方人喜欢各自品尝放在面前的食物；中国人则有一定的用饭规矩。中国人喜欢叫数碟佳肴，放在饭桌的中央位置，各人有一碗饭共同配这些菜肴，饭吃完可再添；夹起的菜肴通常要先放在自己的饭碗中，直接把菜肴放入口是不礼貌的；依照惯例，客人出席正式或传统的晚餐不会吃光桌上的菜肴，以免令主人家误以为菜肴预备不足，因而感到尴尬。

　　通常，日常饭食摆设（图8-2）是在各坐席摆上饭碗、筷子、汤匙、调味酱等，用饭后通常会给客人热毛巾，代替纸巾擦手及嘴巴。所有菜肴同时端上，放在餐桌中央，各人用自己的筷子直接从各碟共享的菜肴里夹取食物；汤水用大锅端上，各人同饮一锅汤。由于中国人喜欢全体共享菜肴，所以餐桌大多数是圆形或方形，而不是西方人多用的长形餐桌。

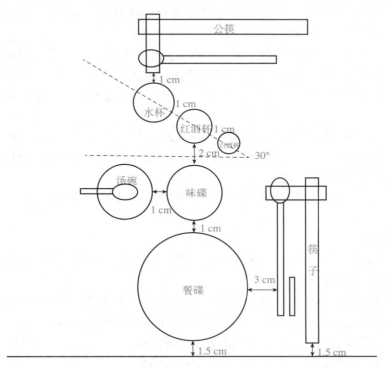

图8-2　中餐摆台示意

中国人很少在日常用饭时喝酒，但酒在盛宴上担当重要的角色。在宴会开始时，主人必先向客人祝酒，这时客人的饮酒兴致便油然而生，啤酒或汽水都可用来祝酒，要先为别人添酒或添汽水，后为自己添加才合乎礼仪，且要添至近乎满泻为止，以表示尊重对方及彼此的友谊，而主人家要让客人喝尽兴，才算待客周到。若不想饮酒，应在宴会开始时便表明，以免出现尴尬的场面。客人享用完最后一款菜肴时，宴席便正式结束。

中式菜肴大多数不会只有一种材料，通常有其他伴菜或配料衬托主菜，以做出色香味俱全的菜肴，如烹煮猪肉，会以爽脆的绿色蔬菜做伴菜，如芹菜或青椒，衬托粉红、鲜嫩的猪肉。一顿饭不会只有一款菜肴，通常同时端上两款甚至四款菜肴，且每款菜肴都要色香味俱全，端上次序则以菜肴的搭配为大前提，通常同类的菜肴会同时端上，不会前后分别端上，总之整顿饭都要讲求协调的搭配。

茶是中国人的日常饮料，汤则是饭食时的最佳饮料，在特别的日子或场合里，中国人会饮葡萄酒或烈性酒，却不会饮水，这与西方人不同。中国茶是茶楼的主要饮料，虽然有其他饮料供应，但人们认为茶是最提神醒胃的饮料，尤其有助于洗去油腻。每桌都供应一个或两个茶壶，且可不断添饮，客人只需揭开茶壶盖并放在壶顶上，便有侍应前来添滚水；无论同席者的茶杯有多少茶，其中一位都可为别人斟茶，但记着要先为别人斟，最后为自己斟，这才合乎礼仪。茶楼备有不同种类的茶叶，客人可随个人喜好选择。

（三）正餐上菜程序及餐桌摆设

1. 中餐的出菜顺序

（1）开胃菜。开胃菜通常是四种冷盘组成的大拼盘，有时种类可多达十种，最具代表性的是凉拌海蜇皮、皮蛋等。有时冷盘之后接着出四种热盘，常见的是炒虾、炒鸡肉等，但是热盘多半被省略。

（2）主菜。主菜紧接在开胃菜之后，又称为大件、大菜，多于适当时机上桌。如菜单上注明有"八大件"，表示共有八道主菜。主菜的道数通常是四、六、八等偶数，因为中国人认为偶数是吉数。在豪华的餐宴上，主菜有时多达十六道或三十二道，但一般为六道至十二道。

这些菜肴是使用不同的材料，配合酸、甜、苦、辣、咸五味，以炸、蒸、煮、煎、烤、炒等各种烹调法搭配而成。其出菜顺序多以口味清淡和浓腻交互搭配，或以干烧、汤类搭配为原则，最后通常以汤作为结束。

（3）点心。点心是指主菜结束后所供应的甜点，如馅饼、蛋糕、包子、杏仁豆腐等，最后则是水果。

2. 餐桌的摆设

每个人座位面前都摆有筷子、汤匙、取菜盘、调味盘、汤碗、茶杯、酒杯等，有时也会备有放置骨头的器皿或餐巾。

（1）筷子多使用柱形长筷。以往会以象牙、珊瑚制作的筷子作为地位的象征，但是，今日仿象牙的塑胶筷子已相当普遍了。使用长筷子的原因是便于夹菜。

（2）汤匙多为陶瓷制。有时会备置搁置汤匙的汤匙架。

（3）取菜盘是盘缘稍高的中型盘子。有时准备两只。

（4）深碗通常是指开口较深的汤碗。

中国饮食文化习俗

中国人的传统饮食习俗是以植物性食料为主，主食是五谷，辅食是蔬菜，外加少量肉食。形成这一习俗的主要原因是中原地区以农业生产为主要的经济生产方式。但在不同阶层中，食物的配置比例不尽相同，因此古代也称上位者为"肉食者"。

以热食、熟食为主，也是中国人饮食习俗的一大特点。这与中国文明形成较早和烹调技术的发达有关。中国古人认为："水居者腥，肉臊，草食即膻。"热食、熟食可以"灭腥去臊除膻"（《吕氏春秋·本味》）。中国人的饮食历来以食谱广泛、烹调技术精致而闻名于世。史书载，南北朝时，梁武帝萧衍的厨师，一个瓜能变出十种式样，一个菜能做出几十种味道，烹调技术的高超令人惊叹。

在饮食方式上，中国人也有自己的特点，这就是聚食制。聚食制的起源很早，从许多地下文化遗存的发掘中可见，古代炊间和聚食的地方是统一的，炊间在住宅的中央，上有天窗出烟，下有篝火，在火上做炊，就食者围火聚食。这种聚食古俗，一直沿至后世。聚食制的长期流传，是中国重视血缘亲属关系和家族家庭观念在饮食方式上的反映。

在食具方面，中国人饮食习俗的一大特点是使用筷子。筷子，古代叫箸，在中国有悠久的历史。《礼记》中曾说："饭黍毋以箸。"可见至少在殷商时代已经使用筷子进食。筷子一般以竹制成，一双在手，运用自如，既简单经济，又很方便。许多欧美人看到东方人使用筷子叹为观止，赞其为一种艺术创造。东方各国使用筷子的起源多出自中国。中国人祖先发明筷子的行为，是对人类文明的一大贡献。

一、传统节日食俗

中国的传统节日形式多样、内容丰富，是中华民族悠久历史文化的一部分。传统节日的形成过程，是一个民族或国家的历史文化长期积淀凝聚的过程，下面列举的这些节日，大多是从远古发展过来的，从这些流传至今的节日风俗里，还可以清晰地感受到古代人民社会生活的精彩画面。

节气为节日的产生提供了前提条件，大部分节日在先秦时期就已初露端倪，但是其中风俗内容的丰富与流行，还需要有一个漫长的发展过程。最早的风俗活动是与原始崇拜、迷信禁忌有关；神话传奇故事为节日平添了几分浪漫色彩；还有宗教对节日的冲击与影响；一些历史人物被赋予永恒的纪念渗入节日，所有的这些都融合凝聚在节日的内容里，使中国的节日有了深沉的历史感。

到汉代，我国主要的传统节日都已经定型。汉代是中国统一后第一个大发展时期，政治经济稳定，科学文化有了很大发展，这对节日的最后形成提供了良好的社会条件。

节日发展到唐代，已经从原始祭拜、禁忌的神秘气氛中解放出来，转为娱乐礼仪型，成为真正的佳节良辰。从此，节日变得欢快喜庆、丰富多彩，许多体育、娱乐的活动出现，并很快成为一种时尚流行。这些风俗一直延续发展，经久不衰。

（一）春节食俗

春节是我国传统习俗中最隆重的节日。此节乃一岁之首，古人又称元日、元旦、元正、新春、新正等，而今人称春节是在采用公历纪元后。古代"春节"与"春季"为同义词。春节习俗一方面是庆贺过去的一年，另一方面又祈祝新年快乐、五谷丰登、人畜兴旺，多与农事有关。迎龙舞龙为取悦龙神保佑，风调雨顺；舞狮源于震慑糟蹋庄稼、残害人畜之怪兽的传说。随着社会的发展，接神、敬天等活动已逐渐淘汰，燃鞭炮、贴春联、挂年画、耍龙灯、舞狮子、拜年贺喜等习俗至今仍广为流行。一年之始，万象更新，主要活动是在除夕夜吃年夜饭、祭祀和守岁等。另外，正月初一至初三是大年头三天，也要祭祀供奉。这三天，一般除了做饭不做任何工作，忌讳说不吉利的话，要拜访至亲和尊贵的亲戚。春节从初一到十五，各地还举行各种庙会、乡戏等活动，是传统节日中最为热闹和奢侈的节日。

春节是中华民族的传统节日，大部分民族都有过春节的传统。汉族更是以春节为一年最重要的节日，一般休闲、庆典前后达一个月左右。进入农历腊月底和正月初，家家户户备上最好的美食，相互走亲访友或家人团聚共度新年。汉族更是"竭其庐之入"，把最好的肉类、菜类、果类、点心类摆满以宴宾客。春节正值我国的冬末春始，气温很低，便于食物的保存，许多地方用盐渍物（俗称腊鱼、腊肉等），其味长、香厚，有其特别的风味。

少数民族过年极有特色，如彝族吃"坨坨肉"，喝"转转酒"，并赠送对方以示慷慨大方；壮族吃5斤多重的大粽粑以示富有；蒙古族围火塘"吃水饺"，剩酒剩肉以祈盼来年富裕等。

中华民族对"年"特别重视，除讲究"吃"外，其他如穿新衣、扫庭堂、挂春联等也特讲究。人们喜欢聚、求吉祥、祝平安的活动与丰富的"食俗"相融，形成了一年一度传统的"年文化"。各地春节期间的饮食也因其不同的风俗习惯和地理特征而丰富多彩。

湖南春节第一餐要吃"年糕"，意为"一年更比一年好"，而一部分湖南的苗族人民，春节第一餐吃的是甜酒和粽子，寓意"生活甜蜜，五谷丰登"。

湖北有的地方春节第一餐喝鸡汤，象征"清泰平安"。另外，家中的主要劳动力还要吃鸡爪，寄意"新年抓财"；年轻的学子要吃鸡翅膀，寓意展翅高飞；当家人则吃鸡骨头，有"出人头地"之意。荆州、沙市一带，第一餐要吃鸡蛋，意谓"实实在在，吉祥如意"。如遇客人，要吃两个煮得很嫩、可透过蛋白见蛋黄的"荷包蛋"，意即"银包金，金缠银，得金得银"。

江西鄱阳地区第一餐要吃饺子和鱼，意为"交子"和"年年有余"，有的在饺子中放糖块、花和银币，意味着"生活甜蜜""长生不老""新年发财"。

广东部分地区春节第一餐要吃"万年粮"，即做好足够春节三天家人吃的饭菜，寓有"不愁吃喝"之意。潮州一带，第一餐常吃用米粉和萝卜干油炸而成的"腐圆"，喝芡实、莲子等熬成的"五果汤"，寓"生活甜美，源远流长"之意。

广西壮族人春节第一餐吃甜食，表示新的一年"生活美好，甜蜜如意"。

福建闽南人春节第一餐吃面条，寓意"年年长久"；漳州一带吃香肠、松花蛋和生姜，寓意"日子越过越红火"。

江苏、浙江部分地区春节第一餐要吃由芹菜、韭菜、竹笋等组成的"春盘"，寓意"勤劳长久"。

安徽一些地区春节第一餐时每人要咬一口生萝卜，名为"咬春"，可"除菌防病，新年吉祥"。

关中、河南部分地区春节第一餐要吃饺子与面条同煮的饭，叫"金丝穿元宝""银线吊葫芦"。

台湾地区春节第一餐吃"长年菜"，是一种长茎叶、有苦味的芥菜；有的还在菜里加细长粉丝，意即"绵绵不断，长生不老"。

北方地区春节喜吃饺子，其寓意团圆，表示吉利和辞旧迎新。为了增加节日的气氛和乐趣，历代人们在饺子馅上下了许多功夫，人们在饺子里包上钱，谁吃到钱来年会发大财；在饺子里包上蜜糖，谁吃到就意味着来年生活甜蜜等。吃年夜饭是春节家家户户最热闹、愉快的时候。大年夜丰盛的年菜摆满一桌，全家团聚，围坐桌旁，共吃团圆饭，心头的幸福感真是难以言喻。人们既是享受满桌的佳肴盛馔，也是享受那份快乐的气氛。桌上有大菜、冷拼、热炒、点心，一般少不了两样东西，一是火锅、一是鱼。火锅沸煮，热气腾腾，温馨撩人，说明红红火火；"鱼"和"余"谐音，象征"吉庆有余"，也喻示"年年有余"。还有萝卜俗称菜头，祝愿有好彩头，煎炸食物预祝家运兴旺如"烈火烹油"。最后多为一道甜食，祝福往后的日子甜甜蜜蜜，这天即使不会喝酒的人，也要多少喝一点。

年夜饭的名堂很多，南北各地不同，有饺子、馄饨、长面、元宵等，而且各有讲究。北方人过年习惯吃饺子，是取新旧交替"更岁交子"的意思；又因为白面饺子形状像银元宝，一盆盆端上桌象征着"新年大发财，元宝滚进来"之意；新年吃馄饨，是取其开初之意。传说世界生成以前是混沌状态，盘古开天辟地，才有了宇宙四方。长面也称长寿面，新年吃面是预祝寿长百年。

在北方，有的人家还要供一盆饭，年前烧好，要供过年，叫作"隔年饭"，是"年年有剩饭，一年到头吃不完，今年还吃昔年粮"的意思。这盆隔年饭一般用大米和小米混合起来煮，北京俗话叫"二米子饭"，因为有黄有白，意为"有金有银，金银满盆"的"金银饭"。不少地方在守岁时所备的糕点瓜果，都是想讨个吉利的口彩：吃枣（春来早），吃柿饼（事事如意），吃杏仁（幸福人），吃长生果（长生不老），吃年糕（一年比一年高）。除夕之夜，一家老小边吃边乐，谈笑畅叙。

南方过年则少不了年糕，年糕的名字起得好，寓意"年年高升"，唇齿之间，能咀嚼出南方稻米天然的醇香。江浙人家，大年三十晚上总要在八仙桌上摆放一盘年糕，作为供品。一道炒年糕既是下酒菜，又是主食。用黄芽菜炒，用雪里蕻炒，如果再加上肉丝，口味更加独特。上海人把这道菜做到了极致：螃蟹炒年糕，即用螃蟹的鲜香，通过滚烫的汤法浸透切成薄片的年糕。

知识链接

过年习俗

腊月三十也就是俗称的除夕，是中国老百姓一年中最高兴的日子。在这一天家人团聚，亲朋见面，共同迎接新年的到来，无比欢欣。

（1）年夜饭。除夕夜的饭是最香的也是最真实的，因为每一粒饭都充满了家的味道，每道菜都是家人的爱，因此，除夕夜的年夜饭是最受中国老百姓重视的一顿大餐。年夜饭一般都少不了两样东西，一个是鱼，一个是饺子。"鱼"和"余"谐音，是象征"吉庆有余""年年有余"；而饺子，则是取"新旧交替""更岁交子"的意思；又因为饺子的形状很像一个个小元宝，一盆盆端上桌象征着"新年大发财，元宝滚进来"的好兆头，所以，家家户户都要在这天吃上一顿饺子。

（2）置天地桌、接神。在过去，每年到了除夕夜，许多人家都会摆上一个天地桌，上面摆满了祭神用的各种贡品和蜡烛，墙上贴好要拜的神像。此种习俗传说是为了要接神仙下凡而特意准备的。虽然现如今这种封建传统已经被破除，但它本身也不失为一种有趣的民俗活动。

（3）守岁。我国民间在除夕有守岁的习惯，俗名"熬年"。守岁从吃年夜饭开始，这顿年夜饭要慢慢地吃，从掌灯时分入席，有的人家一直要吃到深夜。而现在，我们大多数人是伴随着开播多年的春节联欢晚会来度过这个除夕夜的。一家人吃过晚饭，围坐在电视机前看着晚会，尽享天伦之乐。

（4）放爆竹。吃过饺子，到了午夜时分，就该是最热闹的放鞭炮的时候了。这个时候新年钟声敲响，整个中华大地上空，爆竹声震响天宇。有的地方还在庭院里垒"旺火"，以示旺气通天，兴隆繁盛。在熊熊燃烧的旺火周围，孩子们放爆竹，欢乐地玩耍。这时，屋内是通明的灯，庭前是灿烂的火花，屋外是震天的响声，把除夕的热闹气氛推向了最高潮。

（5）给压岁钱。压岁钱原本是家里的儿女给老人准备的，为的是压住"岁"，而求得老人身体健健康康，现在社会已经将它演变成了给孩子的零花钱。虽然给的人不一样了，但是同样都是为了取保平安健康的意思。每年到了除夕夜，家中的孩子一字排开，按年龄大小给长辈们一一磕头，然后欢欣雀跃地领到自己的一份压岁钱。我们也不妨寻寻老传统，给自己家中的长辈包一份红包，预祝他们在新的一年里身体健康，长寿似神仙。

春节饮食习俗

（二）元宵节食俗

农历正月十五为元宵节，又称元夕节、上元节、灯节。节日里有吃元宵、观花灯、耍社火、猜灯谜、包饺子、闹年鼓等习俗。宋代始有吃元宵的习俗，元宵即圆子，也称"汤圆"或"团子"，是用糯米粉做成实心的或带馅的圆子，可带汤吃，也可炒吃、蒸吃，因其外形是圆的，有"团团圆圆"之意。宋代吕原明《岁时杂记》载：北宋人在元宵节"煮糯为丸，糖为臛，谓之圆子盐豉。"明代，正月十五吃元宵已较为常见了。《明宫史》载："其制法用糯米细面，内用核桃仁、白糖、玫瑰为馅，洒水滚成，如核桃大，即江南所称汤圆也。"从明清发展至今，元宵种类大为丰富，皮多为糯米粉，馅有桂花白糖、豆沙、枣泥等甜馅，有可荤可素的咸馅，也有无馅元宵，多煮吃或炸吃。

除吃元宵外，各地还有许多不同的饮食习俗。陕西人吃"元宵茶"，即在面汤里放进各种蔬菜和水果；河南洛阳、灵宝一带吃枣糕；云南昆明人多吃豆面团。元宵的食、饮大都以"团圆"为旨，有圆子、汤圆等。各地风俗不同会造成一些差异，如东北在元宵节爱吃冻果、冻鱼肉，广东在元宵节喜欢"偷"摘生菜，拌以糕饼煮食以求吉祥。

五谷饭为朝鲜族元宵节食俗。相传新罗国时，乌鸦曾助一国王除奸，后来正月十五便为"乌忌之日",用江米、小米、高粱米、小豆、黄米做成五谷饭,祭祀乌鸦,任其选吃。后传至民间,每年正月十五便吃五谷饭,并将这五种粮食放在牛槽中,牛先吃的粮食则被认为是当年丰收之物。

(三)"二月二"食俗

"二月二"俗称龙抬头,也称青龙节,是一年农业生产开始的标志。其活动有撒灰引龙、熏虫、挑菜、忌针线(以防"扎坏龙眼")等。关于此节风俗的记载唐代就有,至于二月二这天的吃喝,一改春节期间大吃油腻之风,要吃素食。

传说中农历二月初二是万物复苏的日子。在山西,老百姓都习惯于在这一天理发,借以去掉昔日的秽气,迎接来年的兴旺。一般农村在二月二时,总要改善一下伙食,吃饺子、麻花和煎饼。

当日晨,满族人家把灶灰撒在院中,灰道弯曲如龙,故称"引龙";然后在院中举行仪式,祈求风调雨顺;全家人还要吃"龙须面"和"龙鳞饼";妇女们这天不能做针线活。

在农村,家家都要做爆米花、炒苞谷豆、炒棋子豆,豆子既给在家的人吃,还要留下一部分送给至亲。吃炒豆也称"咬虫",也就是俗话说的"咬了虫,牙不疼"。在关中,农历二月初二后,天气转暖,草木发芽,当地有一个自唐代就已形成的"关中挑菜节",农村妇女、姑娘、小孩会提着竹篮,带着小铲,三五成群地去郊外挖野菜。把这种菜腌成酸菜,是关中一带人的传统风味小菜。

二月初二这天,人们把草木灰撒在屋子周围,谓之"打围墙",意为消毒,防止虫蛇咬。农村还有用草木灰在庭院里撒成若干仓囤状的图案,名为"围仓囤",希望来年丰收。还有的地方把草木灰从井水旁一直撒到水缸旁边,叫作"引钱龙",希望能为人们带来金钱。

(四)寒食节、清明节食俗

寒食节是我国民间传统节日,主要是祭扫祖坟、踏青游春,忌动烟火。节日里严禁烟火,只能吃寒食。相传,春秋时晋公子重耳流亡在外,大臣介子推曾割股以献。重耳做国君后,大封功臣,独未赏介子推,子推便隐居山中。重耳闻之甚愧,为逼他出山受赏,放火烧山,子推抱木不出而被烧死。重耳遂令每年此日不得生火做饭,追念子推,表示对自己过失的谴责。因寒食与清明时间相近,后人便将寒食的风俗视为清明习俗之一。

清明,按农历算在三月上半月,按阳历算则在每年四月五日或六日。此时天气转暖,风和日丽,"万物至此皆洁齐而清明",清明节由此得名。其习俗有扫墓、踏青、荡秋千、放风筝、插柳戴花等。历代文人都有以清明为题材入诗的。

清明时节,江南一带有吃青团子的风俗习惯。青团子是用一种名叫"浆麦草"的野生植物捣烂后挤压出汁,接着取用这种汁同晾干后的水磨纯糯米粉拌匀揉和制成。团子的馅是用细腻的糖豆沙制成,在包馅时另放入一小块糖猪油。团坯制好后,将它们入笼蒸熟,出笼时用毛刷将熟菜油均匀地刷在团子的表面,便大功告成了。青团子油绿如玉,糯韧绵软,清香扑鼻,吃起来甜而不腻,肥而不腴。青团子还是江南一带人用来祭祀祖先的必备食品,正因为如此,它在江南一带的民间食俗中显得格外重要。上海人在清明前后有吃青团的食俗,这种风俗可追溯到两千多年前的周朝。据《周礼》记载,当时有"仲春以木铎循火禁于国中"的法规,于是百姓熄炊,"寒食三日"。在寒食期间,即清明前一、二日,被特定为"寒日节"。

古代寒食节的传统食品有糯米酪、麦酪、杏仁酪，这些食品都可事前制作，供寒日节充饥，不必举火为炊。

我国南北各地清明节有吃馓子的食俗。"馓子"为一种油炸食品，香脆精美，古时称"寒具"。寒食节禁火寒食的风俗在我国大部分地区已不流行，但与这个节日有关的馓子却深受世人的喜爱。现如今流行于汉族地区的馓子有南北方的差异：北方馓子大方洒脱，以麦面为主料；南方馓子精巧细致，多以米面为主料。在少数民族地区，馓子的品种繁多，风味各异，尤以维吾尔族、东乡族和纳西族及宁夏回族的馓子最为有名。

清明时节正是采食螺蛳的最佳时令，因这个时节螺蛳还未繁殖，最为丰满、肥美，故有"清明螺，抵只鹅"之说。螺蛳食法颇多，可与葱、姜、酱油、料酒、白糖同炒，也可煮熟挑出螺肉，可拌、可醉、可炝，无不适宜。若食法得当，真可称得上"一味螺蛳千般趣，美味佳酿均不及"了。

另外，我国南北各地在清明佳节时还有食鸡蛋、蛋糕、夹心饼、清明粽、馍糍、清明粑、干粥等多种多样、富有营养的食品的习俗。

（五）端午节食俗

端午节也称端阳节，主要有吃粽子、赛龙舟的活动，有的地方（如青海）还有系索（用五色丝线拧成细绳，缚在手脚腕上）、插杨柳、戴香包等习俗，用来驱虫和祈求吉祥平安。端午原是月初午日的仪式，因"五"与"午"同音，农历五月初五遂成端午节。一般认为，该节与纪念屈原有关。屈原忠而被黜，投水自尽，于是人们以吃粽子、赛龙舟等来悼念他。端午习俗有喝雄黄酒、挂香袋、吃粽子、插花和菖蒲、斗百草、驱"五毒"等。

从《风土记》中记载的做法看来，古时的粽子是以黍为主要原料，除粟子外，不添加其余馅料。但在讲究饮食的中国人巧手经营之下，今天所能看到的粽子，无论是造型或口味，都极为丰富。

先就造型而言，各地的粽子有三角形、四角锥形、枕头形、小宝塔形、圆棒形等。粽叶的材料则因地而异。南方因为盛产竹子，就地取材以竹叶来缚粽，一般人都喜欢采用新鲜竹叶，因为干竹叶绑出来的粽子熟了以后没有竹叶的清香；北方人则习惯用苇叶来绑粽子，苇叶叶片细长而窄，所以要用两三片重叠起来使用。粽子的大小也差异甚巨，有达二斤、三斤的巨型兜粽；也有小巧玲珑，长不及两寸的甜粽。

就口味而言，粽子馅荤素兼具，有甜有咸。北方的粽子以甜味为主，南方的粽子甜少咸多。料的内容则是最能突显地方特色的部分。

北京的粽子大约可分为三种：第一种是用纯糯米制成的白粽子，蒸熟以后蘸糖吃；第二种是小枣粽，馅心以小枣、果脯为主；第三种是豆沙粽。华北地区另有一种以黄黍代糯米的粽子，馅料用的是红枣，蒸熟后，只见黄澄澄的黏黍中嵌着红艳艳的枣，有人美其名为"黄金裹玛瑙"。

浙江的湖州粽子，米质香软，分为咸甜两种。咸的以新鲜猪肉浸泡上等酱油，每只粽子用肥瘦肉各一片做馅。甜粽以枣泥或豆沙为馅，上面加一块猪板油。蒸熟后猪油融入豆沙，十分香滑适口。"五芳斋"出品的粽子尤其著名，馅料经过专人选择，有八宝粽、鸡肉粽、豆沙粽、鲜肉粽等，各具特色。

四川的椒盐豆粽也别具特色。先将糯米、红豆浸泡半日，加入花椒面、川盐及少许腊肉丁，包成四角的小粽。以大火煮三个小时，煮熟再放在钢丝网上用木炭烤黄。吃起来外焦里嫩，颇具风味。

广东的中山芦兜粽，呈圆棒形，粗如手臂。其配料也分甜咸两种，甜的有莲蓉、豆沙、栗蓉、枣泥；咸的有咸肉、烧鸡、蛋黄、甘贝、冬菇、绿豆、叉烧等。

闽南的粽子分为碱粽、肉粽和豆粽。碱粽是在糯米中加入碱液蒸熟而成，兼具黏、软、滑的特色，冰透加上蜂蜜或糖浆尤为可口；肉粽的材料有卤肉、香菇、蛋黄、虾米、笋干等，以厦门的肉粽最为出名；豆粽则盛行于泉州一带，用九月豆混合少许盐，配上糯米裹成，蒸熟后豆香扑鼻，也有人蘸上白糖来吃。

（六）中秋节食俗

中秋节又称月夕、秋节、仲秋节、八月节、八月会、追月节、玩月节、拜月节、女儿节或团圆节，农历八月十五又在八月之中，故称中秋。这一天全家团圆赏月、吃月饼，原来还有"烧斗香""走月亮""放天灯""树中秋""点塔灯""舞火龙""曳石""卖兔儿爷"等节庆活动。此节对海外游子尤为重要，不少少数民族也过此节。秋高气爽，明月当空，故有赏月与祭月之俗。圆月带来的团圆的联想，使中秋节更加深入人心。唐代将嫦娥奔月与中秋赏月联系起来后，更富浪漫色彩。历代诗人以中秋为题材写诗的很多。中秋节的主要习俗有赏月、祭月、观潮、吃月饼等。

中秋节最具代表性的食物是"月饼"，象征团圆、吉祥，晚辈给长辈送月饼，朋友之间也互送月饼。月饼花色品种繁多，风格各异。中秋节这一天人们都要吃月饼以示"团圆"。月饼又称胡饼、宫饼、月团、丰收饼、团圆饼等，是古代中秋祭拜月神的供品。据史料记载，早在3 000年前的殷周时代，民间就已有纪念太师闻仲的"边薄心厚太师饼"。汉代张骞出使西域，引入胡桃、芝麻等，出现了以胡桃仁为馅的圆形"胡饼"。唐高宗时，李靖出征突厥，于中秋节凯旋，当时恰有一个吐蕃商人进献胡饼，李治很高兴，手拿胡饼指着当空的皓月说："应将胡饼邀蟾蜍（月亮）。"随后分给群臣食之。若此说确实，则此传说可能是中秋节分食月饼的开始。但"月饼"一词，最早是见于南宋吴自牧的红菱饼。月饼被赋予团圆之意的时代是明代，刘侗在《帝京景物略》中说："八月十五日祭月，其祭果饼必圆。"田汝成在《西湖游览志余》中说："八月十五谓之中秋，民间又以月饼相遗，取团圆之义。"沈榜在《宛署杂记》中还记述了明代北京中秋制作月饼的盛况：坊民皆"造月饼相遗，大小不等，呼为月饼。市肆至以果为馅，巧名异状，有一饼值数百钱者。"心灵手巧的制饼工人翻新出奇，能在月饼上做出各种花样，彭蕴章《幽州土风吟》描述说："月宫符，画成玉兔瑶台居。月宫饼，制就银蟾紫府影。一双蟾兔满人间，悔煞嫦娥窃药年。奔入广寒归不得，空劳玉杵驻丹颜。"

直到清代，中秋吃月饼已成为一种普遍的风俗，且制作技巧越来越高。清人袁枚《随园食单》介绍道："酥皮月饼，以松仁、核桃仁、瓜子仁和冰糖、猪油作馅，食之不觉甜而香松柔腻，迥异寻常。"北京的月饼则以前门致美斋所制为第一。遍观全国，已形成京、津、苏、广、潮五种风味。另外，围绕中秋拜月、赏月还产生了许多地方民俗，如江南的"卜状元"：把月饼切成大中小三块，叠在一起，最大的放在下面，为"状元"；中等的放在中间，为"榜眼"；最小的在上面，为"探花"，而后全家人掷骰子，谁的点数最多，即为状元，吃大块，依次为榜眼、探花，游戏取乐。

中秋节还有"赏月"的活动，伴随这些赏月活动的还有许多中秋食品，藕品、香芋、柚子、花生、螃蟹等在中秋时节最为鲜美。许多少数民族也非常看重中秋节，有各种中秋活动，品尝各种风格独特的中秋食品，如傣族就会围坐饮酒，品尝狗肉汤锅、猪肉干巴、腌蛋和黄鳝干等。

（七）重阳节食俗

重阳节取九九重阳之意，主要活动为登高、赏菊、饮酒等，颇受老年人喜爱，所以也称"老年节"。《易经》将"九"定为阳数，两九相重，故农历九月初九为"重阳"。重阳时节，秋高气爽，风清月洁，故有登高望远、赏菊赋诗、喝菊花酒、插茱萸等习俗。重阳节的食物大都是以奉献老人为主：吃花糕、螃蟹，有些地方还吃羊肉和狗肉；祝福老人、避邪躲灾，祈求健康是重阳节的主题，食俗也围绕这些方面而成一种较为独特的文化体系。

古代中国以农立国，在重阳节后，秋收完毕，欢庆丰收，家家户户总要做些米糕、面饼、豆子馍等馈赠亲朋好友。重阳节期间，人们纷纷用面粉蒸糕，糕上插有彩色小旗，点缀着石榴子、栗子黄、银杏、松仁等果实；或者做成狮子蛮王之状，置于糕上，名为"狮蛮栗糕"。吃重阳糕的食俗始于唐代，因重阳糕最初是用菊花为原料制成，故最早称"菊花糕"，别称"狮蛮糕"，而重阳糕正式得名是在南宋。重阳食糕与重阳登高有密切联系，与佛教也有牵连，寓意吉祥，希望子孙后代步步登高。现如今各地人吃的重阳糕，都带有浓郁的地方食俗色彩。

吃糍粑是我国西南地区重阳节的又一食俗，糍粑分为软甜、硬咸两种。其做法是将洗净的糯米下到开水锅里，一滚即捞。上笼蒸熟再放臼里捣烂，揉搓成团即可。食用时，把芝麻炒熟、捣成细末，把糍粑搓成条，揪成小块，放上芝麻白糖，其味香甜可口，称为"软糍粑"，温食最佳。硬糍粑又称"油糍粑"，做法是将糯米蒸熟后不捣烂，放在案上揉成团，擀扁后放些食盐和花椒粉做成"馅心"，再卷条切片，放油锅炸制。油糍粑表面呈树的年轮状花纹，红黄相间，咸麻香脆，回味无穷。

重阳佳节正值九月，秋菊飘香，螃蟹膏黄味美，是食蟹的大好季节，古人诗云："不到庐山辜负目，不食螃蟹辜负腹。"宋代诗人梅尧臣曾有诗赞曰："樽前已夺螃蟹味，当日纯羹枉对人。"时至今日，阳澄湖的清蒸大闸蟹在国内外市场上均被列为九月时令佳肴，享有极高盛名。

重阳登高是我国重要的习俗。民间还有一说，相传晋代名士桓景，曾随道士贾长房学道，一日贾长房对他说："九月九日，你家有灾难，到那天家人应佩茱萸，登高山，饮菊花酒，则此灾便可消矣。"桓景尊师嘱照办，当晚回家，只见家中鸡犬羊猪都已死在地上。从此相沿成习，每逢重阳这天，家家户户都要饮菊花酒、佩茱萸和登高。

金秋九月，赏菊也是重阳节的一项必不可少的庆贺活动。古代文人墨客极爱菊花，往往以秋菊比喻清高亮节之风，如晋陶渊明也有诗云："菊花知我心，九月九日开；客人知我意，重阳一同来。"诗中不仅表露出诗人清高的风范，还洋溢着浓厚的生活趣味。在九月秋菊盛开之时，文人墨客都喜欢借花聚会、饮酒、赏菊、食蟹、赋诗、开菊展等活动，表达了对生活的热爱及对大自然的向往。

现今的重阳节又有了新的含义，1989年我国把重阳节定为老人节，九乃大数，寓意健康长寿，将传统与现代结合，赋予重阳节敬老爱老的新内容。作为传统佳节，古往今来，人们都在这一天开展敬老祝寿和登高远望的活动。

（八）腊八节食俗

人们习惯上把农历的十二月称为腊月，把腊月的初八称为腊日或腊八，并将其作为一个传统节日来对待。许多与腊月或腊八有关的习俗也往往都被冠以"腊"字。这一天相传是释迦牟尼的成佛日，许多地方都吃腊八粥，腊八其实也是春节准备工作的开始。这是古代岁末祭祀祖先、祭拜众神、庆祝丰收的节日。南北朝时腊日已固定在农历十二月初八，有吃赤豆粥、祭拜祖先等习俗。佛教的腊八粥后也渗入腊日习俗。腊八节又称"腊日祭"，原是古代庆丰收、酬谢祖宗的节日，后演变为纪念释迦牟尼成佛的吉日，一般认为是驱寒、祭神和辞旧迎新。伴随这些活动的食俗为熬腊八粥和举行家宴，腊八粥也称"五味粥""七宝粥"或"佛粥"，由各种米、豆、果、菜、肉等 4～7 种原料煮成。真正上好的"腊八粥"具有健脾、开胃、补气、养血、御寒等功能。

腊八粥也称"七宝五味粥"。我国喝腊八粥的历史已有一千多年，最早开始于宋代。每逢腊八这一天，无论是朝廷、官府、寺院还是黎民百姓家都要做腊八粥。到了清朝，喝腊八粥的风俗更是盛行，在宫廷，皇帝、皇后、皇子等都要向文武大臣、侍从宫女赐腊八粥，并向各个寺院发放米、果等供僧侣食用；在民间，家家户户也要做腊八粥祭祀祖先，同时，合家团聚在一起食用，馈赠亲朋好友。

中国各地腊八粥的花样争奇竞巧，品种繁多，其中以北京的最为讲究，掺在白米中的食材较多，如红枣、莲子、核桃、栗子、杏仁、松仁、桂圆、榛子、葡萄、白果、菱角、青丝、玫瑰、红豆、花生……总计不下二十种。人们在腊月初七的晚上就开始忙碌起来，洗米、泡果、剥皮、去核、精拣，然后在半夜时分开始煮，再用微火炖，一直炖到第二天的清晨，腊八粥才算熬好了。更为讲究的人家，还要先将果子雕刻成人形、动物、花样，再放在锅中煮。比较有特色的就是在腊八粥中放上"果狮"。果狮是用几种果子做成的狮形物，用剔去枣核烤干的脆枣作为狮身，半个核桃仁作为狮头，桃仁作为狮脚，甜杏仁用来做狮子尾巴。然后用糖粘在一起，放在粥碗里，活像一头小狮子。

腊八崇冰。腊八前一天，人们一般用盆舀水结冰，等到了腊八节就把冰脱盆并敲成碎块。据说这天的冰很神奇，吃了它在以后一年不会肚子疼。腊八崇冰的习俗在一些地方盛行。腊月初七夜，家家都要为孩子们"冻冰"。在一碗清水里，放入用红萝卜、白萝卜刻成的各种花朵，用芫荽做绿叶，摆放在室外窗台上。第二天清早，如果碗里的冰面冻起了疙瘩，便预兆着来年小麦丰收。然后将冰块从碗里倒出，五颜六色，晶莹透亮，煞是好看。孩子们人手一块，边玩边吸吮。

二、宗教信仰食俗

（一）佛教食俗

佛教自汉代传入中国，据史书记载，西汉哀帝元寿元年（前 2 年）已有佛经传入中国。当时，人们把它作为盛行的一种"方术"来看待。由于当时朝廷禁止百姓出家，所以汉代僧人除个别的外，都是一些外籍法师。从三国时起，开始有了正式的华籍僧人。到了两晋，由于朝廷的支持，佛教的寺院和僧尼逐渐增多起来。南北朝时期，佛教发展迅速，至唐代达到了鼎盛。唐代共有佛教寺院四万多所，僧尼三十来万人。宗派佛教的出现，标志着佛教的"成熟"及佛教已经完成了"中国化"的进程，从此，它可以名副其实地称为"中国佛教"。宋元以后的佛教日益衰落，但它们仍在不同的历史条件下继续发展演变。除云南傣族地区等少数区域信奉南传佛教外，其他大部分地区盛行汉传佛教，佛教还与西藏原有的苯教结合，形成藏传佛教，流传于西藏、内蒙古等地区。

佛教原来只有不准饮酒、不准杀生的戒律，没有禁止吃肉的戒条，只要不是自己杀生、不叫他人杀生和未亲眼看见杀生的肉都可以吃，即"三净肉"可食。在佛教戒律中，不仅有"五戒""八戒""十戒""具足戒"等差别，而且有小乘戒和大乘戒的差别。"五戒"是佛教为在家的男女信徒们制定的戒条，既可全受，也可只受一两条、三四条；"五戒"是"终身"制；"八戒"是佛教为在家的男女信徒们制定的一种比较特殊的戒条（加上第九条"斋"，实际为九条），受此"八戒"者，一般要住在庙里，暂时过一过出家的僧侣生活，时间短则一昼夜，长则七天、半月。"八戒"是临时性的。"比丘戒"是和尚们所受的戒条，按照汉传佛教的传统，"比丘戒"共有250条。"比丘尼戒"是尼姑们所受的戒条，按照汉地佛教的传统，共有348条。一般来说，以上属"小乘戒"。"大乘戒"按照《梵纲经》的说法，有所谓"十重""四十八轻"戒。

虽然戒律颇为复杂，但因佛教戒律原本只有不准饮酒、不许杀生，没有不许吃肉的规定，所以，现如今各国的大批佛教徒，包括中国的藏、蒙、傣等少数民族的佛教徒在内，仍然是吃肉的。只有汉传佛教徒（包括出家僧尼和在家信徒）是吃素的，而这一习惯的形成，是由于梁武帝提倡并采取强迫的手段，强制佛教徒不许吃荤，一律吃素。从那以后，就形成了汉传佛教徒吃素的习惯和制度。然而，在南朝以后，尽管佛教中素食的戒律已逐步形成，但还是有僧徒不履行这一戒律。唐代门徒不守戒律的现象时有发生，以至唐朝政府不得不发布诏书以整饬规矩。

僧人的饮食方式也是独特的。在佛教徒看来饮食不是目的，而是手段。《智度论》云："食为行道，不为益身。"得到饮食即可，不择粗精，但能支济身体，得以修道，便合佛意。至于饮食的来源，在印度主要靠托钵乞讨，所谓"外乞食以养色身"。佛教初入中国也是如此，僧侣主要靠施主供养，傣族地区的南传佛教徒仍沿此习俗。唐中叶，禅宗怀海在洪州百丈山创立禅院，制定《百丈清规》，倡导"一日不作，一日不食"。从此，僧人才有了自食其力的意识。

关于佛教的食制，《毗罗三昧经》说："食有四时：旦，天食时；午，法食时；暮，畜生食时；夜，鬼神食时。"即中午是僧侣吃饭之时。这种过午不食的制度，在中国很难实行，特别是对于参加劳动的僧人。于是又产生了通融之法，正、五、九三个月中自朔至晦持每日过午不食之戒，谓之"三长斋月"。一般情况下，佛寺僧人早餐食粥，时间是晨光初露，以能看见掌中之纹时为准。午餐大多为饭，时间为正午之前。晚餐大多食粥，称"药食"。为何叫"药食"呢？因为按佛教戒律规定，午后不可吃食，只有病号可以午后加一餐，称为"药食"。后多数寺庙中开了过午不入粮之戒，但名称仍为"药食"。本来"药食"要取回自己房内吃，但因所有人都有份，所以也在斋堂进行。

佛寺饮食为分食制，吃同样的饭菜，每人一份。食用前均要按规定念供，以所食供养诸佛菩萨，为施主回报，为众生发愿，然后方可进食。唐中叶以后，对僧侣进食又有了许多具体规定，寺庙中设有专供僧人吃饭的斋堂，吃饭时以击磬或击钟来召集僧徒。钟声响后，从方丈到小沙弥，齐集斋堂用斋。《百丈清规·日用轨范》中记载："吃食之法，不得将口就食，不得将食就口。取钵放钵，并匙箸不得有声。不得咳嗽，不得搔鼻喷嚏；若自喷嚏，当以衣袖掩鼻。不得抓头，恐风屑落邻单钵中。不得以手挑牙，不得嚼饭啜羹作声，不得钵中央挑饭，不得大搏食，不得张口待食，不得遗落饮食，不得手把散饭，食如菜滓，安钵后屏处。……不得将头钵盛湿食，不得将羹汁放头钵内淘饭吃，不得挑菜饭吃。食时须看上下肩，不得大缓。"

这些规定或为进食清洁，或为食相雅观，或为考虑对他人的影响，总体说来在于保持进食时的肃穆气氛，并在这种气氛中加强宗教意识。

知识链接

佛教高僧饮食观

凡学佛之人，有一必须注意之事即切戒食荤，因食荤能增杀机。人与一切动物同生天地之间，心性原是相等，但以恶业因缘，致形体大相殊异。若今世汝吃它，来世它又吃汝，怨怨相报，将世世杀机无有已时。果能人人茹素，即可培养其慈悲心而免杀机。否则纵能念佛，而仍图口腹之乐，大食荤腥，亦能得学佛之利益几何哉！

—— 印光大师

由下等动物进化至高等动物，由高等动物进化至动物最灵之人类，则此人类与动物原属一体，大自然之胞与，物我同仁，当然不忍加害残杀。故宗教家之言"博爱"，政治家之言"仁政"。"亲亲而仁民，仁民而爱物""泛爱众，而亲仁"。此固谓王道仁政，天地大德，要亦我人与动物归原同体也。

—— 太虚大师

深入经教就会了解，素食是不与众生结怨仇，绝不杀害众生。果然不杀害众生，植物供养我们日常所需也会很丰足，因植物也懂得人意。

—— 净空法师

（二）道教食俗

道教是中国土生土长的宗教，源于远古巫术和秦汉的神仙方术。道教认为，道是先天地而生的，为宇宙万物的本原；又认为道是清虚自然，无为自化，所以要求人要清静无为，恬淡寡欲。神仙思想是道教的中心思想。道教修炼的目的就是长生不死，成为神仙。一般宗教都有一个彼岸世界，如基督教的天堂、佛教的极乐世界，认为只要生时虔诚修持，死后的灵魂就能升天。只有道教认为人可以不死；肉体就能成仙，白日飞升。为达成仙目的，道教有许多修炼方法，如服食、导引行气、胎息辟谷、存神诵经等。

道教以追求长生成仙为主要宗旨，在饮食上形成一套独特的信仰和食俗，主要表现为以下几个方面。

1. 重视服食辟谷

服食就是选择一些草木药物来吃。道士服食的药物大体有两类：一类属于滋养、强壮身体的，如灵芝、黄精、天门冬之类；另一类属于安神养心及丹砂之类。尤其是食丹之术，为道教独有。道教认为丹砂、黄金等金石类性质稳定的物质经炼制后可以炼成"金丹"（又称"还丹"），人服用后可以长生、成仙。但许多迷信神仙的人，辛辛苦苦日夜炼丹，炼成之后吃了金丹，不仅不能延年益寿，反而中毒甚至身亡。所以，古人诗中说："服食求神仙，多为药所误。"后来食丹术渐不为人所信。以上被道教称为外丹，而内丹不用药物，把人体比作炉鼎，以人的精、气、神作为烹炼对象，比作药物。炼内丹虽不能长生不老、成为神仙，但确有一定的强身健体作用，故得以发展和兴盛。辟谷也称断谷、绝谷、休粮、却粒等。辟谷并非什么都不吃，只是不吃粮食，但可以服食药物、饮水浆等。道教为何要辟谷呢？这是因为道教认为，人体中有三虫，亦名三尸。三尸常居人脾，是欲望产生的根源，是毒害人体的邪魔。三尸在人体中是靠谷气生存的。如果人不食五谷，断尽谷气，那么，三尸在人体中就不能生存了，人体内也就消灭了邪魔，因此，要益寿长生，必须辟谷。辟谷者不吃五谷，但可食大枣、茯苓、巨胜（芝麻）、蜂蜜、石芝、木芝、草芝、肉芝、菌芝等。不过，辟谷会导致人体营养不均衡，是不宜提倡的。

2. 提倡不食荤腥

道教主张人们应保持身体内的清新洁净，认为人禀天地之气而生，气存人存，而谷物、荤腥等都会破坏"气"的清新洁净。道教将食物分为三六九等，认为最能败清净之气的是荤腥及"五辛"，所以忌食鱼肉荤腥与葱、韭、蒜等辛辣刺激的食物。《上洞心丹经赢诀》卷中《修内丹法秘诀》云："不可多食生菜鲜肥之物，令人气强，难以禁闭。"《胎息秘要歌诀·饮食杂忌》中也说："禽兽爪头支，此等血肉食，皆能致命危，荤茹既败缺气，饥饱也如斯，生硬冷须慎，酸咸辛不宜。"《抱朴子内篇·对俗》中说，理想的食物是"餐朝霞之沆瀣，吸玄黄之醇精，饮则玉醴金浆，食则翠芝朱英"，认为只有这样饮食，才能延年益寿。

在饮食上，全真道派与正一道派有所不同。全真道徒不结婚，不茹荤腥，长住道观清修，称出家道士。正一道徒可以有家室，不住宫观，能饮酒食肉，以斋醮符箓、祈福禳灾为业，称在家道士。

3. 注重饮食疗疾

道家为了修炼成仙，首先得祛病延年，而医药和养生术正是为了治病、防病、延年益寿。医药养生术有保健的作用，而且可治病救人，弘扬道法。许多道徒如葛洪、陶弘景、孙思邈等，都是著名的医药学家。道教徒可将药分为上、中、下三品，认为上品药服之可使人长生不死，中品药可以养延年，下品药才用来治病。上药中的上上品就是道士炼成的金丹大药。

晋代葛洪精通医术，编撰医书《玉函方》一百卷，又把常日的经验编撰为《肘后要急方》，用以救急。南朝陶弘景是著名药学家，所著《本草经集注》把原来的《神农本草经》中的 365 种药物增加了一倍，对每种药物的性能、形状、特征、产地都加以说明。隋唐时的孙思邈精于医药，后世尊其为"药王"，所著《千金方》中特列《食治》一门，详细介绍了谷、肉、果、菜等食物疗病的作用。他注重饮食卫生，主张多餐少吃，细嚼轻咽，饭后行数百步，采用药物和食疗两种方法治病，对食疗保健学的发展起到了很大的推动作用。

课堂讨论

对不同地区春节食俗的不同习惯展开讨论。

技能操作

编排一个情景小品，模拟端午节的食品准备。

思考练习

一、填空题

1. _____是中国人的日常饮料，_____则是饭食时的最佳饮料。

2. 同别人一起进食，不能_____，要注意_____。

3. 先请_____入座上席，再请_____在客人旁依次入座，入座时要从椅子_____进入。

二、多选题

1. 中国古代饮食文化礼仪包括（　　　）。

    A. 进食之礼　　　　B. 宴饮之礼　　　　C. 待客之礼　　　　D. 入座之礼

2. 春节又被古人称为（　　　）。

    A. 元日　　　　　　B. 元旦　　　　　　C. 元正　　　　　　D. 新正

3. 元宵节又称（　　　）。

    A. 元夕节　　　　　B. 上元节　　　　　C. 灯节　　　　　　D. 汤圆节

4. 腊八粥又称（　　　）。

    A. 五味粥　　　　　B. 七宝粥　　　　　C. 佛粥　　　　　　D. 红豆粥

三、判断题

1. 佛教原来只有不准饮酒、不准杀生的戒律，没有禁止吃肉的戒条。　　　　（　　　）

2. 佛寺僧人早餐食粥，时间是晨光初露，以能看见掌中之纹时为准。　　　（　　　）

四、简答题

1. 中国古代饮食文化礼仪主要包括哪些？

2. 中国现代饮食中正餐的上菜程序是什么？

3. 中国现代饮食文化中餐桌的摆设是怎样的？

4. 南北方春节食俗有哪些差异？

第九章

中国饮食文化与医学

学习导读 》》》

本章首先介绍中国饮食文化药食同源的基本概念，然后介绍中国饮食养生文化，最后从人文的角度阐述了饮食与健康的关系。本章的学习重点是理解中国饮食养生文化，学习难点是掌握科学饮食与养生的关系。

学习目标 》》》

（1）掌握药食同源的概念。
（2）熟悉中国饮食养生文化。
（3）理解中医食疗。
（4）认识饮食与健康的关系。

学习案例

中医的理论基础是阴阳，温热为阳，寒凉为阴。我们所吃的任何一种食物都有阴阳之分。寒凉食物有清热、去火、解毒的作用，温热食物有健脾、开胃、补肾的作用。温热寒凉不但体现在食物分类上，也体现在我们每个人的身体素质上，还体现在四季变化的温度及南、北方不同区域气候的差别上。

身体内寒气较重、血液亏虚的人，要选择温热性质的食物来吃，如牛羊肉、洋葱、韭菜、生姜等；身体内热大，就不能再大量地吃温热性质的食物了，吃多了会内燥，所以应该适当地选用寒凉的食物来降温、去火。

那么该怎样根据地域的不同选择食物呢？

在夏天多吃寒凉的食物以清热、解暑，在冬天多吃温热的食物以保暖、祛寒。如果天热了吃狗肉，很有可能会热出病来，导致咽喉疼痛、大便干燥、胸闷心烦；如果天冷了吃西瓜，则轻者胃痛、腹胀，重者腹泻、腰疼。

每个地区都生长着不同的食物。例如，热带地区多盛产寒凉性质的水果，如香蕉、西瓜、甘蔗等；而寒冷地区多盛产洋葱、大葱、大蒜这些温性食物。大自然已经给生活在当地的人们准备好了适合他们身体需要的食物，这就是"一方水土养一方人"的道理。

案例思考：

为什么要根据不同的体质和不同的地域选择食物？

案例解析：

个人不同的体质、生活的不同地域、四季的变换都会影响到人的饮食，而饮食在很大程度上又影响了人的身体状况，有些病被称为"吃出来的病"就是这个道理。因此可以说，中国饮食文化自古就与医学有着密切的联系。

饮食养生文化

一、药食同源

人类为了生存的需要，需要在自然界到处觅食，久而久之，也就发现了某些动物、植物不仅可以作为食物充饥，而且具有某种药用价值。原始阶段，人们还没有能力将食物与药物分开。食物与药物合二而一就形成了药膳的源头和雏形，故有"药食同源"之说。

文字出现以后，甲骨文与金文中就已经有了药字与膳字。后来将药字与膳字联系起来使用，形成药膳这个词，《后汉书·列女传》载有"母恻隐自然，亲调药膳，恩情笃密"之句。《宋史·张观传》还有"蚤起奉药膳"的记载。而药膳一词出现之前，我国的古代典籍中，已出现了有关制作和应用药膳的记载。《周礼》中记载了"食医"。食医主要掌理调配周天子"六食""六饮""六膳""百馐""百酱"的滋味、温凉和分量。食医所从事的工作与现代营养医生的工作非常相似，同时，书中还涉及了其他一些有关食疗的内容。《周礼·天官》中还记载了疾医主张用"五味、五谷、五药养其病"；疡医则主张"以酸养骨，以辛养筋，以咸养脉，以苦养气，以甘养肉，以滑养窍"等，表明了我国早在西周时代就有了丰富的药膳知识，并出现了从事药膳制作和应用的专职人员。成书于战国时期的《黄帝内经》载有"凡欲诊病，必问饮食居处""治病必求其本""药以祛之、食以随之"，并说"人以五谷为本""天食人以五气，地食人以五味""五味入口，藏于肠胃""毒药攻邪，五谷为养，五果为助，五畜为益，五蔬为充，气味合而服之，以补精益气"。《山海经》中也提到了一些食物的药用价值，如"枥木之实，食之不老"。

秦汉时期药膳有了进一步发展。东汉末年的《神农本草经》集前人的研究，记载药物365 种，其中大枣、人参、枸杞、五味子、地黄、薏仁、茯苓、沙参、生姜、葱白、当归、贝母、杏仁、乌梅、鹿茸、核桃、莲子、蜂蜜、龙眼、百合、附子等，都是具有药性的食物，常作为配制药膳的原料。汉代名医张仲景的《伤寒杂病论》《金匮要略方论》进一步发展了中医理论，在治疗上除用药外还采用了大量的饮食调养方法来配合，如白虎汤、桃花汤、竹叶石膏汤、瓜蒂散、十枣汤、百合鸡子黄汤、当归生姜羊肉汤、甘麦大枣汤等。在食疗方面，张仲景不仅发展了《黄帝内经》的理论，突出了饮食的调养及预防作用，开创了药物与食物相结合治疗重病、急症的先例，而且记载了食疗的禁忌及应注意的饮食卫生。汉代以前虽有较丰富的药膳知识，但仍不系统，为我国药膳食疗学的理论奠基时期。

唐代名医孙思邈在其所著的《备急千金要方》中设有"食治"专篇，其中共收载药用食物 164 种，分为果实、菜蔬、谷米、鸟兽四大门类，至此食疗已开始成为专门学科。孙思邈的弟子孟诜集前人之大成编成了《食疗本草》，这是我国第一部集食物、中药为一体的食疗学专著，共收集食物241种，详细记载了食物的性味、保健功效、过食、偏食后的副作用及其独特的加工、烹调方法。

宋元时期为食疗药膳学全面发展时期。宋代官方修订的《太平圣惠方》专设"食治门"，记载药膳方剂160首，可以治疗28种病症，且药膳以粥、羹、饼、茶等剂型出现。元朝时期，由饮膳太医忽思慧所编著的《饮膳正要》为我国最早的营养学专著，首次从营养学的观点出发，强调了正常人应加强饮食、营养的摄取，用以预防疾病，并详细记载了饮食卫生、服用药食的禁忌及食物中毒的表现，颇有见解。

明清时期是中医食疗药膳学更加完善的阶段，对于药膳的烹调和制作也达到了极高的水平，且大多符合营养学的要求。《本草纲目》给中医食疗提供了丰富的资料，仅谷、菜、果3部就收有300多种，其中专门列有饮食禁忌、服药与饮食的禁忌等。

中国药膳食疗从古至今，源远流长，自宫廷到民间，广为传播。药膳食疗学自古以来，就是在中医药学理论的指导下以独特的形式和路线自成流派发展至今。其配剂原则、方法和应用规律虽受制于中医药学，但其应用形式却类同于普通食品，以至于形成独立的中国药膳学食疗学科。

今天，在人类生活水平和质量不断提高的促进下，民众的自我保健观念发生了根本性的转变，"未病先防，既病防变，病愈防复"的全面预防思想更加深入人心。药膳作为特殊食品，而不是药物，只是有保健强身和防疗疾病等功能的特殊食品，与药物有本质上的区别，其在保健、康复和预防等方面可起到主要作用，而在疾病的治疗过程中则多起辅助作用。将中药与食物相配，就能做到药借食味，食助药性，变"良药苦口"为"良药可口"。所以，药膳是充分发挥中药效能的美味佳肴，特别能满足人们"厌于药，喜于食"的天性，且易于普及，取材广泛，可在家庭自制，是中药的一种特殊的、深受百姓喜爱的剂型。随着经济的发展，人民生活水平的提高，药膳食疗越来越受到医药和饮食界人士的重视。许许多多中老年人，尤其是患有一些慢性病的中老年人，对新的"疗效食品"如山楂奶糖、木糖醇食品及药膳格外青睐。由于其便于长期食用的特点，颇受病人的欢迎，表明古代的药膳食疗获得了新的发展。随着中国走向世界，不少药膳罐头和中国保健饮料、药酒、保健食品等，已销往国际市场，有许多国家还开设了药膳餐厅。国际上一些学术界和工商界人士也十分关注中国药膳食疗这一特殊的方法，希望能开展这方面的学术交流。中国药膳食疗将为世界人民的健康做出贡献，它已成为一门独具特色的科学、艺术和文化走进千家万户，传遍世界各地。

知识链接

《黄帝内经》

《黄帝内经》写于战国时期，是中国现存最早的中医理论专著。它总结了春秋至战国时期的医疗经验和学术理论，并吸收了秦汉以前有关天文学、历算学、生物学、地理学、人类学、心理学的知识，运用阴阳、五行、天人合一的理论，对人体的解剖、生理、病理及疾病的诊断、治疗与预防，做了比较全面的阐述，确立了中医学独特的理论体系，成为中国医药学发展的理论基础和源泉。

《黄帝内经》是早期中国医学的理论典籍，简称《内经》，最早著录于刘歆《七略》及班固《汉书·艺文志》，原为18卷。医圣张仲景"撰用素问、九卷、八十一难……为伤寒杂病论"，晋代医学家皇甫谧撰《针灸甲乙经》时，称"今有针经九卷、素问九卷，二九十八卷，即内经也"，《九卷》在唐王冰时称之为《灵枢》。至宋，史崧献家藏《灵枢经》并予刊行。由此可知，《九卷》《针经》《灵枢》实则一书而多名。宋之后，《素问》《灵枢》始成为《黄帝内经》组成的两大部分。

《黄帝内经》是什么意思呢？内经，不少人认为是讲人体内在规律的，有的人认为是讲内科的，但相关专家认为《黄帝内经》是一部讲"内求"的书，即要使生命健康长寿，不要外求，要往里求、往内求，所以称为"内经"。也就是说要使生命健康，不一定非要去吃什么药。

实际上《黄帝内经》整本书里面只有13个药方，药方很少。它关键是要往里求、往内求，首先是内观、内视，就是往内观看我们的五脏六腑，观看我们的气血怎么流动，然后内炼，通过调整气血、调整经络、调整脏腑来达到健康和长寿。所以，内求实际上是为我们指出了正确认识生命的一种方法、一种道路。这种方法与现代医学的方法是不同的，现代医学是靠仪器、靠化验、靠解剖来内求；中医则是靠内观、靠体悟、靠直觉来内求。

二、中国饮食养生

饮食为健身之本。饮食养生，是指合理地摄取饮食物中的营养，以增进健康，强壮身体，预防疾病，达到延年益寿的目的。孙思邈曾经说过："安身之本，必资于食""不知食宜者，不足以存生也""是故食能排邪而安脏腑，悦神爽志，以资血气"（《千金要方·食治方·序论第一》）。早在两千多年前，《内经》就为人们设计了一张合理的食谱。《素问·脏气法时论》云："五谷为养，五果为助，五畜为益，五菜为充，气味合而服之，以补精益气。"这个食谱有主食，有副食，各种食品齐全，且主次搭配合理，人体维持生命活动所需要的各种营养物质都有，是一张科学的食谱。1993年，我国营养学家根据美国"食物金字塔"，结合我国国情，提出了中国居民食物金字塔雏形，内容大致有八条：食物多样，谷类为主；多吃蔬菜、水果和薯类；每天吃奶类、豆类或其制品；经常吃适量鱼、禽、蛋、瘦肉，少吃肥肉和荤油；食量与体力活动相适应，保持适宜体重；吃清淡少盐的膳食；饮酒应适量；吃清洁卫生、不变质的食物。

（一）合理调配

食物的种类多种多样，所含营养成分各不相同，只有做到合理调配，才能保证人体正常生命活动所需要的各种营养。

1. 谨和五味

五味是指辛、甘、酸、苦、咸五种味道。

五味与五脏的生理功能有着密切的关系，对人体的作用各不相同。《素问·至真要大论》说："五味入胃，各归所喜。故酸先入肝，苦先入心，甘先入脾，辛先入肺，咸先入肾。"说明五味对五脏有其特定的亲和性，五味调和则能滋养五脏，补益五脏之气，强壮身体。正如《素问·生气通天论》所说："谨和五味，骨正筋柔，气血以流，腠理以密，如是则骨气以精。谨道如法，长有天命。"五味偏嗜甚至太过，久之也会引起相应脏气的偏盛偏衰，导致五脏之间的功能活动失调。如《素问·五脏生成篇》说："多食咸，则脉凝泣而变色；多食苦，则皮槁而毛拔；多食辛，则筋急而爪枯；多食酸，则肉胝而唇揭；多食甘，则骨痛而发落。此五味之所伤也。"可见，五味对五脏具有双重作用，不可偏颇，五味和调有节，才有助于饮食营养的消化吸收。

2. 粗细结合

粗细结合是指主食中的五谷相杂。

五谷是稻、黍、稷、麦、豆，泛指粮食作物，含有丰富的碳水化合物，能为人体提供必需的热量和能量。所谓五谷相杂，是说人们每天的主食，不可单一化，应粗粮与细粮相结合，才能符合人体的营养结构，满足人身气、血、津液等物质生成的需要。在五谷中，一般认为上等的粳米、面粉为精细品，而高粱、玉米、大麦之类为粗粮。近年来，随着人们生活水平的不断提高，不少人只把营养视为肉、鱼、奶、蛋、精米、白面，忽视了营养丰富、保健力强的粗粮。其实，从营养学观点来看，所谓精品的营养价值反而不如粗粮高。

3. 荤素搭配

荤素搭配是指进食菜肴时，当有荤有素，合理搭配。

荤是指肉类食物，素是指蔬菜、水果等。中医养生学历来是讲究素食的，如《遵生八笺·延年却病笺·饮食当知所忌论》说："蔬食菜羹，欢然一饱，可以延年。"但讲究素食，并不等于不吃荤菜，因肉类对人体尤其是青少年的生长发育有着重要的作用。清代医家章穆曾说："大抵肉能补肉，故丰肌体、泽皮肤，又能润肠胃、生津液""内滋外腴，子孙繁衍"（《调疾饮食辨·鸟兽类·豕》）。他在这里指出肉类对内滋养脏腑，对外润泽肌肤，并有利于生殖后代。但是，若偏嗜膏粱厚味，反而有害无益，容易助湿、生痰、化热，导致某些疾病的发生，如"消瘅、仆击、偏枯、痿厥、气满发逆"等病的病机，是由于"肥贵人则高粱之疾也"（《素问·通评虚实论》）；"脾瘅"的病因是由于"数食甘美而多肥"，以致口甘、内热、中满，甚至转为消渴（《素问·奇病论》）；还有痈肿的发生也与多食肥甘有关，所谓"高粱之变，足生大丁"（《素问·生气通天论》）。这与现代医学认为动物性脂肪中含有大量的饱和脂肪酸和胆固醇，过食会形成高脂血症、动脉粥样硬化、冠心病、糖尿病、胆结石、肥胖症等观点是一致的。因此，历代养生家都强调，肥浓油腻之品太过，即成腐肠之药，提倡要多食"谷菽菜果，自然冲和之味，有食人补阴之功"（《格致余论·茹淡论》）。

4. 寒热适宜

寒热适宜一方面是指食物属性的阴阳寒热应互相调和，另一方面是指饮食入腹时的生熟情况或冷烫温度要适宜。食物除五味外，还有寒热温凉等不同的性质。《寿世保元·饮食》说："所谓热物者，如膏粱、辛辣厚味之物是也，谷肉多有之；寒物者，水果、瓜桃、生冷之物是也，菜果多有之。"属于前者的还包括姜、椒、蒜、韭等；属于后者的还包括鱼、鳖、蟹、贝类水产等。张介宾指出："饮食致病，凡伤于热者，多为火热，而停滞者少。"内可见阴虚痰热、胃脘灼痛、热结旁流等症，外可见疮疡痈肿等。"伤于寒者，多为停滞，而全非火症"（《景岳全书·杂证谟·饮食门》）。常见食滞腹胀、腹痛、泄泻，甚至飧泄滑脱、手足厥冷等。

另外，进食时食物的寒热也须讲究，应适合人体的温度。现代医学认为，人体中各种消化酶要充分发挥作用，其中一个重要的条件就是温度。只有当消化道内食物的温度与人体的温度大致相同时，各种消化酶的作用才发挥得最充分。而温度过高或过低，均不利于食物营养成分的消化和吸收。

（二）饮食有节

《遵生八笺·饮馔服食笺·序古诸论》说："食饮以时，饥饱得中，水谷变化，冲气融和，精血以生，荣卫以行，脏腑调平，神智安宁。"

1. 饮食以时

中医养生学强调饮食必须有定时，有规律。所谓"食能以时，身必无灾"（《吕氏春秋·季春纪·尽数》）。有规律地定时进食，可以保证人体消化吸收过程有节奏地进行，使脾胃功能协调配合，有张有弛，维持平衡状态。《灵枢·平人绝谷》说："胃满则肠虚，肠满则胃虚，更虚更满，故气得上下，五脏安定，血脉和利，精神乃居。"指出只有定时进食，使胃肠保持更虚更满的功能活动，才能使胃肠之气上下通畅，保证食物的消化及营养物质的摄取和输送正常进行。我国传统的饮食习惯是一日早、中、晚三餐，各餐间隔的时间为4~6小时，这比较符合饮食以时的要求。

2. 饥饱适度

饥饱适度是指饮食定量要合理适中，不可过饥过饱，否则便会影响脾胃正常的消化吸收功能，于健康不利。中医学认为，维持人体生命活动的物质基础是依赖水谷精微所化生的，若饥而不能食，渴而不得饮，气血生化无源，脏腑组织失其濡养，则会导致疾病的发生。如《灵枢·五味》说："谷不入，半日则气衰，一日则气少矣。"反之，饮食过量，或经常摄入过多的食物，或在短时间内突然进食大量的食物，超过了脾胃正常的消化能力，也可加重脾胃负担，损伤脾胃功能，使食物积滞于胃肠，不能及时消化，一则影响营养成分的吸收和输送；二则易聚湿生痰化热，变生他病。故《素问·痹论》说："饮食自倍，肠胃乃伤。"

（三）饮食宜忌

1. 饮食所宜

（1）食宜新鲜。新鲜、洁净的食物，既保持了其中的营养成分，又容易被人体消化吸收，同时还防止了病从口入。若进食了腐败变质或被细菌、毒素污染的食物，必定会损害机体，导致胃肠等疾病的发生。如《金匮要略·禽兽鱼虫禁忌并治》指出："秽饭、馁肉、臭鱼，食之皆伤人。"提倡讲究饮食卫生，不吃不洁净和腐烂的食物，避免食之有害。

（2）食宜细软。孔子曾说："食不厌精，脍不厌细。"（《论语·乡党》）细软的食物易于消化吸收，不会损伤脾胃；而坚硬之食消化较难，特别是筋韧的肉食，不煮软烂，更易停滞伤胃。故《千金要方·养性·道林养性》明确指出："一切肉惟须煮烂"。

（3）食宜细嚼缓咽。进食时应从容缓和，细嚼慢咽，这对消化有很大帮助。因为在细嚼缓咽过程中，口中唾液大量分泌，能够帮助胃的消化。同时，细嚼使食物充分磨碎，减轻胃的负担；缓咽能避免急食、暴食及吞噎、呛逆现象的发生。所以，《养病庸言·六务》说："不论粥饭、点心、肴品，皆嚼得极细咽下。"

（4）食宜专致愉悦。《千金翼方·养性·养性禁忌》中说："食勿大言""饥不得大语。"说明古人主张进食时要专心致志，集中注意力，不可一边吃饭一边思考其他事情，或边看书报边吃饭等，如此心不在"食"，既影响了食欲，纳谷不香，又不利于消化吸收，久之还会引起胃病。乐观愉快的心情可使人食欲大增，并促进胃液分泌，增强脾胃的消化吸收功能。相反，如果在忧愁、悲哀、愤怒等情况下勉强进食，会导致肝失疏泄，气机不畅而乘犯脾土，妨碍脾胃纳运功能，出现食欲不振或脘腹胀满疼痛等症。所以古有"食后不可便怒，怒后不可便食""人之当食，须去烦恼"之说。

2. 饮食所忌

《金匮要略·禽兽鱼虫禁忌并治》曾指出："凡饮食滋味，以养于生，食之有妨，反能为害。……不闲调摄，疾病竞起。"意思是说，人们之所以进食各种食物，是为了滋养身体，但吃了不相适宜的食物，反而会危害人体，导致疾病的发生。因此，饮食养生也应重视其禁忌。例如"肉中有如米点者，不可食之""六畜自死，皆疫死，则有毒，不可食之""诸肉及鱼，若狗不食，鸟不啄者，不可食"等（《金匮要略·禽兽鱼虫禁忌并治》）。还有某些食物对某类体质的人有害，或者能助长某种病邪，也必须注意。《灵枢·五味》说："肝病禁辛，心病禁咸，脾病禁酸，肾病禁甘，肺病禁苦。"如肺结核患者忌食辛辣，水肿患者忌多食咸，黄疸病患者忌食油腻，溃疡病患者忌食生冷黏硬等。对于忌嗜酒过饮，历代养生家都有论述，如《饮膳正要卷三·米谷品》中谓："酒多饮损寿伤形，易人本性。"万密斋指出酒性湿热，"虽可以陶情，通血脉，然耗气乱神，烂肠胃，腐胁，莫有甚于此者"（《养生四要·寡欲》），警示人们不可"以酒为浆"，无节嗜饮，致酒毒戕害脏腑，渗溢经络，影响健康而早衰。现代医学证实，过量饮酒可使肝的解毒功能锐减，引起急、慢性乙醇中毒，易造成酒精性肝硬化或肝癌、酒精性心肌病、酒精性痴呆等，严重者可导致死亡。

（四）三因制宜

饮食养生必须根据具体情况区别对待，掌握因人、因时、因地制宜的运用原则，灵活选食。

1. 因人制宜

因人制宜即重视饮食的个体特异性，根据体质、年龄、性别等不同特点来配制膳食。

2. 因时制宜

一年四季有寒热温凉之别，食物性能也有清凉、甘淡、辛热、温补之异，故饮食摄养宜顺应四时而调整。《饮膳正要卷二·四时所宜》明确指出："春气温，宜食麦以凉之；夏气热，宜食菽以寒之；秋气燥，宜食麻以润其燥；冬气寒，宜食黍以热性治其寒。"

3. 因地制宜

不同的区域有不同的地理特点、气候条件，人们的生活习惯也不同，故应采取相适宜的饮食养生方法。例如，我国西北地区，地处多高原，气候较寒冷、干燥；东南地区，地势偏低洼，气候较温热、潮湿。根据这一特点，在饮食上应有所选择，以适应养生的需要。通常是高原之人阳气易伤，宜食温性之品以胜寒凉之气；又由于多风燥，耗损人体阴液使皮肤燥裂，故宜用滋润的食物以胜其干燥。而平原之人阴气不足，湿气偏盛，要多食一些甘凉或清淡通利之品，以养阴益气，宽胸祛湿。总之，要根据地区的不同，正确选择对身体有益的食物。

第二节
中医食疗

一、中医食疗的起源与发展

中医食疗来源于中华民族传统的饮食文化，是其中一个独特的分支。它的起源和发展，与饮食文化的起源与发展、中医的起源与发展及现代医学的发展息息相关，密不可分。

所谓食疗，是以单种和多种食物所组成的、有相对固定配方的、供食用和医用的、治疗疾病和保健的临床治疗方法。食疗可分为医用食疗和民用食疗。医用食疗法是由营养医师和临床医师共同对某种疾病所采取的治疗方法，仅局限在医院内使用；而民用食疗则是可供家庭操作的、相对简易的方法。我们一般所称的食疗均为民用食疗。

《黄帝内经》是中医食疗的基本理论基础，其中多段文字描述了食物对人体正常生理的作用和治疗疾病的疗效：如"形不足者，温之以气；精不足者，补之以味。""天食人以五气，地食人以五味。五气入鼻，藏于心肺，上使五色修明，音声能彰；五味入口，藏于肠胃，味有所藏，以养五气，气和而生，津液相成，神乃自生。""心欲苦，肺欲辛，肝欲酸，脾欲甘，肾欲咸，此五味之所合也。""多食咸，则脉凝泣而变色；多食苦，则皮槁而毛拔；多食辛，则筋急而爪枯……"

这些记录不但反映出食物对人体的正常生理作用，也描述了饮食过量和饮食不当对人体的弊端。张仲景在《金匮要略》中专写有"禽兽鱼虫禁忌并治"和"果实菜谷禁忌并治"二卷，专论食物禁忌；在其《伤寒论》中，频繁出现"啜热稀粥以助药力"和"禁生冷、粘滑、肉面、五辛、酒酪、臭恶等物"等描述，以及治"少阴病"时用"苦酒汤"等均体现了食疗和食物在药治中的重要性。

二、中医食疗的理论基础

由于食疗与药疗有共同的起源和相似的发展过程，中医药学的基础理论和基本方法仍然是食疗理论及方法的最重要指导原则。在此，重点描述与食疗密切相关的中医基础理论。

（一）中医对人体基本构成和生理功能的认识

中医认为，人体是由五脏、六腑和奇恒之腑所组成的，五脏为心、肝、脾、肺、肾，生理功能为藏精气而不泻；六腑为胃、胆、小肠、大肠、膀胱、三焦，生理功能为传导输送；奇恒之腑为脑、髓、骨、脉、女子胞，生理功能兼具脏腑功能。诸脏腑由贯穿人体的十二条经络相维系，是一个形神合一、协调平衡的整体。

中医所称的脏腑与现代医学所指的器官不完全对应，所对应的生理功能也不完全相同，在分析食物或药膳的功效时需要引起注意。

（二）中医对疾病的基本认识

中医认为，人体疾病的发生主要有外感和内伤两类。外感疾病主要是由于感受风、寒、暑、湿、燥、火六气所致；而内伤疾病多由情志不遂、劳损内耗所致。外感病多见实证，内伤病多为虚证；病程中也可见由实转虚，虚实兼夹的情况。

（三）中医气血津液学说

1. 气

气是人体内的活动很强、运行不息而无形可见的极细微物质，是构成人体和维持人体生命活动的基本物质之一。气以其运行不息推动着人体的生命活动，推动着人体内物质和能量的代谢。气的运动停止标志着生命的终结。

中医认为，除人体之气，如元气、脏腑之气、经络之气，还存在着自然之气，如天地之气、四时之气、邪气、药物的寒热温凉之气等，虽在人体之外，却与生命、健康和疾病有着种种联系。人体之气来源于先天禀赋和后天饮食营养，人体有了气才能发挥其各项生理功能。气的运动称为气机，气机的形式有升、降、出、入等，如人的呼吸运动，将自然界的清气吸入，将体内的浊气呼出，一呼一吸，出入有序，完成了体内外清浊之气的交换，保证新陈代谢的正常运行；又如消化运动，胃气主降，脾气主升，升降和谐，消化功能方可正常。

气的生理功能有以下几点。

（1）推动作用。肾之精气可以推动人的生长发育，脏腑元气可以激发器官经络的功能活动，推动血液的生成和运行，推动津液的代谢。

（2）温煦作用。气在运动变化过程中不断产生热量，以温暖肌体、维持体温的相对恒定。阳气具有温暖、化热和兴奋的作用，对维持组织器官功能至关重要。

（3）防御作用。人体之气为正气，具有护卫肌表、抗御邪气和驱邪于外的作用。

（4）固摄作用。气具有统摄血液、固摄津液（汗液、唾液、胃液、肠液）的作用。固摄作用与推动作用相反相成，维持生成和排泄的相对平衡。

2. 血

血是流动在经脉之中的富有营养的红色液体，由水谷精微、营气、津液和精髓化生而来。脏腑的正常功能维持了血的生化不息。血行于脉，脉管如环无端，流布全身，血因而环周不休，从而发挥营养作用。血的生理功能有以下几点。

（1）营养滋润脏腑形体官窍。因血的滋养，故人耳能听、目能视、鼻能嗅、手能握物、足可任步。血的营养功能如常，面色红润、肌肉丰满坚实、肌肤毛发光泽荣润。

（2）化神。血是机体精神活动的物质基础，血质充盈畅达，表现为精力充沛、神志清晰、感觉灵敏、思维敏捷、活动自如。

（3）涵气载气。血属阴，气属阳；阴主静，阳主动。血为气之载体，气血并行，发挥其温煦推动之功。

3. 津液

津液是人体内水液的总称，包括脏腑器官组织的内在体液和正常的分泌液，如胃液、肠液、唾液、关节液等，还包括组织代谢所产生的尿、汗、泪等液体。其质类水，在生命活动中有重要作用。津液的生理功能有以下几点。

（1）滋润营养。津液属阴，富含营养物质，内滋脏腑经络，外濡肌肤孔窍，无所不至亦无所不滋。

（2）维持体内阴阳平衡。津液是人体内代谢最易调控的部分，如气候温热，津液化汗以泄阳气；而温度降低，则汗出减少也保存阳气，使人体与外界环境相适应。

（3）充脑养神。津液滋润脑髓，髓海充盈，则能润养神明，所谓津液相成，神乃自生。

（4）排泄糟粕的载体。脏腑代谢所产生的代谢废物通过津液不断排出体外，而尿和汗是主要的排泄途径，从而保持着器官组织的气化如常。

（5）抵御火热燥邪。充足的津液是抵御火热燥邪的重要因素。在各种温热病的治疗中，皆强调保存津液的重要性。

三、中医食疗的实践指导

合理的饮食不仅对疾病有辅助治疗的作用，而且又有调理疾病、促进患者早日康复的功效。在临床护理实践中，要以中医基本理论为指导，发挥饮食在调护、抗病中的积极作用。

（一）辨症施食，适当忌口

食物有寒、热、温、凉之性，辛、甘、酸、苦、咸之味；疾病有寒、热、虚、实之分，阴、阳、表、里之别。疾病的性质不同，对食物的性味要求也不同，只有食物的性味与疾病的性质相宜，才能收到调护疾病的效果，否则会影响疾病的恢复，甚至加重病情。如中风患者，当出现昏迷、半身不遂、四肢瘫软、肢体不温、面白唇暗、舌质暗淡及舌苔白腻等症，乃为素体阳虚、痰湿内盛、风痰上扰所致的痰湿蒙塞心神之症，宜用温性食物，如花菜、胡萝卜、糯米、菜心、香菇、南瓜、木耳、核桃、玉米、红小豆、蜂蜜等进行调理。若辨症不清，反用清凉甘寒之品，如绿豆、芹菜、菠菜、冬瓜、黄瓜等，则阳气更伤，湿痰凝滞，易致病情恶化。因此，指导患者的饮食一定要根据患者的体质和疾病的性质选择不同属性的食物，按照"虚则补之""实则泻之""热者寒之""寒者热之"的原则进食，以达到促使疾病康复的目的。饮食忌口历来为中医所重视。如《金匮要略》曰"所食之味，有与病相宜，有与身为害；若得宜则补体，为害则成疾"，说明适宜的忌口对疾病的恢复是有利的。同时中医强调忌口不宜过分，当灵活掌握度，以免影响患者的营养摄入。如麻疹患者，饮食宜清淡，禁食鱼虾等发物，但并非绝对禁食一切动物蛋白，每天可给予患者鸡蛋1~2只，瘦肉40克。否则，会因营养缺乏而并发角膜软化等疾病。

（二）均衡膳食，荤素搭配

患病之体脏腑功能紊乱，脾胃会多受累，使消化功能减退。给予清淡食品，不仅易于食物的消化吸收，也可减轻胃肠负担，促进脾胃功能的恢复。但是，单纯的素食蛋白质质量较差，使维生素 A 和 B$_2$、铁、锌等微量元素的吸收减少，利用率较低，不能满足患者的生理及病理要求。如消渴症，脏腑物质转化功能失调，组织蛋白质分解大于合成，使患者日趋消瘦。此时，需要供给较多的优质蛋白——动物蛋白，以弥补身体的大量消耗。可见，只有在素食的基础上，搭配适量的荤腥之品，才能满足病体之需。如《内经》曰"五谷为养，五果为助，五畜为益，五菜为充"，才能"补益精气"。补充荤腥食品，要切忌过量；否则，过食肥甘厚味，则可助湿生痰。中国医学认为，肝阳上亢、肝风内动、心痛、胸痹、消渴、疮疡肿毒等症的发生，大多与过食肥甘之品有关。如《内经》曰："肥者令人内热，甘者令人中满。"

（三）饮食节制，饥饱有度

饮食无节，饥饱失常，均不利于疾病的恢复，甚至可加重病情。过饥，水谷精微不足，精气津血化生无源，久之，气血亏损变生他病（如贫血）；过食，"脾胃一伤，五乱互作"，尤其是暴饮暴食对患者更为有害。如逢年过节，喜庆之余，医院门急诊收治的中、老年患者，大多是多食肥厚食物，出现心胸憋闷、刺痛、肢厥神昏、脉微欲绝等症，经及时抢救，方转危为安。可见患者饮食有节，防止饥饱过度的重要性。

（四）食品多样，防止偏食

在饮食调护中，注意为患者提供丰富多样的食物，避免单调饮食。这样，既可以提供全面的营养物质，又能刺激患者的食欲，促进营养物质的消化吸收。饮食品种不仅要有鱼、肉、蛋、奶、谷、豆、果蔬，而且在形式上要有流质、半流质、软食、普通饮食及特制的营养液等。应根据患者的需要，经常变换食物的品种和形式，使营养物质的摄入既全面又充分，以促进病情的康复。如《内经》曰："谨和五味，骨正筋柔，气血以流，腠理以密。"某些患者有偏食某味的习惯，在饮食调护中应注意予以纠正。偏嗜某味不仅难以获取全面的营养，影响疾病的康复，而且还有可能引发其他疾病。如偏嗜辛辣之品（辣椒、葱、姜、蒜等），则可出现目赤红肿，口干舌燥，皮肤生疮，甚至便秘等症。尤其是心脑血管病患者，出现便秘会有生命危险，应给予高度重视。

（五）辨清虚实，择时调补

患者住院后，家属往往不顾病情是否需要，盲目给患者大量滋补品。诚然，对于各种虚症患者，进食滋补食品不失为调养疾病的一种方法，但患者何时需要何种滋补食品，家属并不知晓，在饮食调护中应及时给予患者或家属必要的指导。若不问病情，不注意把握调补时机，盲目进补，则难以达到滋补目的。通常情况下，饮食调补应选择在疾病的恢复期进行，这样做效果较好。若是温热症，疾病初起时常伴有发热，此时给予滋补食品，易致湿热互结，邪热留恋；且因热灼阴液，可致胃肠津液不足，消化能力下降，营养成分不能被充分消化吸收，徒伤脾胃之气，又造成经济浪费。在疾病的恢复期给予适当的饮食调补，甚至不必投药其病亦有自愈之可能。"药补不如食补"是脍炙人口的民间佳语。食物既能饱腹又能起到防治疾病的"医食兼优"的作用，在现代医学中，饮食调护法同样是预防和治疗疾病不可缺少的重要一环。因而，科学地应用饮食调护，特别体现在中医的因人、因地、因时的具体运用，可达到滋身强体的功效。

第三节

现代饮食健康

一、饮食与健康的关系

饮食（又称"膳食"）是指人们通常所吃的食物和饮料。所有的食物都来自植物和动物。人们通过饮食获得所需要的各种营养素和能量，维护自身健康。

合理的饮食、充足的营养，能提高一代人的健康水平，预防多种疾病的发生发展，延长寿命，提高民族素质。不合理的饮食，营养过度或不足，都会给健康带来不同程度的危害。饮食过度会因为营养过剩导致肥胖症、糖尿病、胆石症、高脂血症、高血压等多种疾病，甚至诱发肿瘤，如乳腺癌、结肠癌症等，不仅严重影响健康，而且会缩短寿命。饮食中长期营养素不足，可导致营养不良，贫血，多种元素、维生素缺乏，影响儿童智力生长发育，人体抗病能力及劳动、工作、学习能力下降。

饮食的卫生状况与人体健康密切相关，食物上带有的细菌、霉菌及毒素和有毒化学物质，随食物进入人体，可引起急、慢性中毒，甚至可引起恶性肿瘤。总之，饮食得当与否，不仅对自身的健康和寿命影响很大，而且影响后代的健康。因此，只有合理的饮食，才能从营养和卫生两个方面把好"病从口入"关。

二、常见饮食误区

饮食是人类获取营养的重要手段。因此，在饮食上应掌握科学获取营养的方法，而在目前，却存在不少获取营养的误区。

误区一：水果一定比蔬菜的营养好。事实上，大多数水果的营养价值不如日常的蔬菜。

误区二：瘦肉不含大量脂肪。一般来说，瘦猪肉的脂肪含量是各种肉中最高的，达25% ~30%，而兔肉最低，仅为0.5% ~2%。鸡肉（不带皮）的脂肪含量也比较低。牛肉的脂肪含量一般在10%以下，但如果是肥牛，即便是里脊部位也布满细细的脂肪点，脂肪含量甚至超过猪肉。

误区三：多吃植物油利于长寿。人群调查和试验证明，动物脂肪摄入量高的人，心血管疾病发病率较高，植物油摄入量高的人，心血管疾病发病率却低一些，但奇怪的是，两类人的寿命并没有大的差别。经调查，原因是植物油摄入高的人癌症发病率比较高。如果多吃植物油，最好能够补充摄入维生素E等抗氧化物质。

误区四：鸡鸭鱼肉中才有优质蛋白。动物性食品中的蛋白质确实质量高，但是廉价的豆类和含油种子（如花生、葵花籽等）也含有丰富的蛋白质。

误区五：饮用水越纯净越好。事实上，人体所需要的很多元素，一部分就是从饮水中获得的。含有某些微量元素或化合物的矿泉水甚至能够对某些疾病有疗效。蒸馏水本身几乎不含溶质，能够把人体中的一些物质溶解出来，对于一些金属元素中毒的人有好处，但正常人常喝可能造成某些矿物质的缺乏。

误区六：没有咸味的食品就不含盐。盐是氯化钠，然而除此之外，钠还有各种化合物形式。因血液中含有大量的钠离子，所以动物性食品毫无例外都含较多的钠。另外，加工食品中也含有大量的钠。因此即使吃没有咸味的食品照样可以获得不少钠。

误区七：含有多种氨基酸的食品都是高级营养品。氨基酸本身并没有什么神秘之处，它只是蛋白质的组成单元。食品中含有蛋白质，也自然含有氨基酸。廉价的玉米和土豆中照样含有多种氨基酸。健康人既然具有消化蛋白质的能力，就完全可以从普通食物中获得氨基酸，也就没有必要喝什么昂贵的氨基酸营养液。

误区八：纯天然食品一定对人体无害。食品化学分析发现，许多纯天然食品中都含有有害物质。例如，生豆角中有溶血物质，发芽土豆中有毒素，某些鱼类中含有胺等可能导致中毒的物质等，如果对这些食品处理不当就会发生危险。

误区九：加了添加剂的食品一定有害。比起烟和酒，食品添加剂对健康成年人造成的危害微乎其微。只要遵守国家有关限量规定，现在允许使用的添加剂都是相当安全的，而且总的来说利大于弊。

误区十：少吃饭，多补充蛋白质。长期以来，不少人在膳食结构上存在一种误区，认为饭多吃要发胖，蛋白质多吃有利于健康。从总体上说，城市居民膳食中的优质蛋白已经够量了，但不少人还是热衷补充大豆蛋白等营养品。殊不知，摄入过多的蛋白质反而会加重肾脏负担。而且，在他们摄入的蛋白质中，猪肉摄入量占蛋白质总量的64%。猪肉的脂肪含量是牛肉的2.8倍，鸡肉的2.2倍，但不饱和脂肪酸却显著低于鸡肉、鸭肉、兔肉。因此，城市居民的脂肪热能不断增加，已超过世界卫生组织建议的占热能食物总比重30%的限制。

三、科学的饮食标准

专家认为，科学饮食应结构均衡、营养平衡，其蛋白质、脂肪、碳水化合物的比例要合理（图9-1）。碳水化合物提供的能量应占每天能量消耗的60%左右，脂肪占25%左右，蛋白质占15%左右。由此可见，碳水化合物在其中所占的比例是最大的。人们每顿都应补充粮谷类食物，早晚各30%；中午可以多补充一点，40%左右。

营养学家虽没有规定一个人应该吃多少碳水化合物，但提出碳水化合物的产热量一般占总热量的60%左右为宜。也就是说，一个人需要摄入多少碳水化合物，和他的总热量有关。老人由于消化吸收功能减弱，摄入应少一些；青少年正在生长发育阶段，摄入应多一些。

健康饮食应保证粮食足量，男性每天应摄入碳水化合物400克，女性300克，其中应适当增加薯类粮食的比重。借鉴世界营养学家广泛推荐的地中海膳食结构，土豆为主的薯类食物每天应摄入170克，蔬菜、水果日摄入300~400克，奶类每天保证摄入200克，多吃鸡肉、鸭肉、鹅肉、兔肉和鱼肉，少吃猪肉。

健康人群一天碳水化合物的摄入不能少于150克（3两），更不能一点碳水化合物都不吃，在没有碳水化合物摄入的情况下，机体将以大量的氧化脂肪产热。脂肪代谢产物酮体可能会在体内积累，造成酮中毒。

科学饮食有以下几条标准。

（一）食物多样，谷类为主

人类的食物是多样的，各种食物所含的营养成分不完全相同。除母乳外，任何一种天然食物都不能提供人体所需要的全部营养素，平衡膳食必须由多种食物组成，才能满足人体各种营养需要，达到合理饮食促进健康的目的，因而要提倡人们广泛食用多种食物。多种食物应包括以下五类。

（1）谷类及薯类：谷类包括米面杂粮，薯类包括马铃薯、甘薯、木薯等，主要提供碳水化合物、蛋白质、膳食纤维及 B 族维生素。

（2）动物性食物：包括肉禽鱼奶蛋等，主要提供蛋白质、脂肪、矿物质、维生素 A 和 B 族维生素。

（3）豆类及其制品：包括大豆及其他干豆类，主要提供蛋白质、脂肪、膳食纤维、矿物质和 B 族维生素；

（4）蔬菜水果类：包括鲜豆、根茎叶菜、茄果等，主要提供膳食纤维、矿物质、维生素 C 和胡萝卜素；

（5）纯热能食物：包括动植物油、淀粉、食用糖和酒类，主要提供能量，植物油还能提供维生素 E 和必需脂肪酸。

谷类食物是中国传统膳食的主体。随着生活改善，人们倾向于食用更多的动物性食物。根据部分全国营养调查的结果，在一些比较富裕的家庭中动物性食物的消费量已超过了谷类的消费量。这种富裕型的膳食提供的能量和脂肪过高，而膳食纤维过低，对一些慢性病的预防不利。

提出以谷类为主是为了提醒人们保持我国膳食的良好传统，防止发达国家膳食的弊端。另外，要注意粗细搭配，经常吃一些粗粮、杂粮等。稻米、小麦不要碾磨太精，否则谷粒表层所含的维生素、矿物质等营养素和膳食纤维会大部分流失到糠麸之中。

（二）多吃蔬菜、水果和薯类

蔬菜与水果含有丰富的维生素、矿物质和膳食纤维。蔬菜的种类繁多，不同品种所含营养成分不尽相同，甚至悬殊。红、黄、绿等深色蔬菜中维生素含量超过浅色蔬菜和一般水果，它们是胡萝卜素、维生素 B_2、维生素 C 和叶酸矿物质（钙、磷、钾、镁、铁）、膳食纤维及天然抗氧化物的主要或重要来源。我国当前的一些水果，如猕猴桃、刺梨、沙棘、黑加仑等也是维生素 C 和胡萝卜素的重要来源。

有些水果中维生素及一些微量元素的含量不如新鲜蔬菜，但水果含有的葡萄糖、果糖、柠檬酸、苹果酸等物质又比蔬菜丰富。红黄色水果，如鲜枣、柑橘、柿子和杏等是维生素 C 和胡萝卜素的重要来源。

薯类含有丰富的淀粉、膳食纤维及多种维生素和矿物质。我国居民吃薯类较少，应当鼓励多吃。含丰富蔬菜水果和薯类的膳食，对保持心血管健康、增强抗病能力、减少儿童发生眼病的危险及预防某些癌症等方面，起着十分重要的作用。

（三）常吃奶类、豆类或其制品

奶类除含丰富的优质蛋白质和维生素外，含钙量较高，且利用率也很高，是天然钙质的极好来源。我国居民膳食提供的钙质普遍偏低，平均只达到推荐供给量的一半左右。我国婴幼儿佝偻病的患者也较多，这和膳食钙不足可能有一定的联系。大量的研究工作表明，给儿童、青少年补钙可以提高其骨密度，从而延缓其发生骨质流失的速度。因此，应大力发展奶类的生产和消费。

豆类是我国的传统食品，含丰富的优质蛋白质、不饱和脂肪酸、钙及维生素 B_1、维生素 B_2、烟酸等。为提高农村人口的蛋白质摄入量及防止城市中过多消费肉类带来的不利影响，应大力提倡豆类，特别是大豆及其制品的生产和消费。

（四）经常吃适量鱼、禽、蛋和瘦肉，少吃肥肉和荤油

鱼、禽、蛋、瘦肉等动物性食物是优质蛋白质、脂溶性维生素和矿物质的良好来源。动物性蛋白质的氨基酸组成更适合人体需要，且赖氨酸含量较高，有利于补充植物性蛋白质中赖氨酸的不足。肉类中铁的利用较好，鱼类特别是海产鱼所含不饱和脂肪酸有降低血脂和防止血栓形成的作用。动物肝脏含维生素 A 极为丰富，还含维生素 B_2、叶酸等，但有些脏器如脑、肾等所含胆固醇相当高，对预防心血管系统疾病不利。我国相当一部分城市和绝大多数农村居民吃动物性食物的量还不够，应适当增加摄入量，但部分城市居民食用动物性食物过多，吃谷类和蔬菜不足，也对健康不利。

肥肉和荤油为高能量与高脂肪食物，摄入过多往往会引起肥胖，并是某些慢性病的危险因素，应当少吃。目前，猪肉仍是我国人民的主要肉食，猪肉脂肪含量高，应发展瘦肉型猪。鸡肉、鱼肉、兔肉、牛肉等动物性食物含蛋白质较高，脂肪较低，产生的能量远低于猪肉，应大力提倡吃这些食物，适当减少猪肉的消费比例。

（五）食量与体力活动要平衡，保持适宜体重

进食量与体力活动是控制体重的两个主要因素。食物提供人体能量，体力活动消耗能量。如果进食量过大而活动量不足，多余的能量就会在体内以脂肪的形式积存，增加体重，久之发胖；相反，若食量不足，劳动或运动量过大，可由于能量不足引起消瘦，造成劳动能力下降，所以人们需要保持食量与能量消耗之间的平衡。

脑力劳动者和活动量较少的人应加强锻炼，开展适宜的运动，如快走、慢跑、游泳等；而消瘦的儿童则应增加食量和油脂的摄入，以维持正常生长和适宜体重。体重过高或过低都是不健康的表现，可造成抵抗力下降，导致患某些疾病，如老年人的慢性病或儿童的传染病等。经常运动会增强心血管和呼吸系统的功能，保持良好的生理状态、提高工作效率、调节食欲、强壮骨骼、预防骨质疏松。

三餐分配要合理，一般早、中、晚三餐的能量分别占总能量的 30%、40%、30% 为宜。

（六）膳食宜清淡少盐

吃清淡少盐膳食有利于健康，即不要吃太油腻，不要太咸，不要过多食用动物性食物和油炸烟熏食物。目前，城市居民油脂的摄入量越来越高，这样不利于健康。我国居民食盐摄入量过多，平均值是世界卫生组织建议值的两倍以上。流行病学调查表明，钠的摄入量与高血压发病症相关，因而食盐不宜摄入过多。世界卫生组织建议每人每日食盐用量以不超过 6 克为宜，膳食钠的来源除食盐外还包括酱油、咸菜、味精等高钠食品，以及含钠的加工食品等，应从幼年就养成吃少盐膳食的习惯。

中国居民平衡膳食宝塔图如图 9-1 所示。

中国居民平衡膳食宝塔（2022）

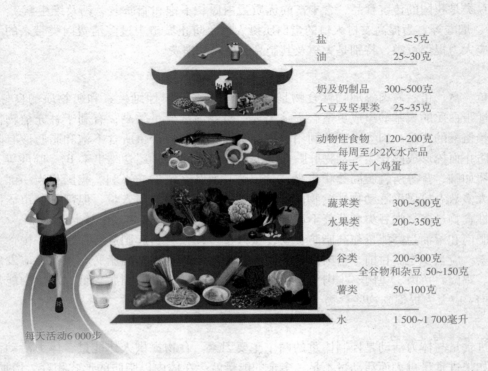

盐	<5克
油	25~30克
奶及奶制品	300~500克
大豆及坚果类	25~35克
动物性食物	120~200克
——每周至少2次水产品	
——每天一个鸡蛋	
蔬菜类	300~500克
水果类	200~350克
谷类	200~300克
——全谷物和杂豆	50~150克
薯类	50~100克
水	1 500~1 700毫升

每天活动6 000步

图 9-1　中国居民平衡膳食宝塔图

课堂讨论

说说自己所了解的通过饮食防范疾病和养生的方法。

技能操作

查找资料，写一份"饮食养生"指导手册。

中国居民平衡
膳食指南

思考练习

一、填空题

1. 食物与药物合二而一的现象形成了＿＿＿＿＿＿＿＿＿＿的源头和雏形，故有＿＿＿＿＿＿之说。

2. 经过＿＿＿＿＿＿＿＿以保养脾胃实为养生延年之大法。

3. 饮食养生，是指合理地摄取＿＿＿＿＿，以增进＿＿＿＿＿，＿＿＿＿＿，＿＿＿＿＿，达到＿＿＿＿＿的目的。

二、多选题

1. 五味是指（　　　）。

　　A. 辛　　　　　　　B. 甘　　　　　　C. 酸　　　　　　D. 苦

　　E. 咸　　　　　　　F. 甜

2. 三因制宜是指（　　　）。

　　A. 因人制宜　　　　B. 因时制宜　　　C. 因地制宜　　　D. 因病制宜

3. 食物有（　　　）几性。

　　A. 寒　　　　　　　B. 热　　　　　　C. 温　　　　　　D. 凉

4. 常见饮食误区有（　　　）。

　　A. 水果一定比蔬菜的营养好　　　　B. 瘦肉不含大量脂肪

　　C. 多吃植物油利于长寿　　　　　　D. 鸡蛋、鱼肉中有优质蛋白

　　E. 饮用水越纯净越好

三、判断题

1. 没有咸味的食品就不含钠。　　　　　　　　　　　　　　　　（　　　）

2. 含有多种氨基酸的食品都是高级营养品。　　　　　　　　　　（　　　）

3. 纯天然食品一定对人体无害。　　　　　　　　　　　　　　　（　　　）

4. 加了添加剂的食品一定有害。　　　　　　　　　　　　　　　（　　　）

四、简答题

1. 中医理论在饮食中的应用有哪些？

2. 饮食与健康的关系是什么？

3. 如何才能做到科学饮食？

第十章

中国饮食文化与旅游

学习导读

本章从美学的角度对中国饮食文化旅游资源进行了解析，阐述了饮食文化与旅游的关系，进一步描述了饮食旅游资源的功能意义。本章的学习重点是掌握中国饮食文化旅游资源美学赏析，学习难点是理解饮食文化与旅游的关系，以及如何开发饮食文化旅游资源。

学习目标

（1）掌握中国饮食文化旅游资源的主要内容。

（2）了解中国饮食文化旅游资源的美学特征。

（3）熟悉饮食文化与旅游的关系。

（4）理解饮食文化旅游资源的功能。

学习案例

2022年7月，永兴坊－陕西非遗文化特色街区入选"全国非遗与旅游融合发展优选项目名录"，永兴坊（图10-1）是陕西非遗美食文化街区，也是全国首个"非遗文化"主题特色聚集区，原地为唐朝魏征府邸所在地，以关中牌坊和具有民间传统的建筑群组合而成，原汁原味地保留了西安古都的里坊式布局。

这里汇聚了陕西107个县区的特色美食，展示和传播老陕非遗美食、地域特色美食文化，打造陕西特色美食街区典范。永兴坊深挖陕西文化基因，开创陕西戏曲博物馆、华县皮影剧场、非遗剧场、百戏场、108坊戏楼、原创音乐等文化展示区域，通过展示秦腔、华县皮影、华阴老腔、陕北说书、合阳提线木偶、陕西快板、陶埙吹奏等非遗演出，为游客带来一场听觉、视觉多重冲击的陕西非遗文化深度体验游。

同时，永兴坊为陕西非遗传承人提供展示空间，如乾县麻花现场搓麻花、辣子作坊现场油泼辣子等，创意展示非遗手工技艺，通过传承人的现场制作展示，实现非物质文化遗产保护的活态传承。

2018年，永兴坊更因"摔碗酒"出名，抖音播放量达上亿次。同年，来自50个国家的 60 位时装模特到西安参加比赛，专程来永兴坊体验非遗文化。2019 年，来自白俄罗斯、斯洛伐克、西班牙、匈牙利等九个国家的驻华大使、官员及《世界中国》杂志社社长、媒体记者等嘉宾来到永兴坊闹元宵，体验中国民俗年味。

"陕北民歌""华县皮影戏""华阴老腔"等陕西特色文化广受关注，随着网络传向海外，永兴坊的知名度从国内走向世界，成为西安旅游的新坐标，让人们感受到千年古都历史文化的深厚底蕴，也展现了时尚、现代、年轻、活力的现代西安。

图 10-1　西安永兴坊。

案例思考：

如何理解中华传统美食与旅游发展两者之间的关系？

案例解析：

美食具有强烈的地域性、民族性、民俗性等人文特性，是旅游目的地的重要吸引物。随着人们对深入体验目的地、了解当地文化的需求不断增加，开发饮食文化资源，打造具有创造力和体验的旅游产品已成为各地开发旅游项目的一环。我国美食文化博大精深，然而以美食为主题的旅游开发并不多见。

中国美食之都

中国饮食文化旅游资源

中国饮食文化是中国传统文化的重要组成部分，是中华民族宝贵的文化遗产。中国饮食文化是指中华民族的饮食、饮食加工技艺、与饮食有关的美学思想、饮食器具的使用和饮食的习俗、风尚等的总称，是中国旅游资源的重要组成部分。因此，如何弘扬中华饮食文化、开发饮食文化旅游资源是一个值得深入研究的问题。

一、中国饮食文化旅游资源的主要内容

（一）烹饪文化

烹饪文化是中国饮食文化中的一个主体部分，它是指对食物进行加工，制成色香味俱佳菜肴的基本原理、制作技术和方法的总称。中国历史悠久，幅员辽阔，由于气候、物产和风俗的差异，各地的饮食习惯和口味爱好迥然不同，经过历代人民的创造，形成了丰富多彩的地方菜系、风味小吃、特色点心及多种多样的烹调技艺等。

（二）茶文化

茶文化是指人类在社会历史过程中所创造的有关茶的物质财富和精神财富的总和。中国茶文化内容十分丰富，包括三个层次：一是物质层次上的，如茶叶的栽培、制造、加工、保存技术等；二是制度层次上的，如有关茶的法规（唐代的贡茶制、宋代的茶马交易、清代的茶禁等）和饮茶的礼仪风俗等；三是精神层次上的，如茶道、茶德、茶史、茶诗、茶艺等，中国茶文化具有知识性、趣味性和康乐性，人们在品尝名茶、观看茶艺表演和从事茶事活动时，都可以得到一种轻松、愉快和美的享受。

（三）酒文化

酒文化是指围绕着酒这个中心所产生的一系列物质的、技艺的、精神的、习俗的、心理的和行为的现象的总和，如制酒的原料、饮酒的器具、酒的酿造技艺、酒的饮食习俗、品酒艺术（包括酒品、酒仪、酒德、酒礼、酒令）等。

（四）饮食民俗

饮食民俗主要是指人们传统的饮食行为和习惯，具体包括饮食品种、饮食方式、饮食特性、饮食礼仪、饮食名称、饮食保存和饮食禁忌，以及在加工、制作和食用过程中形成的风俗习惯及礼仪常规。

二、中国饮食文化旅游资源的美学特征

（一）烹饪技艺美

中国饮食文化的烹饪美主要体现在以下几个方面。

1. 原料的广泛性

中国幅员辽阔，气候多样，各种地形地貌纵横交错，使得物产极为丰富，据不完全统计，中国的烹饪原料总数可达 1 万种以上，其中常用的有 3 000 多种。鱼肉禽蛋、山珍海味、瓜果蔬菜、花鸟虫鱼等均可入席，选料之广泛为其他国家所不及。

2. 烹调技法的多样性

中国菜肴的烹调技法多达数百种，常用的有蒸、煮、熬、酿、煎、炸、焙、炒、熛、炙、炖、烩、腊、烧、熏、酱、爆、涮、氽、烫、扒、糟、拌、卤、拔丝、挂霜、蜜汁等几十种。烹饪多以手工操作为主，操作过程十分细致、复杂，技术性强，令人眼花缭乱，而且给人以丰富的想象力和无穷的创造力。

3. 菜品审美与营养的搭配性

中国菜品不仅讲究造型别致、五彩缤纷、栩栩如生，甚至山川树木、亭台楼阁、花鸟鱼虫、珍禽异兽都能尽收盘中，呈现出富有意境的景色和图案，给人以艺术享受，有时美得叫人不忍动筷；中国菜品还讲究色、香、味、形、质、器、养的和谐统一，即追求悦目的色彩、诱人的香气、鲜美的味道、协调的形态、舒适的质感、精美的器具和丰富的营养。

（二）就餐环境美

餐厅是为就餐客人服务的直接现场，餐厅的设计装潢、功能布局、装修装饰风格所体现的文化主题和内涵，应与其经营的菜系相协调、匹配。和谐统一、美观雅致的就餐环境会使客人心情愉快、赏心悦目。中国饮食文化讲究进餐环境清净，舒适优雅，主要表现在餐厅的建筑和装饰上。造型优美、选材讲究、色调和谐、风格迥异的建筑外观能使客人产生美的心理感受，产生各种丰富的联想，留下深刻的印象。例如，以中国古代皇家美学风格为模式，朱红大门、琉璃瓦檐、雕梁画栋、彩绘宫灯、富丽堂皇的宫殿式餐厅；以江南园林小桥流水人家为建筑装饰的园林式餐厅；以反映中国五十多个少数民族建筑风格的民族式餐厅；也有模仿现代西方简洁明快风格、富有现代特点的西式餐厅。

（三）饮食器具美

我国饮食不仅讲求色、香、味、形的美，而且非常重视饮食器具的美。中国食具之美包括以下含义。

（1）器具的形态多样、用料广泛。中国饮食品种繁多，形态各异，食器的形状也是千姿百态。例如，平底碟是为盛爆炒菜而设，汤盘是为盛汁菜而设，椭圆盘是为盛鱼菜而设，深斗池是为盛整只鸡鸭菜而设等。我国饮食器具的用料种类也非常丰富，除陶、瓷、金、银、铜、漆器外，还有竹、锡、紫木等物。

（2）器具的构型、雕花之美。例如，在饮食器具上绘有白鹤飞翔、游龙戏凤、琴鸟舒翼、彩蝶恋花、人物美女、各种花卉、山水画等，诗情画意，无所不包，给食者以视觉享受。

（3）器具与饮食之间讲究和谐统一。主要器具与饮食之间讲究和谐统一指器具与饮食之间在色彩搭配、花纹图案、形态空间上的和谐，使佳肴耀目，美器生辉。在中国传统的饮食观中，讲究色、香、味俱全，这个色不仅是指食物本身的色，还有盛放菜肴的器具与菜肴之间的统一。

总之，中国饮食器具之美，美在质，美在形，美在装饰，美在与食品的和谐统一。美器不仅可以美化肴馔、装饰宴席，还能以餐具表示规格，体现礼仪。精致的餐具美器更是美食之外的另类享受，这种美，给人们以文化的熏陶、艺术的美感，同时带给人们审美的愉悦和精神的享受，是中华饮食的魅力之所在。

（四）饮食礼仪美

中国自古为礼仪之邦，中国饮食文化讲究"礼"，礼是指一种秩序和规范，宴席的座次、方向，箸匙的排列，上菜的次序，劝酒敬酒的礼节等都体现着"礼"。例如，座次是"尚左尊东""面朝大门为尊"；家宴首席为辈分最高的长者，末席为最低者；家庭宴请，首席为地位最尊贵的客人，主人则居末席；首席未落座，其余都不能落座，首席未动手，大家都不能动手；如果为大宴，桌与桌间的排列讲究首席居前或居中，根据主客身份、地位、亲疏分坐。中国饮食礼仪是一种精神，贯穿在整个饮食活动中，已演变为包含在饮食文化中的伦理、道德，是中华饮食文化光辉的思想结晶。

（五）诗文美

中国饮食文化源远流长，离不开文人墨客不惜笔墨的赞美。例如，大文豪苏东坡的"竹外桃花三两枝，春江水暖鸭先知。蒌蒿满地芦芽短，正是河豚欲上时。"这首七言绝句，写了春天的竹笋、肥鸭、野菜、河豚，真可谓是一句一美食。南宋著名诗人陆游也是一位精通烹饪的美食家，在他的诗词中，咏叹佳肴的足有上百首，如"鸡跖宜菰白，豚肩杂韭黄""鲞香红糁熟，炙美绿椒新"。更有众多文人墨客关于美食的诗文，如"夜半醑酒江月下，美人纤手炙鱼头""鲜鲫食丝烩，香芹碧润羹"，真是听诗如闻菜香，未见其形而知其味。

（六）菜名美

中国烹饪艺术不仅讲究菜肴的色香味形，而且讲究菜肴的"美名"。因为美的菜名不仅能体现出菜品的内涵和层次，还能集中反映菜肴创制者的审美情趣，也是菜肴自身的一个有机组成部分。因此，给菜肴取个美名，可以追求菜品的艺术境界，构建一种艺术氛围，给食客提供美味和精神上的愉悦。

1. 巧用比喻的菜名

中国菜的原料大多取自江河湖海，山野密林。那些原料的名字来自自然，有的充满野趣，有的平淡无奇，有的可能粗俗，但入馔成菜后，其菜名要完整地体现菜肴的面貌、特点，以精妙的比喻来增强其艺术表达效果，将菜品提升至一个美的境界，如"珊瑚牛肉""白云猪手""兰花飞龙""珍珠鳜鱼""百花大虾""玉兰豆腐"等菜，就是巧用比喻手法取的菜名。

2. 源于诗文的菜名

源于诗文的菜名很多，如"佛跳墙"就源于"坛启荤香飘四邻，佛闻弃禅跳墙来"之说，有的菜则因诗的流传而让佳肴声名远播，如湖北名菜"蟠龙菜"，有诗赞曰："满座宾客呼上桌，装成卷切号蟠龙。"可见中国菜菜名的诗情画意是形与神的和谐交融，是虚与实的高度统一，真实与艺术相映成趣，自成格调，展现无限韵味。

3. 充满趣味的菜名

充满趣味的菜名命名或新奇别致，或幽默风趣，便于营造出一种诙谐风趣的饮食氛围。例如，有一道菜叫"蚂蚁上树"，乍一听以为是以蚂蚁为原料烹制而成的菜肴，原来这道菜是用粉丝与肉末做原料，粉丝喻作树，粉丝上粘上肉末，即表示"蚂蚁上树"，真是令人捧腹。再如徽菜中的"百燕打伞"、滇菜中的"喜鹊登梅"、豫菜中的"金猴卧雪"、五台山佛门寿宴里边的"莲蓬献佛"、满汉全席里边的"金鱼戏莲"等，无不意象动人，趣意毕肖。

4. 联想丰富的菜名

例如，福建创新菜"灵芝恋玉蝉"，把冬菇联想成灵芝，将瓤馅的蛋包联想为玉蝉，一个"恋"字，活脱脱地反映出灵芝和玉蝉相依相偎的爱恋情结；而孔府喜庆寿宴中的第一道名菜"八仙过海闹罗汉"，不仅使人联想到民间神话故事中八位神仙和佛教中的罗汉形象，更寓意着天上人间、神佛共庆华诞的美好愿望。

中国饮食文化源远流长，中国饮食文化旅游资源具有很高的审美价值，具有广阔的开发潜力。因此，对中国饮食文化旅游资源开展深入研究，不仅有助于饮食文化理论的深化，而且对开拓饮食文化旅游市场具有十分重要和深远的意义。

第二节
中国饮食文化旅游资源的开发

一、饮食文化与旅游的关系

文化是一个很大的范畴，包括人类社会历史实践过程中所创造的物质和精神财富的总和。现代旅游是在人们的基本生活需求得到满足后，主动追求更高质量的生活方式而出现的一种综合性大众活动，其宗旨是人的心理和精神上的不断追求与满足，只有文化介入并参与到旅游组织规划和具体活动中，才能称得上是真正意义上的旅游。所以，从本质上说，旅游就是一种文化活动。文化是旅游业的灵魂。旅游业号称"无烟工业"，是因为它的产生和发展从古到今都得益于文化的因素，它的根本就是文化。旅游业就是以本国、本地区、本民族独特的文化招徕游客的，以各地不同的民俗、地域文化吸引外地慕名探奇者，因此，该地的民族文化、地域文化是不是别具一格，是否具有吸引人前来觅踪的魅力，关乎旅游经济的兴衰成败。

世界旅游业发展的历史与现实表明，一个国家或地区文化资源的独特和富有在很大程度上决定着旅游经济发展的潜在能力。世界旅游业的发展走过了经济型旅游业向文化型旅游业的转变过程，文化已成为旅游业发展的制高点和新的经济增长点。因此，旅游经济要发展，重点是自成一家的民族、地域文化，这样才能广招游客。文化作为旅游经济新的增长点，就像一只看不见的手，支配并决定着旅游经济活动，成为旅游经济发展的决定性因素。

二、饮食文化旅游资源的功能

旅游地独特的饮食文化能够对旅游者产生吸引力，是一种旅游资源。我们将客观存在于一定地域、对旅游者具有某种吸引力、能满足人们旅游需要的饮食产品，以及与之有关的社会文化现象称为饮食文化旅游资源。

从文化地理的角度看，饮食文化是传统民俗文化的重要组成之一。而民俗作为一种传承的社会文化现象，是在共同地域、共同历史的作用下形成的积久成习的文化传统。因此，地方性饮食文化是人类长期适应环境的具体创造，积淀了数千年古老的文化思想，表达着民间社会的乡情语言，反映着一定历史条件下地方社会、经济、文化等的综合影响。它包括饮食风味、方式、礼仪及形成发展等，从一个侧面反映着地理环境与人类活动的相互作用，成为一种重要的文化景观。

饮食文化是一种旅游资源，饮食是旅游者六大消费要素中的首要和基本要素，旅游餐饮是旅游产品的一个有机组成，是整体旅游产品中的一个单项产品或服务，直接影响着旅游业的兴衰和可持续发展。同时，具有鲜明区域性、民族性和历史文化性的地方性饮食更是一种独特的文化资源，能够吸引人们产生旅游动机并进行旅游活动，有着广阔的旅游市场开发潜力。特别是饮食文化的旅游开发是以民众的生活活动为旅游开发的客体，对异地旅游者有极大的吸引力，便于其参与并亲身体验异域文化。因此，饮食文化不仅能成为旅游产品的一个重要组成，而且其本身就是一类旅游产品，参加宴席，品尝具有地方特色的名吃、名菜、名点在许多地方已成为重要的旅游项目。美食旅游已成为一种新兴的旅游活动。

饮食文化的旅游资源功能及其对当地旅游产业发展的意义主要体现在以下几个方面。

（一）满足旅游者口腹之欲

"食"作为旅游活动六要素之一，对旅游者具有重要的作用。首先，旅游活动作为具有异地性特点的一种人生经历，必然要求旅游者在旅游过程中摄取相应的饮食，以满足其生存和维持正常生理机能的需要。其次，旅游地的地方饮食不乏美味，旅游者通过对这些美酒佳肴的消费可满足其口腹之欲，获得生理上的快感和精神上的愉悦，从而增加旅游者在一次旅游活动中的积极体验。从旅游资源的角度，我们更看重上述饮食功能的后者。

（二）满足旅游者求新、求异和好奇的心理

旅游者外出旅游是希望得到一种与日常生活截然不同的体验，这是旅游者最基本的动机。旅游地的饮食在旅游者日常生活中难得一见，即便有人移植而来，但或多或少都出现了变异，远不如原产地那么原汁原味，因此，旅游者对这些地方饮食充满新奇感。加之许多地方饮食知名度颇高，旅游者早知其名，这无疑会激发人们希望一探究竟、以偿夙愿的兴趣。在三峡地区，重庆火锅就是一个典型的例子。外地人到重庆除游览观光外，必吃火锅，甚至有人专程前来品尝，此时的重庆火锅，就成为对旅游者产生吸引力的重要旅游资源。

重庆火锅

重庆火锅（图10-2），又称为毛肚火锅或麻辣火锅，起源于明末清初的重庆嘉陵江畔、朝天门等码头船工纤夫的粗放餐饮方式，原料主要是牛毛肚、猪黄喉、鸭肠、牛血旺等。巴蜀素来"尚滋味""好辛香"，有用辣椒、花椒等调味的饮食习惯，重庆火锅后发展为小商贩挑担沿街叫卖，并随着改革春风迅速辐射全国。从西北戈壁腹地格尔木到东海之滨的国际大都会上海；从北国冰城哈尔滨到椰岛首府海口市，都布满了重庆火锅馆，到处都可以品尝到重庆火锅的独特风味，真可谓是红遍大江南北，魅力无限。但正宗的重庆火锅的发展可谓是保守的，大型的重庆火锅技术向来不外传，一向以加盟形式在发展。加盟费少则几万，多则上百万，且店面都有严格的规定，店面少则百十平方米，多则几千平方米，不谈装修款，光是店面租金和加盟费就让绝大多数的中小投资者望火锅而兴叹——只有具备大笔资金才敢想，才能做，才能加盟重庆火锅，才能赚火锅带来的滚滚财源。

据传大约在清朝道光年间，重庆的筵席上开始出现毛肚火锅。二十世纪二三十年代，马氏兄弟开办了重庆第一家以毛肚为主要菜品的红汤毛肚火锅馆。抗战时期，重庆的火锅餐饮有较大发展，大街小巷遍开火锅店，其中著名的有云龙园、述园、一四一、不醉无归、桥头等火锅店。在此基础上，演变为现代的重庆火锅。

重庆火锅文化积淀深厚，独具特色。其一是表现了中国烹饪的包容性。"火锅"一词既是炊具、盛具的名称，还是技法、"吃"法与炊具、盛具的统一。其二是表现了中国饮食之道蕴含的和谐性。从原料、汤料的采用到烹调技法的配合，同中求异，异中求和，使荤与素、生与熟、麻辣与鲜甜、嫩脆与绵烂、清香与浓醇等美妙地结合在一起。特别在民俗风情上，重庆火锅呈现出一派和谐与淋漓酣畅相融的场景和心理感受，营造出一种"同心、同聚、同享、同乐"的文化氛围。其三是普及性。重庆火锅来源于民间，升华于庙堂，无论是贩夫走卒、达官显宦、文人骚客、商贾农工，还是红男绿女、黄发垂髫，其消费群体之广泛、人均消费次数之大，都是他望尘莫及的。作为一种美食，火锅已成为重庆美食的代表和城市名片，以至于人们说："到重庆不吃火锅，就等于没到重庆。"

图10-2 重庆火锅

（三）满足旅游者的文化需要

地域饮食文化的形成，受到了当地的地理环境、社会经济条件、历史事件、宗教信仰等因素的影响，饮食文化，其实是地域文化在饮食生产、制作、习俗、礼仪等方面的表现，可以说，饮食文化是探悉地域文化的一个最佳切入点。正如张光直先生所言："到达一个文化的核心的最佳途径之一就是通过它的肚子。"旅游者通过对地方饮食历史、典故、传说的了解，对饮食制作程序的参与及对饮食的品尝，对饮食礼仪的模仿，可以更深入和全面地了解旅游目的地文化，既开阔了视野，增长了见闻，还获得了精神上和文化上的极大享受。同时，源远流长的中国饮食现象，本身就充满了文化性和艺术性。中国人对精制饮食的追求，造就了中国独特的"饮食美"，评价一道菜品饮料，除滋味外，造型、色彩、气味、盛器等都是不可或缺的标准，甚至菜品饮料的命名，都煞费苦心，既要形象贴切，还要富有诗意并能表达吉祥的祝愿。于是，饮食就具有了艺术品的特点和功能，给旅游者以全方位的美的感受。

（四）作为旅游购物品增加当地收入

在中国各地林林总总的土特产中，食品占了很大比重，如名茶、名酒，各种糕点，小吃之类。这些饮食产品不仅可在当地食用，还可以供旅游者带回作为旅游体验的延续，或者作为礼品赠与他人，与他人分享自己的旅游经历。而旅游地将这些土特产加工为旅游购物品，不仅提升了产品自身的价值，还延伸了旅游产业价值链，更好地发挥了旅游产业的关联带动作用，有利于增加当地的收入。并且，这些饮食产品就是旅游地的名片和标志物，游客将之作为礼品赠送给亲朋，无疑会提高旅游地的知名度，起到推广和传递旅游地信息的作用。

三、饮食文化旅游资源的开发原则

中国饮食文化总体呈现出这样的美学特征，即色泽美、香味美、滋味美、造型美、器皿美、环境美等。随着居民消费水平的提高、双休日的实行和假日的延长，居民外出旅游就餐的机会增多，消费增加，食的消费在旅游六大要素中所占的比例越来越高，饮食文化旅游资源的开发已越来越显示出重要性。但某些地区的饮食文化尚未开发、整理、革新，这是束缚地区旅游餐饮业发展的一个重要障碍。目前，饮食文化旅游资源的开发主要存在着对其资源的开发缺乏广度和深度、文化韵味不足、参与性不强、宣传促销不够等问题。如何更有效地开发利用地区饮食文化旅游资源，将饮食文化与旅游业有机地结合起来，增加旅游地的综合吸引力，促进其发展，值得深入研究。

（一）于饮食中弘扬文化

中华饮食文化发展了几千年，从原始蒙昧时代到两千年的封建王朝统治时期，形成了富有中国特色的形形色色的饮食习俗。弘扬饮食文化的传统特色也就是发掘其内在的文化思想。中国人赋予饮食的强烈文化意义，单从平平淡淡的菜名就可略窥一斑。如橙子拌生鱼片名为"金齑玉脍"，"酿豆腐"为"玛瑙白玉"等，使人在进食的同时浮想联翩，精神愉悦。中国人还擅长用自然现象及大自然中的事物来命名一系列菜肴，如风消饼、雪花酥、雪花豆腐、芙蓉鸡片、百花清汤肚、珍珠丸子、炸秋叶饼、冬凌粥等，意趣横生。所以，在推出特色旅游饮食文化产品的同时，还要特别注意把握这些传统的文化特色，弘扬民族文化，进而提高更多人的文化素养。

（二）于文化中发掘生动

在中国的饮食习俗中，人们的"趋吉"心理表现尤为强烈，不少年节和喜庆之日的食品都带有祈求平安幸福、向往进步光明之意。中国传统节庆多用"吃"来纪念或庆祝，因此出现了大量与之相关的食品。如春节除夕，北方家家户户都有包饺子的习惯，就寓含着亲人团聚、阖家安康的意义和祝愿；而江南各地则盛行打年糕、吃年糕的习俗，寓含着家庭和每个人的生活步步升"高"（糕）的良好祝愿。汉族许多地区过年的家庭中往往少不了鱼，象征"年年有余"。还有中秋节的月饼，与自然天象的圆月相对应，寓含了对人间亲族团圆和人事和谐的祝福，月饼既成为自然景象的象征物，又被赋予浓重的文化意义。另外有些菜肴，人们仅从它的名字上就能看出富于情趣，生动形象。例如，"叫化鸡"又称"黄泥煨鸡"，相传明末清初时，常熟虞山麓有一叫化偶得一鸡，苦无炊具、调料，无奈，宰杀去脏后，带毛涂泥，放入柴火堆中煨烤，熟后敲去泥壳，鸡毛随壳而脱，香气四溢。适逢隐居在虞山的大学士钱谦益路过，试尝，觉其味独特，归家命其家人稍加调味如法炮制，更感鲜美。此后，遂成为名菜，并一直流传至今。因此，在饮食文化旅游资源的开发过程中，我们要牢牢把握这条原则，它能让一道普通的菜肴富于韵味，从而吸引旅游者更拥护它。

（三）于生动中不断创新

发展经济学认为，一项旅游产品从其开发、投入生产、进入市场直至完全退出竞争都要经过一个生命周期，即投入期、成长期、成熟期、衰退期，因而，一项产品若希望能够延长其寿命就必然需要不断更新创造，使之尽可能在市场中处于竞争的状态。饮食文化特色旅游产品的开发也避免不了这一原则性问题。我国目前饮食文化旅游产品开发比较成功的是八大菜系旅游产品。开发者应该看到在这一旅游产品日益为广大人民所接受、所喜爱的同时，该产品也正渐渐地从成熟初期步入完全成熟期，很快就有可能进入衰退期。为了使这一黄金旅游产品长期存在，就需要去创新、去研究，去创造它的第二生命周期，从产品的设计、开发到产品的市场定位等多方面，全方位地加以改革，使产品不断适应市场激烈的竞争需求，在消费者心中保持常新的概念，而这也就是我们一直非常强调的"个性化"。

（四）于创新中求规范

饮食文化事实上包含着传统文化和边缘文化（也就是平时所说的野史）两部分。对饮食文化旅游的开发也存在着传统饮食文化旅游和边缘饮食文化旅游开发之区分。我们应该清楚地认识到，无论是传统开发还是边缘开发，都要注重在创新的过程中强调一定的规范，避免在某种因素下盲目地求效益而忽视了文化本身带有的规范性和严肃性。开发饮食文化旅游的很大目的是弘扬我国的文化内蕴，即希望通过吃的途径将我国几千年的饮食文化传达给更多的人，为更多的人所了解和接受，而要达到这种效果，又必须站在大众的角度上来考虑问题，才能取得很好的效果。因此，开发者要充分地在饮食旅游文化产品中表达他们的愿望和意见，规范地遵循在开发过程中所必须遵循的原则，注重经济、环境和社会效益的结合。

（五）于规范中求可持续发展

坚持开发与保护并重，注重保护旅游生态环境，是 21 世纪旅游产品开发最重要的原则。对于食品而言，从表面上看，似乎与生态资源的保护并没有太大关联，而实际上，食品原料的采集在很大程度上取决于当地自然环境的良好与否，保护好环境，才有可能拥有更多的原料提供给食品生产。所以，现代的美食家已经越来越注重饮食过程中的生态平衡，开发商同样应该适时地迎合这一目标需求市场，以求持续有效的发展。总之，开发中必须注重旅游者的精神享受，在"文化"上做文章。要全面翔实地搜集关于饮食文化资源的文化背景、历史渊源、民间传说、神话故事、风土人情、文物特产等资料，并加工、整合这些资料，使之与旅游活动恰当地结合起来，使游客边听（听故事）、边看（看原料、工序）、边尝（尝味道）、边思（思意蕴），乐在其中，这样既弘扬了中华饮食文化，又提高了旅游地区的综合吸引力，增加了经济收入。同时，可以利用我国独特的药用食物和中草药，让医药和美食相结合，借旅游或医药的舞台开展各种各样的专题旅游活动。

课堂讨论

相互介绍我国著名的特色美食胜地。

技能操作

查找资料，写一份"中国特色美食之旅"指南。

思考练习

一、填空题

1. 中国饮食文化是＿＿＿＿＿＿＿＿＿＿＿的重要组成部分，是中华民族宝贵的文化遗产。

2. 中国饮食文化是指中华民族的＿＿＿＿、＿＿＿＿、＿＿＿＿、＿＿＿＿等的总称，是中国旅游资源的重要组成部分。

3. ＿＿＿＿＿＿是中国饮食文化中的一个主体部分，它是指对食物进行＿＿＿＿、制成色香味俱佳菜肴的＿＿＿＿、＿＿＿＿的总称。

二、多选题

1. 中国饮食文化的烹饪美主要体现在（　　　）。
   A. 原料的广泛性　　　　　　　　B. 烹调技法的多样性
   C. 菜品的审美　　　　　　　　　D. 营养的搭配性

2. 中国食具之美是指（　　　）。
   A. 器具的形态多样、用料广泛　　B. 器具的构型、雕花之美
   C. 器具与饮食之间讲究和谐统一　D. 器具根据饮食发生改变

3. 饮食文化旅游资源的功能包括（　　　）。
   A. 可满足旅游者口腹之欲　　　　B. 可满足旅游者求新、求异和好奇的心理
   C. 可满足旅游者的文化需要　　　D. 饮食产品可以作为旅游购物品

4. 中国菜的菜名美包括（　　　）。

   A. 巧用比喻的菜名　　　　　　　B. 源于诗文的菜名

   C. 充满趣味的菜名　　　　　　　D. 联想丰富的菜名

三、判断题

1. 饮食文化对中国旅游业发展没有影响。　　　　　　　　　　　　　　（　　　）

2. 我国传统的饮食文化就是我国旅游业品牌的一种现实的表现。　　　　（　　　）

3. 于吃中讲求文化，于旅游中弘扬文化。　　　　　　　　　　　　　　（　　　）

4. 旅游地的地方饮食不乏美味，旅游者对这些美酒佳肴的消费可满足其口腹之欲，获得生理上的快感和精神上的愉悦。　　　　　　　　　　　　　　　（　　　）

四、简答题

1. 中国饮食文化旅游资源的主要内容包括哪些？

2. 中国饮食文化旅游资源的美学内涵是什么？

3. 如何开发利用地区饮食文化旅游资源？

第十一章

当代饮食消费文化

学习导读 \\\\\\

　　本章介绍了饮食消费文化的概念，从饮食消费行为的解析中阐述中国饮食消费文化的特征，在全球化语境中解读当下饮食消费文化。本章的学习重点是理解饮食消费文化的概念，学习难点是掌握中国饮食消费文化的特征。

学习目标 \\\\\\

　　（1）掌握饮食消费文化的概念。
　　（2）了解饮食消费文化的研究方向。
　　（3）熟悉饮食消费行为。
　　（4）理解全球化语境中的中国饮食消费文化特征。
　　（5）认识全球化语境中的当下饮食消费文化批判。

学习案例 \\\\\\

　　牛肉火锅、肠粉、生腌海鲜、老潮兴粿品、老妈宫粽球……打开李先生的手机备忘录，一字排开的潮汕美食目录是他中秋假期汕头之旅的主题。

　　"去汕头玩，最期待的就是各种吃。"李先生是土生土长的广州人，自称"吃货"的他常年生活在省会城市，几乎尝遍各地美食。而同事给他带去一份潮汕粿品，让他决定要到汕头去寻觅美食。

　　中秋假期，李先生穿梭于汕头小公园的大街小巷，飘香、老妈宫、老潮兴……美味多样的特色美食店让他意犹未尽。而让李先生印象最为深刻的，还要数老潮兴美食店内琳琅满目的传统粿品。老潮兴是汕头无人不晓的老字号，20世纪80年代，郑锦辉和妻子郑少君来到汕头创业，在小公园的老潮兴街（即标准巷）附近开起摊档，因此得名"老潮兴"。

　　在潮汕地区，粿品（图11-1）是潮汕人食俗中不可或缺的一部分，逢年过节做粿、吃粿的风俗世代相传。"在众多粿品当中，甜粿不仅是一种传统食品，更是海内外潮汕籍乡亲一抹解不了的乡愁"，讲起粿品故事，郑少君如数家珍。她说，潮汕地区是著名的侨乡。

早年大批潮汕人"过番出海"、打拼异乡，因甜粿不易变质、糯米和糖比较耐饿，所以成为潮汕人出洋谋生时在船上必备的充饥食品。正因如此，甜粿承载着海外侨胞对家乡的记忆，"无可奈何炊甜粿"的俗语更流传至今。

甜粿的故事，是潮汕众多粿品传承的一个缩影。在粿品店内，制作传统粿品的技巧世代相传，走出粿品本身，潮汕美食文化正不断发扬光大。2012年，郑锦辉入选第二批市级非遗项目潮汕粿品制作技艺代表性传承人。2014年，郑少君被授为第四批省级非遗项目传承人。他们传艺授徒，培养了一批又一批有制作粿品技艺的专业人才。

昔日从小巷起步的摊档，如今已成远近驰名的老字号，每天外地来的游客络绎不绝。与此同时，粿品的种类也不断丰富，从最初的甜粿、萝卜糕、红桃粿几种到如今几十种粿品，不但畅销本地，更走出汕头，走向全国。

图 11-1　丰富多彩的潮汕粿品

案例思考：

为什么消费者越来越注重饮食的品质？

案例解析：

在经济飞速发展的今天，消费者不仅注重饮食的口感，而且更加注重饮食环境所提供的舒适度。餐饮的发展需要跟上消费者饮食习惯变化的步伐，因而不得不说饮食消费文化的发展是一种社会进步。

饮食消费文化概述

一、饮食消费文化的概念

社会文化以多种方式体现出来，只要是一种社会群体的"生活艺术"，都可称之为文化，除艺术、语言、文学、音乐、宗教等文化现象外，食物的培育、挑选、准备、制作和食用也是一种社会文化的表现，饮食不仅是为了吃而做，通常还含有某种仪式、某种活动、某种审美的目的。因此，饮食作为一种文化受到了国内外学者的普遍关注。饮食文化是人类社会发展过程中，人类关于食物需求、生产和消费方面的文化现象，是指食物原料的开发利用、食品制作和饮食消费过程中的技术、科学、艺术，以及以饮食为基础的习俗、传统、思想和哲学，即由人们食生产和食生活方式、过程、功能等结构组合而成的全部食事的总和。饮食消费文化是饮食文化的重要内容。

饮食消费文化研究的基本内容涉及饮食消费的各个方面，从饮食消费结构来看，其研究几乎囊括大多数的饮食消费品种，既包括人类维持生存所必须摄入的日常饮食，如面包、牛奶、蔬菜、水果等；也包括一些具有典型的现代文化内涵的食品，如口香糖、咖啡、可乐等；同时，还有一些具有特殊功能的饮食类型，如保健食品、生态食品、转基因食品等；甚至一些没有具体的表象特征只是具有心理调节作用的食品，如"安慰食品"等，也被包含在研究的范围内。从饮食消费的行为来看，其研究内容涉及宏观尺度、中观尺度和微观尺度的消费选择与偏好；从饮食消费的心理来看，其内容涉及饮食消费前的认知、消费中的感受和消费后的评价；从饮食消费感知的尺度上看，从最直观的视觉感知到稍深的嗅觉感知和味觉感知，再到复杂的心理感知都有饮食文化研究的各种结论和成果的产生。

从以上内容可以看出，饮食消费文化的内容涉及饮食消费前的认知、消费中的感受和消费后的评价；从饮食消费感知的尺度上看，从最直观的视觉感知到稍深的嗅觉感知和味觉感知，再到复杂的心理感知都有饮食文化研究的各种结论和成果的产生。

二、关于饮食消费文化的研究

（一）饮食消费结构研究

在世界范围内，工业化的进程直接导致了居民饮食结构的不断调整，因为各个地区的工业化开展的时间和发展的速度不同，因此直接造成了不同地区饮食结构的调整及变化的不同时间和空间格局。在西欧，19 世纪早期，淀粉提供了人们 2/3 的能量来源；19 世纪末期，人们的脂肪摄入量大幅度上升，随之，蜂蜜和罐头制作工艺的发展使糖类消费的比例逐年上涨；20 世纪早期，随着经济的发展，人们开始消费一些比较贵的食物，如肉类、水果、蔬菜、糖类、脂类等，淀粉的消费比例开始下降，土豆和面包的消费比例逐渐增长，在一定时期成为人们的主食；后来禽类和动物肉制品开始取代面包成为主要的蛋白质来源，到 20 世纪 60 年代，包括地中海沿岸等地区都实现了营养结构的大幅调整，但是各地区仍呈现不同的饮食消费模式。

现代有关非洲饮食和食物的历史研究基本上侧重于原材料缺乏与文化流失，对于城市化和西化方面的研究史料较多，对于当代饮食的复杂性和饮食加工的变化甚少涉及，Susanne Freidberg（美国达特茅斯学院地理学客座教授）等分析了非洲饮食和饮食制作方式的历史，发展丰富了饮食文化研究的空间视野和生态视野，他通过对布基纳法索 20 世纪饮食消费史进行研究，发现当地的农业政策、饮食偏好、法国殖民地居民对于健康的重视程度、当地饮食经济和国际市场的接轨程度，以及网络信息的发达导致了当地居民无意中对某些奢侈食物（如菜豆等）的过度消费，引发了居民对于每日饮食的纯度和安全性的考虑。饮食结构虽具有相对稳定的地方文化特征，但同时在一定条件下会受到外来成分的刺激。在美国俄克拉何马州，30 种食物组成了当地妇女的主食，苏打、咖啡和白面包位居前三位，香蕉和橙子作为两种主要的水果在水果的食物消费金字塔中占到 40% 的比例。在一些非洲西部城市，进口稻米已经成为必需，对此 3/4 左右的居民表示能够接受，但仍有 14% 左右的居民偏好当地的传统稻米。除饮食消费结构的时间演变过程外，近年来，学术界对于饮食消费的地区差异问题也逐渐重视起来，而且这方面的研究往往和经济，特别是产业的发展联系密切，有人还预测地区差异和人口特征差异将是未来影响饮食消费市场的主导因素。

（二）饮食消费行为与引导研究

饮食消费行为研究多从宏观、中观和微观三个尺度展开。宏观层面的研究一般以整个社会或整个饮食体系为研究对象；中观层面的研究多以社会当中具有某些共同特征的人群或饮食类型为研究对象；而微观层面的研究多以个体消费者和具体的饮食品种为研究对象。

宏观尺度的研究多以整个社会文化作为背景，通过在欧洲 11 个国家进行调查，发现核心的文化差异依然持续影响着这些国家与饮食相关的行为。但同时，强烈的个人主义泛滥，消费选择的社会结构在西方社会已经开始受到严重的侵蚀，人们对于饮食消费也存在同样的担忧。但是一些研究表明，情况并不是那么糟糕，对斯洛文尼亚当前的社会饮食结构进行研究后发现，其传统文化仍有根深蒂固的影响，另外，社会人口特征对于当代斯洛文尼亚饮食文化的性质影响巨大，尤其是性别结构和教育背景。生活中，人们对食物的安全性、健康性、方便性和伦理特性越来越关注，欧洲地区的人们越来越注重肉类产品的食用安全性和家禽品种类型。

中观尺度的研究在当前饮食文化的行为研究中成果较丰富，早期研究对象的特定群体性一般具有两个方面的分类特征。

（1）人口学分类特征。例如，通过对圣迭戈与加利福尼亚地区中部和南部的 18～67 岁的拉丁裔妇女进行电话访谈，分析了不同年龄、不同收入，以及在美国不同居住时间的职业女性对饮食的偏好特征；通过焦点座谈的方式，分析荷兰的成年人对于蔬菜和水果的饮食喜好。

（2）消费分类特征。例如，对爱尔兰现代人的冷冻食品和外卖食品消费的研究；研究中国台湾地区年轻人中的速溶咖啡爱好者的消费模式和产品类型选择。

从以上两种分类特征出发，就有两种不同的研究思路：一是从人口学特征的分类人群中发现对应的消费特征；二是从消费分类特征中总结出对应的人口特征。前者就相当于

"年轻人爱喝咖啡，老年人爱喝茶"的研究；而后者则相当于"咖啡爱好者年轻人居多，茶爱好者老年人居多"的研究，但两种特征的分类在一个研究中也会交织存在。

随着研究问题和样本的复杂性不断加剧，有时单纯的分类已经不能说明复杂的问题，现今的饮食消费行为研究大多侧重于具体问题的多因素或多要点分析，多处于微观尺度。首先，消费者选择消费产品的行为受到时间、空间、环境等诸多因素的影响，如通过调查英国学生和澳大利亚的学生们在特定的就餐时间、不同的就餐环境下饮食选择的复杂性。其次，消费者选择消费产品的行为受到社会效应、自然环境等的影响作用也较大。例如，选取色拉、冰茶和比萨作为研究对象，发现社会效应对于比萨消费的负面影响最强，自然环境对于比萨和茶的消费存在微弱的正面影响。

（3）消费者选择消费产品的行为受到品牌、个人偏好、价格、营养、地理位置及家庭成员人数、儿童的人数、受教育水平、收入水平等因素的综合影响，这方面的研究对象主要有品牌酒类、咖啡及新鲜牛奶等。

在饮食消费行为研究的基础上，一些学者还由此进行了相关的饮食消费教育或引导研究。研究表明，34%的人认为了解不同文化背景的饮食习惯有助人与人之间尤其是不同文化背景的人之间的沟通和交往；90%以上的人认为，针对饮食所隐含的文化进行教育在饮食教育中具有很大的必要性，但是当前缺乏充足的教材。在具体的操作层面上，饮食文化的教育必须侧重于对两种文化的饮食习惯所带来的结果的优缺点分析上，以帮助人们进行最佳的饮食选择。对于大众来说，健康饮食的引导途径包括饮食的外观和口味的改进，增加制作健康食品的容易程度和方便性，从小教育其养成健康的饮食习惯，改变人们对于速食的流行观念；对于老年人来说，可以借助脂肪矫正类食物的适当引导帮助其形成合理的脂肪摄取模式；对于移民国家来说，需要针对移民者的饮食习惯改变进行相关的饮食营养的教育，帮助移民者在新的文化环境下更快适应新的饮食模式，根据自身情况选择最合适的饮食模式。

（三）饮食消费心理与感官研究

饮食消费心理研究呈现两个基本的特征，一是利用个别饮食品种的研究以验证相关的心理消费模型，这种研究侧重模型的验证和创新；二是利用相关的心理学研究方法或模型对相关的饮食主体进行消费行为或消费偏好上的研究，这种方法侧重结论的获取。相关的研究内容一般存在两个并行的研究主线，一是从消费者角度进行研究，进行包括年龄、性别、收入、受教育程度等与此人口特征相关的认知分析或行为分析；二是从饮食类型的角度进行研究，饮食类型涉及蔬菜、水果、肉类、海鲜、饮料、酒类等常规美食，还包括以"安慰食品"为典型代表的特殊食品。

从消费者角度进行的研究发现，饮食的认知或评价非常复杂，尤其是使用后的评价涉及多个维度的认知，而每种饮食的内在属性都不尽相同，外在属性在一定程度上也影响其认知，同时，在不同的时期，这种认知对个体的评价能力也不同。研究发现，随着年龄的增长，儿童对于学校供应的饮食好坏和喜好程度的感知明显增强。在爱尔兰，消费者对于啤酒消费存在认知风险，这种风险不仅和健康、安全相关，而且与消费者对啤酒的爱好程度、认知连贯性、认知能力和经验等因素存在负相关关系。在芬兰，不同脂肪含量的奶酪给消费者的感官感受在外形、口感和气味等方面是不一致的，而且受欢迎的程度也不同。

从饮食类型的角度进行的研究发现，饮食的行为和决策分析相对认知而言，容易得出多个层次的结论。研究比利时的消费者对于粗加工的蔬菜和打包出售的水果的消费决策行为，认为方便性、健康性、快捷性，以及年龄、经验、受教育程度等因素影响消费者的购买动机。除水果和蔬菜外，海鲜的消费也是当前研究的一个热点，从消费心理的角度研究海鲜消费的决策因素的成果较多。研究表明，影响海鲜消费的因素主要包括消费者对海鲜的认知、对海鲜的偏好（主要是健康方面的考虑），海鲜准备的时间长短（方便程度），购买者年龄的增长，家庭规模的扩大，是否靠海居住等。除此以外，研究者对于肉类产品的关注也较多，不同年龄层次的人对于肉类产品的心理感知存在细微差异，这些细微差异的发现对社会饮食的文化引导具有积极意义。随着现代生活的发展，一些具有心理调节作用的食品的研究开始备受关注，"安慰食品"就是一个典型的实例。"安慰食品"是在特定的条件下具有调节情绪或减轻痛苦功能的食品，它并不特指某一类食品，而是一种食品所具有的心理学特性，影响"安慰食品"选择的因素主要有性别、年龄和文化等几个方面。

饮食消费心理可以通过感官表现出来，同时，人们对食物的感官反映往往体现了一定的社会文化现象，因此，从视觉、嗅觉和味觉的反映上研究人们对饮食的感知也是饮食消费文化研究成果的一部分。很多饮食都会激起复杂的感官感应，因此，会产生一些视觉、嗅觉和味觉方面的感知，而影响这种感知的因素非常复杂。视觉感知包括人们对饮食本身的视觉感知和对饮食环境的视觉感知。例如，背景色彩对于不同浓度的橙汁的视觉效果影响显著，黑色容器内的橙汁能更方便消费者进行视觉辨别，而一些发达国家的年轻女性排斥红肉消费，很大一部分原因是吃红肉时血淋淋的视觉感受。味觉感知认为，不同文化背景的人对于气味类型的感知不同，气味的心理尺度与气味类别之间存在相关关系，味觉感知还存在时间和类型的差异性。对于一些饮食个体而言，嗅觉的感知影响非常重要，例如酒类。通过研究发现，气味在消费者对夏顿埃酒的感知中作用明显，气味反映了其非常丰富的内在特征，给人留下深刻印象。另外，味觉和嗅觉常常相互作用，以香槟酒为例，甜味对于其酸味的抑制作用明显，但是酸味对于其甜味的抑制作用却不明显，在嗅觉不起作用的情况下，甜味对于香槟酒的整个味觉感知的影响较大。对健康的老年人和成年人进行试验对比也验证了这种现象的存在。

（四）新饮食和特殊饮食消费研究

新饮食是一种典型的社会文化现象，在一定程度上可以说明人们对于社会文化的理解和接受程度，人们对于新饮食种类的态度可以分为怀疑态度、绝对信任态度、绝对反对态度、把饮食当作一种享受、把饮食当作一种生活的必需，这五个核心成分相对恒定，个体差异主要体现在五个核心成分的量度上。消费者对于新食物的接受程度的高低从一定程度上反映了社会创新氛围的强弱。但是，心理学上将反对态度理解为"新知恐惧"，即人们对于新开发或研制的食品持怀疑和排斥态度，不敢从心理上完全接受，这种"新知恐惧"所反映的文化差异性与社会经济地位因素的相关性不强。

特殊饮食一般是指具有特殊用途、功能或代表一种典型的社会文化现象的饮食。如保健食品除具备饮食的基本功能外还具有一定的医药保健作用，生态食品还具有安全环保的功能，口香糖、可乐等食品具有典型的美国文化意味，这些都可以称为特殊饮食。对于特殊饮食的研究在一定程度上可以反映社会对于文化现象的关注，保健食品作为一种新的饮食种类，使用者的感知问题值得关注。即使保健品市场的发展前景非常乐观，消费者总会存在对其真实价值的怀疑，在人口社会因素、情感认知和态度因素的影响下，有 45.6% 的人相信保健品确实具有保健的功效。伴随着环境问题的出现，生态食品作为一种典型的特殊食品开始推广。人们对生态食品的选择主要受地域因素、性别因素、文化水平等因素的影响，但是收入、年龄和职业对此并没有特别的影响。

随着科学技术的发展，转基因食品作为特殊食品中的一类也成了饮食文化研究新的关注点，男性和女性转基因食品的负面认知（如危害健康、恶化环境等）都比正面认知（如有益健康、补充营养等）强烈，因此，需要强化转基因食品的营养价值认知。同时，新生的食品种类作为一种新的社会文化现象，引发了人们心理学上的诸多思考，"新知恐惧"的概念开始衍生，因为人们习惯满足于长期食用的某几种食物而不愿意去尝试新的食物。澳大利亚青少年中城市学生对于食物的新知恐惧度较低，更愿意去尝试新的食物。对芬兰的 56 名消费者的抽样调查显示，27% 的消费者表明愿意快乐而毫不犹豫地接受新食物。同时，饮食的新知恐惧对个人饮食的动机和健康饮食的关系存在巨大的影响。

从研究的整体上看，西方饮食消费文化研究方法最明显的一个特点就是各种研究方法的融合，往往进行多学科交叉的综合研究，并采用心理学、社会学、地理学、历史学等各学科的研究方法。各学科研究方法的相互补充和完善，使西方饮食消费文化研究形成了相对完备的成果体系。

第二节

饮食消费行为

饮食消费行为是社会的一种普遍现象，是人们生活的必需行为。它是饮食消费者有意识地寻找、购买、食用和评价满足需要的食物、服务及设施所表现出来的一切活动，它既包括饮食消费者的形体活动过程，也包括其思维活动过程。显而易见，饮食消费行为是一个复杂的活动过程，无论是饮食消费需要的产生，还是购买动机的激发；无论是捕捉食物信息，还是选择食物；无论是食物的享用，还是对这个活动的消费评价，都受到消费者主体的生理和心理因素及社会因素的影响。

一、饮食消费者的生理因素

饮食消费者生理因素对饮食消费行为的影响，主要是指饮食消费者在不同生理阶段所产生的生理差异对饮食消费行为的影响。人一经诞生就是一个饮食消费的个体，在婴儿期、青春期这两个发展时期，各个器官逐渐发育成熟，思维能力活跃，需要摄入大量蛋白质，对饮食的消费欲望相当大，且不挑食。而幼儿时期就很容易挑食，喜欢吃零食。到了成年期，思维已经稳定，对食物的质和量的变化有较强的适应、调整能力，没有什么特殊的禁忌，对食物的味型、品质、颜色等态度宽容，对肥腻、坚硬、辛辣、腥膻等一般都能接受，他们在就餐过程中气氛活跃，情绪开朗，易与服务员沟通。而老年人的生理状况较差，其心理变化较为复杂，被尊重的要求也特别强烈，另因其活动能力有所下降，所以，特别需要服务员的热情和爱心。老年人既有愿望，也有条件和能力享受较高的饮食消费，生理状况和心理特点使他们更为重视保健性饮食消费，在饭店就餐，老年人特别注重营养平衡和保健功能，口味要求清淡，菜要求做得酥烂。另外，一些特殊的生理时期，如妇女的孕期内，怀孕的不同阶段对食物的需求也各有变化，还有像肥胖、患各种疾病的饮食者，由于生理的特殊情况使其对饮食消费的对象、方式都有特殊的要求。

二、饮食消费者的心理因素

饮食消费者的心理因素对消费行为的影响是十分明显的，所以，不同的人的心理感受能力也不同。影响饮食消费行为的心理因素主要与人的个性有关，包括气质、性格、兴趣、爱好、能力等。

（一）气质因素

气质可分为多血质、胆汁质、抑郁质和黏液质四种。

（1）多血质。多血质的饮食消费者开朗、活泼，也易变。他们会很快与服务员熟识，用餐时情绪比较强烈，虚荣心较强，讲究用餐的气氛、环境和服务。

（2）胆汁质。胆汁质的饮食消费者比较热情、执着，饮食行为上不易改变原有计划，但这类消费者忍耐性差，稍有不满就会有激烈反应，敢于发泄自己的愤怒与不满情绪，他们要求服务细致，不能有丝毫差错。

（3）抑郁质。抑郁质的饮食消费者往往言行缓慢，思维独立，较为多疑和敏感，喜欢自己观察并且亲身体会餐厅的菜肴、环境、服务，饮食消费时往往犹豫不决，常观望别人，受别人选择的影响。服务员应主动推荐，这样效果会更好。

（4）黏液质。黏液质的饮食消费者在就餐过程中一般考虑认真、挑选仔细、表现谨慎，他们需要亲自体验，并常常深思熟虑，因而饮食消费决策花费的时间相对较长，他们对服务的要求相对较高。

（二）性格因素

性格对饮食行为也有影响，内倾型的饮食消费者在用餐过程中，往往从自己主观想象出发，对别人的议论丝毫不在乎，他们喜欢安静、舒适的环境，对菜点的认可不随他人的评价而改变，相信自己的判断；外倾型的饮食消费者喜欢与服务员相处，这样就会感受到服务员前呼后应的热烈场面，他们在消费活动中喜欢发表意见，情绪也易受他人和环境的影响。

（三）能力因素

消费者的能力包括观察能力、注意力、思维能力等。一个观察能力强的消费者在购买和享用食品时，对食品的外观，如颜色、大小、形状、造型等，都会做出明确判断，从而做出反应。如果一个消费者的观察能力较弱，往往看不到食品的不太明显的优点和缺点，那么就有可能导致盲目的消费行为。就餐者的注意力大致可分为两大类：一类是有明确的购买动机和购买目标；另一类是没有明确的目标，只是不由自主地对某些食品产生注意。而前一种注意力的强弱影响到他们的饮食行为，各人的注意力不尽相同，因而在注意的广度和深度上存在着一定的差异。饮食消费者的思维能力有强弱之分，较强者对饮食品的评价不易受他人的影响，思维敏捷的饮食者善于在极短的时间内综合大脑获得的各种信息，决定是否购买，且一旦决定就不易改变。消费心理学是心理学的一个重要分支，它研究消费者在消费活动中的心理现象和行为规律。消费心理学是一门新兴学科，它的目的是研究人们在生活消费过程中、在日常购买行为中的心理活动规律及个性心理特征。消费心理学是消费经济学的组成部分。研究消费心理，对于消费者，可提高消费效益；对于经营者，可提高经营效益。

消费心理是指人作为消费者时的所思所想。消费行为是指从市场流通角度观察的人作为消费者时对于商品或服务的消费需要，以及使商品或服务从市场上转移到消费者手里的活动。

任何一种消费活动，都是既包含了消费者的心理活动，又包含了消费者的消费行为。准确把握消费者的心理活动，是准确理解消费行为的前提。而消费行为是消费心理的外在表现，消费行为比消费心理更具有现实性。

三、饮食消费者的经济因素

经济因素是影响饮食消费行为的主要因素，它决定饮食者的消费能力和消费水平，主要表现在以下三个方面。

（1）饮食消费者的收入决定购买行为。这是购买决策的决定因素，如果只有购买欲望，而没有一定的收入作为购买能力的保证，购买行为是无法实现的。

（2）饮食消费的价值观念。饮食者的消费行为不仅受收入的影响，还受其价值观念的影响，价值观念影响饮食消费行为的力度，这正是中老年饮食者与青少年饮食者消费行为差异的一个原因。

（3）食物价格的间接作用。食物价格与饮食者的消费能力是矛盾的统一体，食物价格的高低是影响消费者购买行为中最关键、最直接的因素。

当然，一个国家的经济条件和生产力的发展水平不仅影响饮食者的经济能力，而且直接影响其消费行为，如社会步入现代化促使人们更加追求高效率，就连吃饭的时间都不愿多浪费，所以快餐业迅速崛起。又如随着生活水平的进一步提高，解决了温饱问题的人们开始注重营养，改变了原有的吃大鱼大肉就是有营养这一错误观念，充分认识到营养是一种平衡，又从崇尚高糖、高脂肪、高胆固醇的"洋快餐"转向"中式快餐"，使中国的快餐业得到了飞速的发展。

四、饮食消费者的社会因素

社会因素是一个复杂的综合体系，除上面阐述的社会经济因素外，还有传统习俗、宗教信仰、地理环境、社会文化等对饮食消费行为的影响。

（一）传统习俗

传统是指在一定社会群体中沿袭历史的思想及行为习惯。就饮食消费而言，习俗集中表现着一个民族的饮食文化传统，展示着一个民族的古老文明。如亚洲地区的中国、日本、韩国、泰国多以米饭为主食，主要饮料是茶；而欧洲地区的主食是肉制品、牛奶和面包，主要饮料是咖啡。而同在中国，各地区的地方烹饪风格又有明显不同，各民族饮食消费风格习惯各异，蒙古族牧民常以牛、羊等肉食为主，辅以粮食、蔬菜、奶等；藏族人早餐多为酥油茶、点心、糌粑，午餐多为肉包子、馅饼，晚餐多为手抓羊肉、肉面条等；满族人以大米为主食，也有以玉米、荞麦、马铃薯和燕麦为主食的。这些都是传统习惯，它影响着一代又一代人的饮食消费行为。

（二）宗教信仰

宗教是人类历史发展过程中产生的一种社会现象，宗教信仰种类繁多，在世界范围内比较大的宗教流派有伊斯兰教、佛教和基督教等。各宗教的教规都制约本教教徒的思想观念、行为方式，饮食消费行为也自然受到宗教信仰的影响。例如，佛教的许多流派禁止食用肉类食品，提倡素食，禁止饮酒；基督教则在"复活节"期间告诫教徒禁食肉、鱼、禽、酒、茶、咖啡等，提倡只吃蛋、奶和蔬菜，另外，信仰基督教的人一般都忌讳数字"13"，住酒店时会回避这个数字的楼层、房间等。

（三）地理环境

中国的菜系养育了不同的华夏儿女，如川菜的形成与地理环境就有着密不可分的关系。因为四川盆地气候湿热，人不易出汗，体内的热量与毒素不能畅快地排出体外，于是人们经过几千年的饮食实践得出：通过吃散发性食物可以解决这一问题。所以，四川人好吃辣椒、花椒等食物，从而形成了川菜以麻辣为主的饮食风味。而在南方濒临海滨、气候炎热的地区，人们喜欢咸鲜口味，清淡饮食。特别是广东人喜欢吃海鲜，于是粤菜也是以海鲜为主。北方人性格豪爽，喜欢味重，所以鲁菜的口味较浓。苏菜盛行于江南一带，水乡人吴侬软语，口味偏甜。又如南方人吃馄饨，北方人吃饺子。这些南北的地方差异形成了不同的菜系，也影响着他们的饮食消费行为。

（四）社会文化

人是在与文化的相互作用过程中成长的。一定的文化环境影响人的发展、思维，也影响着人的消费行为。显然这里的社会文化是社会意识形态及与之相适应的制度，它是知识、信仰、艺术、法律、伦理道德、风俗习惯的统一体。社会文化对饮食消费的影响主要体现在以下三个方面。

（1）社会文化影响饮食消费动机。饮食消费者在产生消费欲望之前已经无意识地受到社会文化的影响和制约，且饮食消费的对象、地点的确均受一定文化规范的制约。

（2）社会文化影响饮食消费基准。它是影响饮食消费者消费方案、消费动机的准则。消费心理基准的建立，是以特定的社会、文化环境为基础，且在建立过程中受文化的影响不断调整。

（3）社会文化的时尚影响饮食消费。时尚是社会文化的产物，在饮食消费者身上则表现为追赶消费风潮等，更多的是增强饮食消费者的从众心理。

以上谈到的都是对饮食消费行为的直接影响因素，但饮食消费行为不仅是由消费者自身的因素及社会环境所决定的，饮食经营者在为自己盈利的活动过程中也影响着饮食者的消费行为，当然，这只是间接的影响因素。经营者的经营行为吸引和引导了饮食消费行为，并且使消费者的饮食行为能得到真正地实现，这是一种间接的影响，消费者自身的因素直接影响了个体饮食消费行为，而群体的饮食行为则更多由一些社会、经济、文化、政治、宗教等方面的因素影响着，这些都值得我们探讨。

全球化语境中的中国饮食消费文化

随着全球现代化的发展，与饮食消费相关的食品工业也获得了飞速进步。装罐、抽干、冷冻、包装等一系列食品工业化进程标志着其与日常食品来源的一种重要的实质性决裂，饮食消费领域的"脱域"现象发生了。

一、当前中国饮食消费文化特征

（一）空前的丰盛性

这个特征和全球化背景中的"脱域"现象有着根本的联系。饮食消费对象和当下生活的地方之间的联系已经非常微弱："全球化从其最早的影响开始，就实实在在削弱了食品的来源和地方性之间密切的实质性关系"。这种关系的示威自然将人们的饮食消费对象扩大至无限的异地时空，饮食消费对象因为全球化背景中的时空压缩出现了空前的丰盛景观。在今天，往昔"一骑红尘妃子笑，无人知是荔枝来"的贵族奢侈享受就像"旧时王谢堂前燕"已经"飞入寻常百姓家"，成为随时可及的百姓口中寻常物；且无论来自世界五大洲、南北东西的食物的琳琅满目，如韩国料理、日式料理、意大利馅饼、麦当劳、肯德基、阿根廷烤肉、巴西烤肉、西式牛排等；一国之内也是应接不暇，如云南米线、四川火锅、东北水饺、新疆羊肉串随处可见，川菜、粤菜、鲁菜、淮扬菜处处可尝等。真正是不用费力四处走，八方佳肴样样有。这是丰盛在横向上的表现。另外，分处于地球不同物候时空和各气候带的饮食消费食品，实现了春夏秋冬不分季节的全年候食品种类供应，更是从纵向层面上丰富了大众的饮食消费内容。

（二）膨胀的求新性

这个特征是全球化间接导致的结果。正如上述丰盛性特征所言，全球化背景下，饮食消费对象产生了有史以来最多的多样性选择。这种现象自然也被叙述为人们当下生活质量提高的重要标志之一。但也正是这种空前的多样性使人们求新的冲动前所未有地强烈和膨胀。身体成为最美丽、最受关注的消费载体，饮食则是其重要一维。

丹尼尔·贝尔曾经指出，全球化背景中人们彼此之间增大的相互影响结果之一就是"造成对变化和新奇的渴望"，淹没在全球化带来的消费食品极大丰盛的大潮里。一方面，生产厂家不求新无以立足于竞争残酷的商场，也只有不断求新，才能实现食品作为商品的利润。从某种意义上说，商家的求新其实就是一种争取命名的过程，布尔迪厄指出："命名一个事物，也就意味着赋予了这一事物存在的权利。"另一方面，消费个体不求新、不追新则可能落后于饮食发展的潮流，从而产生个体在社会之中的自我认同危机。

时尚具有"统合"和"分化"的双重目标及功能，时尚一旦流行将不再是时尚，个体只有不断求新、不断赶逐新的时尚，力争永远置身于时尚之中才可能避免产生自我认同的危机，于是不停追逐饮食消费时尚的本身释义即对"新"的无休止占有和紧跟着的无休止抛弃。此处之"新"会随着消费者消费行为发生而迅速消失，这恰恰是现代消费社会所需要的核心动力。例如，业界一经推出"绿色饮食"的口号，水果月饼就脱颖而出，身价陡涨，买者成群，销量飙升，利润滚滚。再如，酸菜鱼、骨头汤、火锅及狗肉等餐饮流行风尚是你方唱罢我登场、一波未去一波复来。"新"不仅体现在饮食消费内容上，还体现在饮食消费对象的外在形式上。"当代文化正在变成一种视觉文化"，此潮也波及了饮食消费文化领域。我们不无忧虑地看到，当下消费者膨胀的求新欲已不可避免地逐渐滑向令人深思的形式极端，消费的对象令人怀疑地蜕变成直接消费食品的外在形式，食品的符号价值空前地随着消费者求新性的膨胀而急剧膨胀。放眼食品世界，对符号价值甚至强调到了消费者不知包装下面所卖为何物的夸张地步，这样的例子俯拾即是，不胜枚举。因此，有德国学者就曾指出：食品美丽的包装"并不仅仅是简单地为了在运输过程中保护商品，而是它的真正的外观，它替代商品的躯体，首先呈现在潜在的购买者眼前"。波德里亚也指出："商品的象征或符号价值已经变得日益重要，已经赶上了其使用或实用价值的有效性""物品的本质和意义不再具有对形象的优先权了"。从生产角度说："时尚食品的设计意图，就是吸引你眼看手勿动""时尚食品的生产与视觉有关"。三者也都用不同的语言形式明白无误地指出一个共同点——形式对内容的颠覆。

（三）危险的整体性

全球化带来了全球社会关系的复杂联结，饮食消费对象因为上述丰盛性的特征也紧密联系成一体。身处异地的两人会同时食用第三地生产的食品。这种整体性为商家和消费者各自带来益处的同时，也滋生出当下生活的一种日益突出的危险性。对生产厂家来说，危险的整体性表现为一损俱损或一夜破产的当代新神话。对消费者而言，一旦闻说某地某物发生质量问题，则不由陷入对个体手中某物深深的焦虑之境，产生出"我可能也食用了出问题的食品""我买的某物是不是也有质量问题呢？"等诸如此类的问题，从而进一步限制或影响消费个体的饮食消费行为。消费个体的行为波动又自然影响食品销售方的经营，从而导致自身同样或同系列食品的滞销及经营利润的下滑等。在全球化的"远距作用"下，上述三方在今天已紧紧结为一个不可分开的整体，在饮食消费的湍流里共浮沉。恰如某些学者所言：全球化背景下，饮食消费对象的"脱域"把人们的焦虑感和不确定性也引入了崭新的领域。例如，南京百年老店"冠生园"因为查出月饼用料问题造成经营状况每况愈下、难以为继，最终申请破产；浙江"金华火腿事件"一度让全国上下无人敢问津任何品牌的火腿，杭州各大超市的金华火腿销量几乎为零，甚至连相关的饮食行业都受到牵连。据报道，杭州一家以"老鸭煲"闻名的酒店里，已很少有人再点这道菜，因为金华火腿是制作"老鸭煲"的必备佐料。可怜的"千年活文物"在全球化面前忽然变得像新生

2021 年中国餐饮品牌力百强

儿一般的虚弱。其他诸如毒大米、火锅底料、毒香肠、毒面粉等无不是引发了一场"多米诺骨牌"式的整体轰动效应。整体性像一把双刃剑，在获得服务利润的同时也使经营者领教一番痛苦欲绝的苦涩滋味。

总之，上述三者之间不是决然割裂的，而是紧密相依的。在全球化背景下，饮食消费对象的"脱域"造成了丰盛性及整体性，整体性从侧面又体现了丰盛性；又因为丰盛性而提出求新、追时尚的冲动，不止的求新性又不可避免地会加入丰盛性。显而易见，三者之中空前的丰盛性扮演着基础核心的角色，其他两者都可以在此基础上进一步生发形成。

二、当下饮食消费文化的批判

（一）关于"浪费"的批判

如果说传统社会里饮食消费上的浪费还没有充分的理由或是不为人所注目的话，时至今日的浪费似乎已经找到了令人信服的理由。全球化背景下饮食消费对象的丰盛为浪费提供了非常有利的条件，由此浪费也新增种种新颖别致的内涵。浪费的内涵基本可以包括以下两种。

（1）饮食消费对象数量上的浪费。数量既指呈现在消费者面前的直观消费对象——物，也指直观背后巨大的经济支撑。几百乃至几千元的一桌饭菜在觥筹交错之间成为活动的视觉背景图案。更令人瞠目的是当下媒体关于天价豪华筵席的报道，如38万的帝王宴、36万的"满汉全席"等天价宴会在网络新闻中不在少数。仅以西安36万的"满汉全席"为例，其中客人几乎不动一筷子的"仙人指路"价格是1万多元，"鲤鱼须子"只用鲤鱼头上的两根胡须，据称光是这道菜就用了100多条鲤鱼才做成，而客人每道菜只动一筷子，大多只是为欣赏。

（2）饮食消费对象作为商品的符号价值的张扬，这于传统社会是比较陌生的。这也是上述求新性特征的体现之一。饮食消费对象的外在形式凌驾于实际内容之上成为消费者消费的首选，他们贪慕于华丽的包装，艳羡于设计的奇特，于是人们常常是为了形式而发生饮食消费行为，这一点尤其表现在日常一些食品的购买活动之中。这时的浪费也就有了另一个名称——非理性。

究其根源，随着全球化背景的加强，人们生活环境和生活条件发生了惊人的变化，社会获得了高度发展，生活标准获得了很大提高。按照马斯洛需要层次理论，在一些如温饱等低层次要求获得满足后，自身发展、自身实现的需要被提上实践日程。布尔迪厄指出："每个活动都存在着两个相对独立的层面，恰当地说，是技术层面和象征层面"，人们用象征层面"表明了、实际上炫耀了他或她的行为的某种非同寻常的特性"，实现"得到社会承认的象征性利润"。返之于饮食消费活动，全球化的今天，饮食的技术层面逐渐淡化，而其象征层面日渐显现。饮食行为中一掷千金的"夸示性消费"成为赢取社会和他人对自我身份认同的标志和手段。布尔迪厄将资本分为经济资本、文化资本和社会资本三种基本形态，它们在一定的场所可以相互转换，从而"通过改变性质，绝大多数的物质类型的资本都可以表现出文化资本或社会资本的非物质形式"。饮食"夸示性消费"的整体行为活动过程，实际上也就是消费主体借此实现了经济资本向社会资本的转换，以赢得社会对自我身份的认同。正所谓"我食故我在"。

全球化的一个重要原动力是资本的全球积累，没有消费就没有积累。作为一个外在驱动力，我们置身的社会就存在一个巨大的无形的号召消费的力量，向每个生活于其中的个体施加影响。为了达到消费之目的，调动起了包括挥霍浪费、传媒时尚引导、消费环境暗示等在内的一切所能。换而言之，无论是丰盛性抑或求新性，无不是受资本积累的指挥而引致的结果。正是在这个意义上，丹尼尔·贝尔指出，西方资产阶级社会令人嫌恶之处即在于"为了消费的缘故，人们不惜把资源浪费在多余的虚饰夸耀性产品之上"。消费食品作为商品的符号价值被过分强调即是典型。以上两个方面，一则侧重于消费个体心理；另一则侧重于社会号召机制，两相遇合，如果对这种消费心理不加以正确引导和改善，浪费不但不会有所缓和，反而只能是愈演愈烈，这不能不引起我们的高度注意和深深的思考。

（二）关于"盲目"的批判

选择对象的单调固然使我们的选择变得异常平淡，但也会使我们的选择无比明晰、确定。面对物的海洋，在丰富选择的同时又使我们的选择陷入抉择无措的困境。全球化背景中的当下，饮食消费文化从某种程度上说就走入了这样的进退两难的矛盾之中。人们在选择自己饮食消费对象的过程中，第一次面对空前的丰盛性、新颖性，陡然间丧失了自我主体的身份和地位，淹没在了琳琅满目的喧嚣物流中，思维因为受到强大的物的挤压而呈窒息萎缩的消极状。人们开始变得盲目，为了不再盲目，人们开始寻找选择依据的标准。

人们把眼光投向了科学。全球化背景下饮食消费对象空前的丰盛性，使与饮食消费直接联系的身体越来越受到社会和自我的共同关注，而科学无疑应该是身体健康的护卫者。但当我们反观当下场景时，却看到这样一幅令人担忧的不和谐画面：诸多"各领风骚三五年"的营养保健食品纷纷面世而又迅即消失在人们的视野中。蜂王浆已是明日黄花，"中华鳖精"已成过眼云烟，"脑黄金"刚去，"脑白金"又接踵而来……科学像一支神奇的指挥棒，轻易遥控着人们盲目的饮食消费行为。

而今，失落的人们又把眼光投向了广告传媒，希望借它们详细而诱人的有声有色的介绍为自己找到合适的饮食消费对象。每当我们因为受着广告的美妙诱惑而一次次走进各类饮食场所，却总是难以找到广告上所精心策划出来的多彩滋味，只得无奈地抚慰着由希望到失望的心情。

为什么人们总是盲目消费呢？其中原因有以下几点。

（1）作为全球化背景中的"脱域"机制两种类型之一的专家系统存在信任缺陷，致使其没有完成本该完成的神圣使命。专家系统是科学的化身，当生活在全球化背景中的消费者对科学信息缺乏完整认识时，人们自然会向专家系统寻求帮助，期望得到优质的指导服务，此时专家系统便开始"以连续不断的方式影响着我们行动的方方面面"。因此，我们的饮食消费活动势必要求获得双重的保证："既有特定的专业人士在品行方面的可靠性，又有非专业人士所无法有效地知晓的（因而对他们来说必然是神秘的）知识和技能的准确性"。这两者本来与经济活动的效益原则是不矛盾的，但是当效益原则一度压倒专家系统时，或专家系统自身出现不健康因素时，信任就会走向反面——风险和危险。这时消费者一直依赖的科学支柱出现问题，而自身的消费行为又被贴上了新的盲目和非理性的标签。而更为严重、更为奇怪的是，消费者的盲目又再次成就了全球化背景下经济的效益原则，而不只是在理性的非盲目消费的前提之下。

（2）广告传媒背后特殊的"编码规则"一次次导演着欲让消费者永远盲目的戏剧。这个特殊的信息"编码规则"，简言之就是经济的效益原则。试想，如果广告不能给广告商带来利润，广告本身的生存就得打上大大的问号，因此，广告至少为了自身利益也要使出浑身解数，达到引领消费者的饮食消费时尚之目的，在一波接一波的时尚潮流里让消费者来不及仔细甄别时尚的本来面目而不自主地陷入盲目的境地。更可怕的是，传媒领域里的广告越发凸显一种否定性原则，体现一种可怕的霸主威力："一切没有贴上广告标签的东西，都会在经济上受到人们的怀疑"。而对于消费者可能更惨："即使消费者已经看穿了它们，也不得不去购买和使用它们所推销的产品"。饮食消费活动在空前加强的信息化程度面前越来越受到这种否定性原则的制约，成为一种似乎完全受外力支配的盲目且非理性的被动行为，个体想要选择也只有在广告传媒为我们提供的画面海洋里看似自由而实质上充满无限无奈地进行选择。

（3）由广告传媒引发的一个深层原因。广告文化精心设计的画面效果对消费者形成巨大的视觉冲击，徜徉此中，"我食用那就会是我"的"幻觉陶醉"（伊丽莎白·威尔逊）让消费者纷纷做起美妙的"白日梦"，例如，保健食品上的科学说明广告令人联想到永葆青春、芳颜永驻的天仙神女等。这也正是柯林·坎贝尔所说的一种自我陶醉的享乐主义。因为在这种享乐主义中可以给主体带来莫名的身心愉悦和快感，因此盲目的伤悲也就一时被抛之脑后，听之任了。从这个意义上说，这种盲目完全是我们的消费个体自发产生的。这一点也让我们印证了雅斯贝尔斯关于当代社会"群众必须来统治"而"群众却不能统治"的推论。

（三）关于"殖民"的批判

这里的"殖民"是指后殖民，是一种异于以往武力、军事等手段的"非领土扩张"或文化殖民主义。饮食消费品从传统社会里和地方性的紧密联系进入全球化时代及地方性的"脱域"，自然也将地方性的诸多因子进行了整体或部分的移植及"重新嵌入"，也就自然会促使人们开始思考饮食消费品是否也存在一个文化殖民的问题。此前关于这个问题的答案是有分歧的。马尔库塞以为衣食住等各种商品"带来的都是固定的态度和习惯，以及使消费者比较愉快地与生产者进而与社会整体相连接。在这一过程中，产品起着思想灌输和操纵的作用"。克拉森指出："在所有西方国家的食品文化中都存在着非领土扩张化的力量，而且，这股力量正在向第三世界那些更为富裕的国家和地区快速蔓延。"洛兰·甘曼也指出："食品还受到了殖民；食品殖民化使食品反过来向我们兜售一整套经过净化的、有关不同阶层地位、物族特点，以及多变的文化习俗的认识。"汤姆林森指出："非领土扩张化不可能最终意味着地方性的终结，而是发生了转型，进入了一个更为复杂的文化空间之中。"食品是承载着某种文化的东西，饮食消费活动带来的诸多影响是全球化背景中正常发生的不可避免的现象，异域文化的交融是自然发生的，饮食消费的确可以给我们的思想和行为带来一定的影响，但是，作为审美文化的一维还难以完成对地方性的全面侵蚀。对承载异域文化的饮食的消费，比起我们自身的日常饮食生活行为，更多的带有一种专门的倾向性。这种专门的倾向性要转化为或替代日常生活所具有的一般性，绝非易事，也绝非一日之功。

虽然人们认为不存在饮食消费文化殖民的问题，但是并不代表可以忽视全球化语境下饮食消费文化引发出的一些当下新的文化处境。例如，全球化带来的食品恒定的无"季节性"供应，全球化带来的消费食品的空前丰盛性等，给传统社会中一些与食品联系非常紧密的传统节日带来的巨大冲击，就是一个非常值得注意的问题，这里面甚至牵涉传统节日是存在还是死亡的关键问题。再如，在传统社会里面对于一定节日极富象征色彩的食品，在全球化带来的丰盛性面前，魅力和影响力日渐微弱。再有，当下人们时常在感慨过年的年味愈发不浓，其原因之一在于：传统社会里人们过年意味着吃好穿好的奢侈愿望的实现，而在全球化的今天，吃好穿好的想法已经变得不值一提。诸如此类，不一而足。全球化作为一个客观的历史进程，消解不可避免，所以重构任重而道远。

课堂讨论

分析消费者对饮食环境和饮食享受度投入更多关注的原因。

技能操作

开展调查，写一份关于"中式快餐"发展方向的分析报告。

思考练习

一、填空题

1. 饮食不仅是为了吃而做，通常还含有_____，_____，_____。
2. 饮食消费行为研究多从_____、_____和_____三个角度展开。
3. 从饮食类型的角度进行的研究发现，饮食的_____和_____相对认知而言，容易得出多个层次的结论。

二、多选题

1. 饮食消费心理研究呈现（　　　）两个基本的特征。
    A. 利用个别饮食品种的研究以验证相关的心理消费模型
    B. 饮食的认知或评价非常复杂
    C. 饮食消费心理可以通过感官表现出来
    D. 利用相关的心理学研究方法或模型对相关的饮食主体进行消费行为或消费偏好上的研究

2. 人们对于新饮食种类的态度可分为（　　　）。
    A. 怀疑态度　　　　B. 绝对信任态度　　　C. 绝对反对态度
    D. 把饮食当作一种享受、一种生活的必需

3. 西方饮食消费文化研究方法最明显的特点是（　　　）。
    A. 各种研究方法的融合　　　　　　B. 多学科交叉进行综合研究
    C. 各学科研究方法的相互补充和完善　　D. 相对完备的成果体系

4. 饮食消费者的个性包括（　　　）。
    A. 气质　　　　　　B. 性格　　　　　　C. 兴趣爱好　　　　　D. 能力

三、判断题

1. 抑郁质的饮食消费者往往言行缓慢、思维独立，较为多疑和敏感。　　　　（　　　）
2. 多血质的饮食消费者在就餐过程中一般考虑认真、挑选仔细。　　　　　（　　　）
3. 消费者的能力包括观察能力、注意力、思维能力等。　　　　　　　　　（　　　）
4. 经济因素是影响饮食消费行为的主要因素。　　　　　　　　　　　　　（　　　）

四、简答题

1. 饮食消费文化的概念是什么？
2. 饮食消费行为与引导研究的内容是什么？
3. 饮食消费者的心理因素包括哪些？
4. 当前中国饮食消费文化的特征是什么？

第十二章

中西方饮食文化差异与发展

学习导读

本章从中西方文化差异的角度分别阐述了西方饮食文化和中国饮食文化，对中西方饮食文化的发展及世界饮食文化的发展趋势也有进一步的解读。本章的学习重点是把握中西方饮食文化的差异，学习难点是理性解读中国饮食文化的发展趋势。

学习目标

（1）掌握中西方饮食文化的差异。
（2）熟悉中国饮食文化的发展趋势。
（3）理解未来食品餐饮的发展方向。

学习案例

2017年10月，"以食为天，以天为食"中国美食主题文化展在德国法兰克福首次亮相，旨在介绍博大精深的中国饮食文化，传播中国独特的"家文化"和"天人合一"思想。

图文展示、多媒体、书岛、医食同源艺术装置展、食品现场制作……这场融合了多种形式的中国美食展，不仅让人"耳目一新"，更是让不少观众留住了脚步。展览期间，展台每天观众逾3 000人次，堪称"人气爆棚"。

在展览现场最具特色的艺术互动装置区即"医食同源"艺术装置展，利用数字编码一一对应的"雪片"信息卡和食材、药材抽屉的组合，展现了64味中国饮食中常见的食材和药材。

"中国饮食讲究五味（酸、苦、甘、辛、咸）与四性（温、热、寒、凉），这不是去定义一道菜的温度或食材，而是描述食材与人体的关联。与外国民众解释这样的关联不是件容易的事情。但'雪片和抽屉'装置展可以把人带入这个话题，通过形象展示让观众去感知和理解中国饮食的特色文化。"展览项目负责人表示。

随后，中国饮食文化展还密切配合全球各地的中国饮食文化主题电影放映、摄影展、绘画展、中文教学等活动，在德国、奥地利、美国等7国的30多家语言教学及文化交流机构巡回展出，受到各国民众的欢迎。

据展览项目负责人介绍，策划该项目的初衷是进行跨文化传播的尝试。"外国人特别是西方人谈到中餐，常常将真正的中餐与日常接触到的'中式快餐'混淆，这是对中国饮食文化的误读。为纠正这种误读，深入浅出地阐释中国饮食文化中蕴含的丰富哲学、美学和文化内涵，中国饮食文化展应运而生。"

几位一线国际中文教师志愿者表示，饮食文化展不仅是一次跨文化传播，还是很好的教学素材。尤其是线上展览，如"饮食即艺术"主题中的展示饮食和烹饪场景的绘画作品，就很受学员欢迎。对中华文化产生好奇是不少外国学习者与中文结缘的推动力。在国际中文教师志愿者看来，中国饮食文化教学是很有效的途径，通过对比中外不同食物、不同烹饪方法、承载的不同文化信息等，可以助力学员进入中文世界。"在不同文化背景下，食物更容易使人产生情感上的回应，进而希望了解食物背后的故事。"

"美食"是外国人最容易了解中华文化的切入点。"以食为天，以天为食"中国饮食文化展展现了中国饮食文化的多元和多彩。从亮相法兰克福书展到面向全球在"云"端推出，这一展览吸引了数十万各国民众，既是一次成功的跨文化传播，也为国际中文教育提供了很好的教学素材，激发了人们对中文和中国饮食文化的兴趣。

案例思考：
中西方饮食文化的差异对世界各国的文化交流带来哪些影响？

案例解析
中西方不同的民族性格、地域环境、推崇的人文哲学思想，以及长久以来形成的各自独特的文化背景均造就了饮食文化的不同。饮食文化的差异并不代表饮食文化的优劣，中西方饮食文化都在互相借鉴以求共同发展。

中西方饮食文化差异

在悠悠历史长河中，中西方不同的思维方式和处世哲学造就了中西文化的差异，从而进一步产生了中西方饮食文化的差异。中华饮食以食表意、以物传情，其博大精深不可言喻；西方饮食精巧细致、自成体系。自古以来，中西方饮食文化的碰撞、交流促进了人类的进步和发展，为人类文明做出了重大贡献。

俗话说："剑亦有弊也有利"，也就是说，在科学发达的今天，中西餐饮仍旧存在着不可忽视的缺点和弊端。那么如何避免和剔除两者的缺点，如何改善两者的饮食结构，如何将两者进行有机结合，如何使中西方饮食为人类健康做出更大贡献，则是当下值得探讨的研究课题。

一、饮食要义差异

对于人类而言，饮食的最基本目的均是充饥以维持人之生命。但随着物质发展的相对充裕，饮食已突破了最基本的作用归属，而在最高要义上出现了中、西方的分离。

（一）直白性与隐含性

以"鲜"为标志的西方饮食是直白的。一是西方饮食更注重菜肴本身的自然属性和营养价值，突出其原汁原味原色，而淡化对其色、形、香等人工技巧的追求。如一盘"法式羊排"，一边放土豆泥，旁倚羊排；另一边配煮青豆，再加几片西红柿便成。虽然它也有搭配，但这与中国饮食对造型、色彩的追求相距甚远。二是菜品名称更倾向直截了当，菜名本身就点明这道菜的主原料。这种命名方式更有助于西方人根据主原料的营养成分决定对此道菜的取舍，如美国的香蒜小牛排、香煎猪扒配蜜桃汁、扒大虾配牛油香槟汁等菜名。

以"香"为标志的中国饮食却是隐含性的。一是中国饮食十分注重食品的形象消费，对饮食的色、香、形等外在形式美的追求达到极致。菜肴所具有的诱人气味、悦目色彩及动感造型是吸引中国食客的先决条件，对食品的形象"阅读"与品尝对中国人而言是并重的。二是菜品一般都附有隐喻性的"美名"，即便是非常简朴的菜肴也要冠以富于想象力的"喻名"。若仅看菜名是很难知晓其主原料的，但它却赋予人们更多的遐想，勾起人们的食欲。

（二）营养性与美味性

西方饮食重科学和理性，认为"营养"是饮食的最高要义，所以特别讲究食物的营养成分及搭配；而菜肴的色、香、味只有在满足"营养"的前提下，才被列入考虑范畴。一味舍营养而求美味的行为在西方人看来是丧失理性的，也是断不可取的。如西方人吃得津津有味的带血的牛排、大白鱼、生蔬菜等，在中国人看来毫无美味可言，甚至难以下咽。个中缘由不是中、西方人的口味差异，而是其对饮食最高要义追求的分离。

中国饮食重艺术和感性，追求"美味"是饮食的最高要义。尽管中国人也讲究食疗、食补、食养，重视以饮食来养生强体，但"美味"始终是进食的最终追求。这在中国人的日常言谈中也体现得淋漓尽致，如面对一桌家宴，主人常会自谦地说："菜烧得不好，不一定合您口味。"但绝不会说："菜的营养价值不高，卡路里不够。"而且，中国人对饮食美性的最高追求已达到一种难以言传的"意境"，只能借助无形的"色、香、味、形、器"等载体来表达，单凭营养成分和结构是难以担当此重任的。

二、饮食烹饪差异

（一）分别性与调和性

国学大师钱穆先生在《现代中国学术论衡》中有这样一段话："文化异，斯学术亦异。中国重和合，西方重分别。"这恰是对中、西方饮食文化在菜肴烹饪方式上的差别特征的生动写照。西餐烹饪的核心特征是分别性，即追求一种质料的独特性，各种原料虽共处一盘，但在滋味上互不干扰，从而使各种原料内部的甜、香得以充分发挥，只待食至腹中，方能调和于一起。如西餐中的"土豆烧牛肉"，是将烧好的牛肉佐以煮熟的土豆，绝非集土豆牛肉于一锅而炖之。

中国烹饪的核心是"五味调和"，即"水火相憎，鼎鬲其间，五味以和。"它由"本味论""气味阴阳论""时序论""适口论"所组成。例如有名的上海菜"咸笃鲜"，虽然其原料仅是简单的火腿、冬笋和鲜肉三味并陈，可经中国式烹饪制作后，火腿、冬笋、鲜肉中都已各含有其他两种原料的味道，从而共同形成了一道含三种原料而又超乎三种口味的美味佳肴。

（二）规范性与随意性

受科学导向的影响，西方烹饪的全过程必须严格按照科学规范行事，每次烹饪时的操作过程需要完全一致，调料的添加量要精确到克，烹调时间要精确到秒，从而达到每次出产的菜品无论其味道还是色泽都惊人相似的效果。如许多西方人在家中厨房备有天平、液体量杯、定时器、刻度锅，将整个厨房布置得像个化学试验室，这已是司空见惯的事情。这种菜肴制作的规范化使烹饪工作成为一种极单调的机械性工作，由此决定了西方菜肴品种、口味的稳定性和保守性。

中国的烹饪不讲求精确到秒与克的规范化，反而特别强调随意性，在菜肴制作时强调凭经验对结果进行把握，主要表现在不仅各大菜系均拥有各自的风味与特色，即便同一菜系的同一道菜，其所用的配菜与各种调料的匹配也会依厨师个人特点而有所不同；甚至连出自同一厨师的同一道菜，也会依季节、场合及用餐人身份的不同而加以调整。如同样一道"红烧鱼"，冬天色彩宜深、口味宜重，夏天则色和味均宜清淡；对江浙一带的客人，可在调味中加糖，而对川湘顾客则应多放辣。中国菜肴制作在技术要求上的随意性不仅使烹饪工作本身变得富有趣味，而且使中国菜品的口味、风格更加灵活且富于变化。

三、饮食习惯差异

在饮食习惯上，中、西方人最明显的差异表现为"生食性"与"熟食性"（图 12-1）。

为尽量避免食物营养结构被破坏，西方人最推崇的是"生食性"饮食文化，即以食品的新鲜感、原汁原味的天然营养的保持为最高价值取向的群体性饮食行为。对待饮食，西方人首先看有什么营养，能产生多少热量，味道则是次要的。如果加热烹调，会造成营养损失，那就半生半熟地食用，甚至干脆生吃；这决定了其对烹饪技术的依赖程度相对较低。如基于对营养的重视，西方人多生吃蔬菜。又如在吃清水煮虾、清蒸螃蟹、生鱼片等海产品时，西方人强调的也是一个"生"字，他们认为复杂的烹饪技术会破坏海产品的营养性。

中国人的饮食追求的是"美味享受、饮食养生"，将饮食的味觉感受摆在首要位置。这决定了其必然以"熟食性"为主流饮食文化，即要借助较复杂的烹制技术使菜肴的"香与味"得以充分挥发。如在中国，炒、煮、炖、烩、烧、烤、酱、蒸、煎、炸、煨、腌等都是十分常见的熟食性烹调技术，若再细分，炒又可派生出生炒、熟炒、清炒、滑炒、爆炒等，而爆炒里还可分出油爆、酱爆、葱爆、汤爆等不同类别；如此丰富多彩的熟食性烹饪技术在西方是很难寻觅的。西方人很难设想大虾有多种吃法，因为在他们看来，大虾自身生食性的鲜美味感胜过最好的烹饪技术。

图 12-1　中、西方饮食文化的差异

四、饮食方式差异

在饮食方式上，中、西方间的差异最终可归结为西方奉行"分餐制"、中国提倡"合餐制"。而这种差别性又突显于以下两个方面。

（一）独占性与共享性

在西方，饮食主要以"独享"方式进行，奉行分餐制。这种个人就餐主义行为不仅强调了个性的存在和个人对饮食的独占性，而且充分体现了人际关系上的个性独立。

中国饮食推崇"群享"方式，实行合餐制。厨师将菜品准备好后并不事先分盘，而是将其端到餐桌上，供围坐在桌旁的进餐人根据自身的喜好各自选取菜品及菜量，餐桌上的任何一道菜品都不为单个食客所独有。大家围一圆桌团团而坐、共享一席是中国宴席的最普遍方式；这充分体现了中国饮食方式的共享性特征。

（二）个人性与集体性

西方分餐制的饮食方式体现了二元对立的观念，即推崇在饮食过程中人与人之间构成一种相对宽松、自由的平等交流关系。在西方十分普遍的"自助餐"就是此特征的典型体现。它事先将所有食物一一陈列，以方便食客能自由走动、各取所需，而不必固定在某一位子上就餐。借助就餐时位置的不断变换，食客能无拘无束地边吃边谈，并不断变换交流对象。因而，这种就餐方式十分有利于一对一或小群体间的人际情感交流，而无须事事均与大家共享，从而很好地维护了西方人所看重的隐私性。

中国合餐制的饮食方式体现的则是二元互补的观念，即在饮食过程中更注重人际关系、社会角色的协调与分配，并常常表现为一种向心的、没有太多个人选择自由的独白方式。虽然中国的合餐制也含有一定的交流性，但这种交流侧重的是集体性的人际交流，围坐在圆桌旁的所有食客无法有选择地进行个别交流，其交流的信息也只能在圆桌上集体共享。诚然，这种集体交流方式能在形式上创造一种团结、礼貌、共趣的气氛，符合中华民族"大团圆"的普遍心态，但有时难免显得过于刻板和硬化，缺乏人际交流的灵活性和局部的私密性。

从上古文献和残存的器皿图案可知，祖先聚宴吃饭是双膝着地"跽坐"着，人前各一案摆放饭菜，即便只有两人，也是分案而食。据《史记·孟尝君列传》记载，孟尝君某日请一个新来投奔的侠士吃饭，侍从不小心挡住了烛光，侠士就认为自己吃的那份菜与孟尝君不一样，欲离席而去。显然，那时候的筵席是一人一份的。

我国早在周秦汉晋时代，就已实行分餐制了。从出土的汉墓壁画、画像石和画像砖中，均可见到席地而坐、一人一案的宴饮场景，却未见多人围桌欢宴的"合餐"画面。出土的实物中，也有一张张低矮的小食案。

我国从唐代开始，分餐制开始演变为合餐的"会食制"，其重要原因是由于高桌大椅的出现。少数民族的椅凳传入中原，当时称为"胡床""胡坐"，餐桌腿、椅腿全都变高了，围桌就餐的形式开始普及。但此后的民间亲友欢聚，有时还采用"分餐"的办法。北宋何远的《春渚纪闻》记载过一次"邻人小席"，各菜都由侍从分到每个盘里。直至明朝，众人合吃的"会食制"才完全取代"分餐制"，并在圆桌上产生了长幼尊卑、主宾陪副的又一种饮食文化。

第二节

西方饮食文化发展

一、西方饮食文化简介

西方饮食文化又称西餐饮食文化、叉食文化或法兰西饮食文化，因活跃在西半球而得名。其基本特征主要植根于牧、渔业经济，以肉、奶、禽、蛋等动物性食料为基础，膳食结构中主食、副食的界限不分明。牛肉在肉食品中的比例较高，重视黑面包、海水鱼、巧克力、奶酪、咖啡、冷饮与名贵果蔬，在酒水调制与品饮上有一套完整的规程。

西方饮食系统以法国菜点为主干，以罗宋菜即苏俄菜和意大利面点为两翼，还包括英国菜、德国菜、瑞士菜、希腊菜、波兰菜、西班牙菜、芬兰菜、加拿大菜、巴西菜、澳大利亚菜等。具烹调方法较为简练，多烧烤，重用料酒，口味以咸甜、酒香为基调，佐以肥浓或清淡菜式，流派与筵席款式均不是太丰富，但是质量精、规格高，重视饮宴场合的文明修养，喜好以乐佐食。

由于受基督教的影响较深，含有中世纪文艺复兴时代文化遗存的宫廷饮膳重视运用现代科学技术，不断研制新食料、新炊具和新工艺，强调营养卫生，是欧洲现代工业文明的产物。其主要表现为注重餐饮格调和社交礼仪，酒水与菜点配套规范，习惯于长方桌分餐制，叉食，餐室富丽，餐具华美，进餐气氛温馨。

西餐主要在欧洲、美洲和大洋洲流传，影响到众多国家和地区。其中的法国巴黎号称"世界食都"，莫斯科、罗马、法兰克福、柏林、伦敦、维也纳、华沙、马德里、雅典、伯尔尼、渥太华、巴西利亚和悉尼等著名都会，均有美食传世。

二、西方饮食文化的历史

在西方，古巴比伦文化发源于美索不达米亚。美索不达米亚是希腊人的称法，意思是两河之间的地方，即幼发拉底河和底格里斯河流域；这里是西方文化的起源。

美国考古学家让·博特洛成功破译了一份大约有 3 700 年历史的清单。据此分析，美索不达米亚地区的市场上有小麦、大麦、双粒小麦和小米等谷物品种，蔬菜有洋葱、大蒜、芥末、萝卜、胡萝卜、松露和蘑菇，还有菜豆、扁豆和豌豆。水果商人出售苹果、梨、无花果、海枣、石榴和葡萄，调料有盐、醋、香芹、芫荽、刺柏果和薄荷，市场上还有牛、猪、鹿、狍子、羚羊、鸽子、山鹑和海鸟，鱼的种类有 50 多种，还有各种各样的食用油、蜂蜜、啤酒、葡萄酒和 18 种奶酪，据说还有 300 多种面包。

从上面的文字可以看出，西方的面包从这一时期就已经出现了，而且当时食物的种类也已经非常丰富。虽不及今天，但这一地区显然非常繁荣。到古罗马时期，烹饪有了进一步的发展。可以说，古罗马时代对整个西方中世纪的盛期和晚期的饮食都有重大影响，决定着整个西方国家饮食的发展方向。

到了中世纪早期，由于战争侵略、扩张及其他因素，食物的种类开始发生一定的变化，此时以肉食居多。不同社会阶层人民的饮食结构也有很大的变化，消费水平明显不同，尤其是对一部分肉类的消费，贫富之间的差别从食物的消费方面突显出来。从中世纪的早期到晚期的过渡过程中可以发现，早期对食物的量的要求较高而不是对食物的质；而在晚期，人们要求更多的是对食物的加工，从而对食物的品质要求有了明显的提高。这一变化也促进了社会的分工发展。此时节假日的食物也明显不同于平常日，这种习惯一直沿袭至今。

饮食文化的变革发展几乎与科学的发展是同步的。中国的四大发明之一——印刷术的出现对西方饮食文化的发展也起到了很大的促进作用，主要体现在促进了烹饪书籍的传播；这一变革对西方饮食文化产生了深远影响。科学的不断发展促进了农业的不断进步与变革，这一切都是西方饮食文化得以发展的重要因素。另外，科学的进步与发展也促使食物的生产、保存、运输、加工等技术水平有了明显的提高。

三、世界餐饮文化的发展趋势

中、西方餐饮文化受中、西方哲学体系、文化体系及所有制形式等根源性因素的影响，在饮食要义、菜肴烹饪、饮食习惯及饮食方式等方面表现出明显的差异性，但并不能就此简单判断中、西两种餐饮文化孰优孰劣。因为这两种餐饮文化都从不同的方向合理地解决了社会化生存过程中实现个体化满足的问题，各具优劣势。因此，对其既不能全盘否定，也不能全盘接受，应该将这两者有机结合，相互取长补短，从而形成一种新的餐饮文化体系。世界餐饮文化的发展趋势应是中、西方餐饮文化的融合，实现"西餐中吃，中餐西吃"。诸如西方在进行机械性的菜肴烹饪时可以克服古板的规范性而添入趣味性、艺术性的成分；中、西方在各自适当的情景下可相互引入对方的就餐方式，以弥补自身就餐方式的不足；在饮食要义上，可实现美味与营养的结合、外形与内在的结合等。我们有理由相信，在中、西方餐饮文化合璧的基础上，世界餐饮文化将更加博大精深。

第三节
中国饮食文化发展趋势

一、中国食品餐饮的发展趋势

当今世界虽然发展与停滞时有交叉，但发展仍是主流。随着各国经济的发展，许多国家特别是作为人口大国的中国，大部分人的温饱问题逐渐解决，人们不仅平均收入水平提升，而且思想得以开放，尤其是对饮食的认识发生了大的转变，到餐馆就餐的人越来越多。"下馆子"已不再被视为"奢侈"的同义词，而成为一种正常的饮食方式。"讲究吃""美食家"等词语由原来略带贬义变为中性，继而变为褒义，甚至饮食的社会交往功能也被大大强化。人们之间的业务性交往越来越多，请客吃饭成为洽谈业务、交谈信息的重要方式。饭馆变成集餐饮、信息、交谈、娱乐于一体的"多功能厅"。这种饮食观念的变化，是20世纪80年代以来中国人观念的空前巨变之一。

饮食观念的转变促使了人们饮食行为的"积极进取"。就家庭饮食生活而言，由于现代人多晚婚，养育子女的时间延后，他们比较重视个人生活享受，经常在外开支的习惯已经定型，所以不肯在家举炊的现象越来越多。加上家庭观念的改变，且不说西方国家，就是有浓厚家庭观念的中国人，现如今保持三世、四世同堂者也越来越少，双职工家庭不断增加，夫妻都在外工作，很难把精力放在烹菜做饭上。尤其是快餐和各种小吃的兴起，直接改造着家庭的功能。做饭和吃饭这一传统家庭的纽带，正面临着很大的挑战。据美国华盛顿州餐饮业联合会公布的数字显示，父母带孩子外食的人数在逐年增加，如果这种趋势再发展下去，在家吃饭的情形将继续减少。人们到餐馆吃饭与餐馆的增加是两个相辅相成的进程，两者互相促进，互为因果。另外，由于现代生活逐渐富裕起来，出外旅游的人数迅猛增长。旅游者的增加为食品餐饮业带来大批就餐人流量。还有因种种原因外出的其他流动人员，也是社会餐饮的一个重要顾客群。由此看来，未来世界各国，特别是中国食品加工业和餐饮业不仅要发展，而且将有一个广阔的前景。

谈到食品餐饮的前景，国内曾有人说"21世纪是中国烹饪的世纪"，但是我们也应该冷静地看到，世界文化是多元的，饮食文化同样也是多元的。就当今人类进食工具而论，除以中国为代表的筷子文化外，还有直接用手、使用刀叉的文化形态。这三种文化与其他社会、群体文化一样，既具有进取性，又具有保守性。进取性多能与其他国家、民族文化交流、融合；保守性多顽固地坚持独立存在，不允许其他文化取而代之。进取性与保守性虽在同一时期都有呈现，但进取性占主导地位。特别是随着国际经济一体化日趋成为未来社会的重要特征，由此而来的国际交往的频繁、移民政策的开放与旅游事业的发展，使世界范围内的饮食文化已经开始走出往昔的既定轨迹，全球饮食文化交流与融合将是一个不可阻挡的大趋势。美国著名未来学家约翰·奈斯比特在《2000年大趋势》一书中论及"饮食这一不带威胁性的领域"时说："我们正步入一个物品空前丰盛的国际食品大集市"。中国传统饮食文化毕竟是历史的产物，它不可能超越一切时代，更不能取代其他饮食文化。这是因为其他国家和中国一样，其饮食文化各有优劣，只能共同存在、共同发展。我们的正确态度是应该跳出传统思维的定势，既要吸收、接纳其他国家的饮食，充实我们的餐饮市场，又要使中国饮食走出国境，迈向全球，占领更多的餐饮市场，让中国食品餐饮在未来世界大交流、大变革的历史潮流中得以改进提高和发展壮大。

二、未来食品餐饮的发展方向

从总体发展前景和交融变革的大趋势中，我们似乎可以看出，未来食品餐饮的具体走向势必朝着"速、璞、养、清、奇、乐"六个方面发展。

（一）"速"：用时迅速

现代社会竞争激烈，生活步调加快，人们难有闲暇"泡馆子"，不能总是"酒过三巡、菜过五味"，而是要快做快吃。最近几年来，全国饮食文化最引人注目的发展并非什么豪华酒楼的建造，而是各式快餐和小吃的兴起。这是在饮食丰富多彩和交流的总趋势下出现的一股反向的，强调简化、速食的走向。这种"简速"，既不同于过去那种崇尚节俭、艰苦的价值取向，也不意味着饮食文化的衰落，而是以效率为基本出发点，同时，考虑到营养和口味。它将推动饮食文化向易于制作、易于食用、易于保存的高水准饮食发展，是社会向前发展的表现之一。正因为如此，快捷、方便的餐饮得到了很多人的喜爱。可以预见，快餐将是21世纪最具生命力的饮食项目。从某种意义上说，谁占有了未来世界快餐市场，谁就掌握了餐饮业的主动权。凭借着中国烹饪深厚的底蕴，我们完全能够研制出具有中国特色、又为世界各国人民喜食的多种多样的中国快餐。无论是食品工厂开发的各种冷冻食品、中式点心，还是餐饮业以中央厨房为后盾制作的种类繁多的炒饭、炒面、包子等，均将以连锁经营方式大行其道，陆续登上世界饮食舞台一展风采，而且将是最有希望的一股新生力量。另外，传统食品若其制法烦琐、费工费时，也将得到改良、改进。

（二）"璞"：食物返璞归真

历史往往会显现奇特的怪圈现象，而饮食文化的怪圈特别突出。当人类从茹毛饮血到以火熟食再到烹饪的发明，人们的饮食循着由粗到精、由天然到人工的方向发展，可现在的食物走向是返璞归真。尽管世界各国饮食文化不同，但对于吃要朝天然、健康方向发展的认同则颇为一致。在欧美等西方国家，追求绿色、黑色食品和野生天然食品已经成为一种时尚。在我们中国，近几年不少宴会上出现了鲜嫩可爱的小玉米棒子，人们咀嚼它的时间并不短，似乎大有"品"的格调。其实它就是我们农村吃了数百年的苞谷棒，只不过从外形上看纤细了点。苞谷棒由农民极为普通的充饥粗粮，一跃而为城市宴会的珍品，说明由于时代的迅速发展，人们倾向用粗粮来调剂口感。另外，还有一种现象值得我们注意，那就是第二次世界大战结束后出生的人，他们中不少已是社会中坚分子，事业上有相当的基础和成就。尽管这些人有能力享受较高级的餐饮，可因曾经走过贫穷的年代，常怀念小时候的各种饮食，因此，他们一方面常进出精品美食餐厅，另一方面也想让自己偶尔怀旧一下，享受乡野餐饮。西安几个粗粮食府生意红火，大概就是适应了此类食者群的要求。这种现象从某种程度上说，也与"返璞归真"有一定联系。总之，崇尚绿色、黑色食品和野生天然食品，将是未来食品和餐饮的重要趋势之一。中国地域辽阔，天然食物资源极为丰富，只要我们潜心研究，必能开发出许多健康食品来。

（三）"养"：食物要营养保健

饮食的基本功能在于满足人类生存和发展的需要，食物营养的高低和能否起到保健作用是衡量食物优劣的主要标志。但是什么才叫营养和能够保健，其概念在不同的历史发展阶段有不同的变化。20世纪80年代后的营养保健观念，也跟着形势的变化而慢慢有了深化。现在讲营养，主要是讲如何使取得的各种营养素适度、均衡，使自己能活得健康长寿。

综观东西方食物结构，中国食物消费基本上属于高谷物膳食类型，人体摄取动物性蛋白质所占比例明显低于西方国家；欧美食物消费基本上属于高动物膳食类型，三高（高脂肪、高热量、高蛋白）食物结构所带来的"文明病"（中国一部分人现在也出现了这种情况）已引起了社会的重视。为此，东西方都在研究调整食物结构。调整的原则是"营养、卫生、科学、合理"，其目的在于促使营养平衡，保健强身。可以预言，食品加工和烹饪工艺中，科学化的程度将大大提高，营养保健品将上升到重要地位。其中又以老人长寿、妇女美容、儿童益智、中年调养四大类食品最具广阔的市场前途。

这里需要强调的是，食物结构中必须要有一定的纤维素。纤维素虽然没有太高的营养价值，但它却是构成粪便的主要成分，帮助引起便意，从而帮助排出体内的毒素。现代传媒常提倡多吃含有纤维素的食物，如芹菜、白菜等蔬菜和粗粮，少吃蔗糖、精粉、蛋糕一类不含或少含纤维素的食物，就是由于纤维素对人体所起的保健作用不可忽视。

另一个有趣的现象是，一个国家食用含纤维素的食物愈少时，其国民蔗糖的消费就愈高。资料显示，美国人1815年人均吃糖4.2千克，至1965年人均吃糖竟高达55千克。白糖的缺点在于完全不含纤维素，且其甜味会降低人对其他食品的食欲。结果"文明病"越来越多，令医学界和营养学界越来越感忧心。我们应该以此为借鉴，发扬中国传统膳食结构中食物要互相搭配的优食传统，荤素相配、粗细相配、主食副食相配，使其在人体中交替作用，以保证健康长寿。

（四）"清"：口味清淡

随着大多数人温饱问题逐渐解决，人们味觉审美的要求也发生了较大变化，这也是一个走向小康和富裕社会的必然发展趋势。现如今的人不但不像 20 年前那样需要"大鱼大肉"，更不再满足"重油、重盐、重味"，转而要求"低盐、低油、低热量"和"强调本色、原味、清淡"。据对 32 名大专学生的调查，同时给每人一小碗"番茄鸡蛋汤"和"酸辣肚丝汤"品尝，结果清淡的"番茄鸡蛋汤"被最先全部喝完，而味浓的"酸辣肚丝汤"喝完者只有 13 人，占 43.7%，其余相当一部分人只喝了两口就不再喝了。足见人们的口味越来越趋清淡。正在成长的青年人如此，新陈代谢缓慢的中老年人更不必说了。

另外，从人们现如今更加讲究饮食审美的时间属性中也可得到佐证。那就是进食时比较注意饭与菜交替入口，不再欣赏"一锅烩"的杂味。原因是菜味重、饭味淡，吃菜时味觉多有疲劳，故要换着吃米饭、馍一类主食，用吸附力强的饭或馍将口腔中的菜味加以清除，以恢复口腔对菜味的全新感受。继而再吃饭，又可领受到那种淡淡甘香的味道。饭与菜交替入口，虽然主要是为了使两种味道相得益彰，唤醒人类固有的对饮食美的欣赏，但从这种时间差里也能看出人们对清淡口味的重视。饭菜要清淡，酒也如此。未来酒也将由浓厚口味趋向清香。刺激性强的高度酒将不再有太多的人问津，刺激性较小的低度酒、啤酒、果酒将得到广大饮酒族的青睐。看来口味清淡必是未来饮食又一重要走向。

这里所说的口味清淡，当然也不是清汤寡水、淡而无味，而是经过调制后升华了的一种质朴、自然的本味，是更高层次的"淡中见真"的美味。就像鸡肉中含具鲜味特质的谷氨酸钠，若只用清水煮鸡仍然无味，但若调以适度的盐，鲜味立即呈现出来。只有恰到好处，才能做出符合人们味觉审美要求的清淡滋味。

（五）"奇"：异域他乡的奇食

猎奇本来就是人类共有的一种心态，对于封闭了数百年的中国人来说尤其如此。按说中国饮食应不易为异国餐饮所打动，然而在人们了解异域和所处阶层以外的饮食文化的愿望与日俱增的情况下，人们已不满足"靠山吃山，靠水吃水"和"北方吃牛羊，南方吃鱼虾"的老习惯。

自从 20 世纪 80 年代以来，不少国家的食品，无论是美国的肯德基和麦当劳，还是日本料理、韩国烧烤、法俄大菜和意大利比萨店，像雨后春笋般在我国许多城市出现。这些异国食品和快餐带来了西方文化传统和现代工业文明的一种新的饮食文化，特别是美国快餐这种"异文化"的总体效果：快餐店基本经营观念、建筑风格、内部陈设、服务员着装、服务方式、食品搭配与包装等多种因素互相结合，构成一种令人耳目一新的饮食氛围。

其实，猎奇的心态不仅反映在异国食品上，即使对国内其他地区的菜点，同样也有人们试图尝鲜的扩张性要求。最近几年来无论是浙菜西进、港粤菜北伐，还是新疆烤羊肉串、兰州牛肉拉面、陕西凉皮、羊肉泡馍等西北风的劲吹与东北猪肉炖粉条、酸菜粉丝的流行，乃至重庆火锅、河南红焖羊肉、朝鲜冷面、毛家红烧肉等菜点的异军突起，都带来人们的视野和观念的变化——求新、求异、求奇。虽然这些异食未必得到人们口味的真正认同，但扩张进取的心理状态仍驱使着不少人去品尝鉴赏。

可以预见，异国他乡的奇特食品还将进一步打破洲界、国境来满足人们的需要。也不难想象，各种风味菜肴荟于一馆、集于一楼，世界名食聚于一街一市，将成为 21 世纪食品餐饮业的新景观。这就要求我们一方面要做好精神准备，迎接外地、外国的奇食异味来满足人们的多种追求，另一方面也要挖掘开发本地的特色食物（对于外地、外国人来说，同样是"奇"食）制成精品，推向全国，推向全球。

（六）"乐"：吃的快乐

食对于人类而言有两重性。食，既有维持生命的一面，又有追求快乐的一面。吃东西虽属生物遗传性现象，可人类的这种生理之欲，却有着许许多多的附带价值。这附带价值的体系，就是吃的文化。我们都清楚人与动物不仅在吃的领域差异很大，更重要的是人有吃的快感，享受上的追求。要把食物调制得味美好吃，那就要除去不好吃的恶味、发挥其好吃的美味，甚至还要动脑筋想出千奇百怪的方法创造出全新的滋味，来满足人们品尝快感的要求。由此而发明创造的烹调工具、烹调方法、调味技艺、饮食技巧、饮食礼仪和饮食风尚等就成为一种文化，即饮食文化。

食之乐是中国饮食文化的优良传统，也是中国饮食审美的一种境界，中华民族向来就很重视。现如今连一向只讲究理性营养，不讲感性美食的西方国家，也提出了"食快乐"。美国一位人类学家认为，"21世纪人们将更注重寻找人活着的'滋味'，不能成为只劳动、赚钱而不知乐的机器人。"日本饮食文化学者石毛直道在《饮食文化论》一书中也说："饮食从以果腹为目的的阶段逐渐向快乐阶段的过渡，是日本餐桌不断演变的事实。"意大利美食家卡尔洛·佩特里尼甚至还发起了"慢食运动"，目的是提倡悠闲进餐方式。佩特里尼认为，当前社会竞争日趋激烈，大部分人每天都工作、生活在紧张之中，而吃饭中的"慢饮细品"能使人解除心情的紧张，缓解情绪。显然，这"慢食运动"与快餐所采用的快速进餐方式有矛盾，却代表了人们发自内心的一种渴望和态度，也是颇有道理且完全能够站得住脚的。看来，快餐是客观形势所迫，慢餐是内心世界要求。两种形态不仅可以共同存在，也能够起到互补作用。所以说从饮食中寻找快乐，同样越来越成为人们追逐的另一种走向。也就是说，未来社会的餐饮，既有以营养为主要目标的快餐，又有以给人带来快感为主要目标的"慢餐"。

食快乐除用烹制出美好滋味的食品来满足人们由感官至内心的愉悦追求外，餐厅的幽雅装潢、餐具讲究和整体环境气氛都要达到一定水准等，也是饮食给人带来享受所不可缺少的条件。作为有着食快乐传统的中国，在这方面有其丰富的经验，诸如五味调和的美食，配以和谐的美器、幽雅考究的进餐环境、团结祥和的氛围等，大有潜力可挖，食品加工和餐饮业应当不失时机地加以利用。

综上所述，注重快捷方便、崇尚绿色天然、讲究营养平衡、强调口味清淡、鉴赏异俗奇食、追求身心愉悦，将是未来食品餐饮六大具体走向。然而，由于不同国家、地区经济发展极不平衡，社会层次差别依然存在，这又强调了食文化个性存在的必要性。因此，未来食文化园地将呈现百花争艳之态，那就是传统手工生产与工厂机械化生产共存，快捷方便与慢饮细品并举，地方风味与异乡奇食齐集，白色食品与绿色食品相映，连锁经营与独家专营同在，讲究营养保健与追求快乐饮食互补。这也正是我们社会进步、民族发展和文化多元的一种表现。

从粗茶淡饭到美味佳肴，从吃饱到吃好、吃得健康，饮食之变，为亿万国人带来了唇齿舌尖的幸福感和生活中的获得感。70多年来，与国人饮食不断变化相呼应的是国家阔步前行、社会经济快速发展、人民收入不断提高。

饮食之变，折射出产业的迅速发展。从勒紧裤腰带，到凭票购买，再到"天天过大年"，饮食在老百姓的生活中已经发生了巨大的变化。70多年来，农业生产力全面提升，粮食年产量增长近5倍，为食品行业的快速发展奠定了坚实的基础，提供了强大的动力。

中国农业也正朝着绿色、规模化、数字化等现代化发展方向大步迈进，加快了实现国人菜篮子从量变到质变的步伐。餐饮行业的高度发达，网上订餐、零售送货上门等新业态的出现，不仅能让消费者尽享来自世界各地的美味，也可以满足不同人群的差异化需求。国人饮食结构和文化的巨变，也同步展示了社会发展已提升到一个崭新的水平，呈现了不同于以往的社会面貌。

饮食之变，折射出百姓的钱袋子日益富足。从国际通用的恩格尔系数（食品支出总额占个人消费支出总额的比重）可以看出，中华人民共和国成立之初，城市居民家庭恩格尔系数在 70% 以上，农村居民家庭恩格尔系数更高达 80% 以上。而到了 2020 年，城市居民恩格尔系数下降至 27.7%，农村居民已降至 30.1% 以下。数字的背后，记录着我国从温饱到小康的奋斗历程，表明当今中国已不再仅仅满足于让 14 亿人吃饱、吃好，而是正在从小康迈向富裕的大路上阔步向前。

饮食之变，折射出国人理念的更迭。从早期的温饱型需求，到改革开放初期的改善型需求，再到现如今吃得健康的品质型需求，老百姓菜篮子里的食品品类不断增加、结构日渐丰富。可以说，随着中国经济社会的飞速发展，人们已经彻底摆脱了以往单一、低层次的饮食模式和文化，向着营养与口味兼容、求新求变与坚守"小时候的味道"同步流行、本土舌尖与异国风味混搭的新饮食时代进发。

未来，"吃"依然是国人生活中最重要的内容之一，但民众除吃得开心、吃得幸福外，开始将重心转移到其他更高层次的精神消费上，如健身、旅游等，生活消费层次会更加丰富，价值会更加多样化，这恰恰是中国"吃"文明随国家富强所展现的新风貌。

课堂讨论

谈一谈中西方饮食文化要义所传递出来的人文思想。

技能操作

查找资料，写一份关于中西方饮食文化比较的分析报告。

中西方饮食文化差异与发展

思考练习

一、填空题

1. 中华饮食_____、_____，其博大精深不可言喻。
2. 西方饮食的直白性表现为_____、_____。
3. 西方烹饪的全过程必须_____。

二、多选题

1. 西方饮食的直白性表现为（　　　）。

A. 更注重菜肴本身的自然属性和营养价值

B. 突出其原汁、原味、原色

C. 菜名本身就点明这道菜的主原料

D. 淡化对其色、形、香等人工技巧的追求

2. 中国烹饪的核心"五味调和"由（　　）组成。

　　A. 本味论　　　　B. 气味阴阳论　　　　C. 时序论　　　　D. 适口论

3. 合餐制包括（　　）。

　　A. 厨师将菜品准备好后并不事先分盘，而是将其端到餐桌上

　　B. 围坐在桌旁的进餐人根据自身的喜好各自选取菜品及菜量

　　C. 餐桌上的任何一道菜品都不属于单个食客独有

　　D. 食客单独享用面前的食物

4. 西方人在饮食要义上的追求原则是（　　）。

　　A. 努力缩小从形象到内容的距离感

　　B. 注重保持菜肴本身的自然属性和营养价值

　　C. 追求现实性和客观性

　　D. 烹饪工作带有明显的规范性、机械性色彩

三、判断题

1. 饮食观念的转变促使了人们饮食行为的"积极进取"。　　　　　　（　　）

2. 21 世纪是中国烹饪的世纪。　　　　　　　　　　　　　　　　（　　）

3. 快餐将是 21 世纪最具生命力的饮食项目。　　　　　　　　　　（　　）

4. 食既有维持生命的一面，又有追求快乐的一面。　　　　　　　　（　　）

四、简答题

1. 中西方饮食文化差异主要表现在哪些方面？

2. 简述西餐的基本内容及特点。

3. 未来食品餐饮的发展方向是什么？

参 考 文 献

［1］赵荣光. 中国饮食文化史［M］. 北京：中国轻工业出版社，2013.

［2］华国梁，马健鹰. 中国饮食文化［M］. 长沙：湖南科学技术出版社，2004.

［3］杜莉. 中国饮食文化［M］. 北京：中国轻工业出版社，2020.

［4］吴澎. 中国饮食文化［M］. 3 版. 北京：化学工业出版社，2020.

［5］庞杰. 食品文化概论［M］. 北京：北京：化学工业出版社，2009.

［6］王仁湘. 至味中国：饮食文化记忆［M］. 郑州：河南科学技术出版社，2022.

［7］张国洪. 中国文化旅游［M］. 天津：南开大学出版社，2001.

［8］仓阳卿. 中国养生文化［M］. 上海：上海古籍出版社，2001.

［9］王学泰. 中国饮食文化史［M］. 桂林：广西师范大学出版社，2006.

［10］王仁湘. 新民说·饮食与中国文化［M］. 桂林：广西师范大学出版社，2022.

［11］邵万宽. 中国饮食文化［M］. 北京：中国旅游出版社，2016.

［12］张岱年，方克立. 中国文化概论（修订版）［M］. 北京：北京师范大学出版社，2003.

［13］朱年，朱迅芳. 酒与文化［M］. 上海：上海书店出版社，2001.

［14］赵荣光，谢定源. 饮食文化概论［M］. 北京：中国轻工业出版社，2000.

［15］胡兆量，等. 中国文化地理概述［M］. 北京：北京大学出版社，2001.

［16］高成鸢. 饮食之道：中国饮食文化的理路思考［M］. 济南：山东画报出版社，2008.

［17］君淮. 千古食趣［M］. 南昌：江西人民出版社，2018.

［18］约翰·安东尼·乔治·罗伯茨. 东食西渐：西方人眼中的中国饮食文化［M］. 杨东平，译. 北京：当代中国出版社，2008.

［19］金洪霞，赵建民. 中国饮食文化概论［M］. 2 版. 北京：中国轻工业出版社，2019.

［20］李明晨，宫润华. 中国饮食文化［M］. 武汉：华中科技大学出版社，2019.